新编21世纪研究生系列教材·应用统计硕士（MAS）

分布式统计计算

冯兴东　贺莙 / 编著

DISTRIBUTED COMPUTING
IN STATISTICS

中国人民大学出版社
·北京·

这是一本结合了分布式计算与统计计算的书,
献给所有热爱大数据分析的人!

前　言

随着科学技术的日益发展，尤其是随着高性能计算与海量数据存储技术的发展，人们可以越来越容易地以很低的代价收集到海量的数据。这些数据往往大到无法存储在一台单独的机器中，因此称为"大数据"。统计学这一专注于数据分析的学科理应适应这一时代的变革和发展。显然大数据带给统计学的冲击是全方位的，不局限于理论或者计算。国际上众多统计学家都在思考统计学在大数据时代应该扮演的角色。尽管市面上有不少有关分布式计算的图书，但是对于统计学专业的学生而言，能够结合分布式计算与统计学知识的教材还颇为欠缺。此外，为了适应当前社会对于数据科学人才的迫切需求，提高统计学专业的学生处理大数据的能力以及计算机编程能力刻不容缓。在这一背景之下，上海财经大学统计与管理学院先后开设了专业统计学硕士"数据科学与商务统计""人工智能与金融统计""大数据技术与经济统计"等方向，力图提高相关硕士生从事大数据分析的统计分析及编程处理的实际应用能力。在这一思想指导之下，上海财经大学统计与管理学院开设了一系列相关课程。本书就是基于上海财经大学相关专业方向的"分布式统计计算"课程讲义。这门课程向学生介绍分布式计算的思想以及其在统计学中的应用，将统计学经典方法和分布式计算方法相结合，通过不同的统计学与机器学习中的问题与方法，强化学生的分布式统计计算的编程能力和对相关方法的理解，努力在统计计算和分布式计算之间搭建起一座桥梁。与此同时，本书还在最后一章提供了四个比较完整的分析案例以帮助大家学习。

目前，有不同的计算平台来实现分布式计算，本书使用 Apache Spark 作为介绍课程内容的计算机语言平台。Apache Spark 是基于 Scala 语言开发的一款开源软件 (Swartz, 2015)，可处理非结构化的数据，因此，与统计学专业方向的学生熟悉的编程环境和数据分析软件（如 R 和 Matlab）有着极大不同。但是，Apache Spark 可以通过 Scala、Python 或者 R 语言来启动和使用。Scala 语言与目前热门的 Python 语言有一定的相似性，我们使用的很多代码采用了 Scala 来调用 Apache Spark。为了让熟悉 Python 语言的读者尽快上手，我们在部分内容中同时提供了 Python 代码来调用 Apache Spark，以帮助读者加快学习进程。此外，我们在本书中通过介绍 Apache Spark 平台上的 Breeze 软件包，让读者熟悉如何结合矩阵计算和分布式计算，从而帮助大家能够尽快入门。我们在介绍有关统计计算的方法以及目前一些主流的统计机器学习算法的时候，同时提供了在分布式计算平台 Apache Spark 上的实现代码。

感谢我们的家人、同事以及学生们对本书的大力支持！感谢博士生王才兴和张双花费了大量精力帮助编写了书中的部分代码！感谢应用统计专业硕士生刘铮、卢洪芳、陈娅欣、张钰婷、杨思喆、梅秀婷、甘文扬、张游、潘振泽、汪国良、汪中海、户一帆、刘若兰、朱聪等在案例集撰写中付出了极大努力！

冯兴东　贺　莘
于上海财经大学

目 录

第 1 章 Apache Spark 简介 ... 1
- 1.1 Apache Spark 的历史与现状 ... 1
- 1.2 安装和运行 Apache Spark ... 2
- 1.3 Apache Spark 编程简介 ... 4
- 1.4 Scala 语言简介 ... 4
  - 1.4.1 Scala 开发环境配置及 IntelliJ IDEA ... 5
  - 1.4.2 Scala 编程简介 ... 10
  - 1.4.3 PySpark 编程简介 ... 17
- 1.5 Spark 编程 ... 18
  - 1.5.1 Spark 系统简介 ... 18
  - 1.5.2 弹性分布式数据集 ... 19
  - 1.5.3 RDD 文件上的操作 ... 19
  - 1.5.4 Spark 中两个抽象概念 ... 25
- 1.6 公共数据集 ... 28

第 2 章 Breeze 程序包 ... 30
- 2.1 创建向量、矩阵及其简单计算 ... 30
- 2.2 整行或整列的运算 ... 33
- 2.3 常用数学计算 ... 34
- 2.4 常用分布 ... 34
- 2.5 基于 Breeze 包的分布式计算 ... 36

第 3 章 随机模拟和统计推断 ... 38
- 3.1 随机数的产生 ... 38
  - 3.1.1 逆累积分布函数法 ... 39
  - 3.1.2 拒绝法 ... 40
  - 3.1.3 示例：从回归模型中模拟数据 ... 40
- 3.2 EM 优化 ... 43
  - 3.2.1 EM 算法 ... 44

    3.2.2 收敛性分析 ··· 44
    3.2.3 分布式 EM 算法 ·· 45
    3.2.4 示例：高斯混合模型 ·· 46

第 4 章 马尔科夫链蒙特卡洛方法 ·· 49
4.1 Metropolis-Hastings 算法 ·· 50
4.2 Slice 取样法 ·· 51
4.3 Gibbs 取样法 ··· 53

第 5 章 优化算法 ··· 54
5.1 数值计算方法 ··· 54
    5.1.1 (随机) 梯度下降算法 ·· 55
    5.1.2 示例：分布式的线性回归估计 ································ 56
5.2 近端梯度算法 ··· 57
    5.2.1 算法介绍 ··· 57
    5.2.2 示例：基于近端梯度算法的分布式 Lasso 回归参数估计 ········ 58
5.3 交替方向乘子法 ··· 59
    5.3.1 算法介绍 ··· 59
    5.3.2 示例：分位数回归分布式参数估计 ···························· 61
5.4 有限内存 BFGS 算法 ·· 65

第 6 章 自举法 ··· 68
6.1 自由自举法 ··· 69
6.2 子集合自举法 ··· 70

第 7 章 常用统计机器学习方法 ·· 73
7.1 聚类分析 ··· 73
    7.1.1 K 组中心法 ·· 74
    7.1.2 隐狄利克雷分配法 ·· 77
    7.1.3 功效迭代聚类法 ·· 80
7.2 分类分析 ··· 82
    7.2.1 逻辑回归 ··· 83
    7.2.2 线性支持向量机 ·· 83
    7.2.3 线性判别分析 ·· 87
    7.2.4 决策树 ··· 88
7.3 数据降维 ··· 92
    7.3.1 基于正则化的稀疏性方法 ···································· 93
    7.3.2 示例：SCAD、MCP 等正则化项的 Scala 代码实现 ············ 99
    7.3.3 主成分分析 ·· 101

- 7.3.4 奇异值分解 ········· 102
- 7.3.5 示例：基于分布式计算的主成分分析 ········· 103
- 7.4 集成学习方法 ········· 111
  - 7.4.1 基于 Bagging 算法——以随机森林为例 ········· 111
  - 7.4.2 基于 Boosting 算法——以 AdaBoost 为例 ········· 115
  - 7.4.3 基于树的集成学习算法 ········· 118
  - 7.4.4 示例：航班延误预测分类 ········· 124

第 8 章 主流分布式算法简介 ········· 135
- 8.1 分治法 ········· 135
  - 8.1.1 算法思想介绍 ········· 135
  - 8.1.2 分治法在统计学习中的应用 ········· 136
  - 8.1.3 示例：线性支持向量机 ········· 138
- 8.2 基于梯度更新的分布式算法 ········· 140
  - 8.2.1 算法介绍 ········· 140
  - 8.2.2 示例：基于近端梯度算法的 Lasso 问题求解 ········· 142
  - 8.2.3 示例：非参数岭回归 ········· 142
- 8.3 联邦学习算法简介 ········· 145
  - 8.3.1 算法分类 ········· 145
  - 8.3.2 联邦平均算法介绍 ········· 146
  - 8.3.3 安全联邦线性回归 ········· 148

第 9 章 案例集 ········· 150
- 9.1 案例一：基于 MM 算法和 EM 算法的负二项分布参数估计 ········· 150
  - 9.1.1 负二项分布 ········· 150
  - 9.1.2 MM 算法的负二项分布参数估计求解 ········· 151
  - 9.1.3 EM 算法的负二项分布参数估计求解 ········· 152
  - 9.1.4 数值模拟 ········· 154
  - 9.1.5 实证分析 ········· 156
  - 9.1.6 结论 ········· 158
  - 9.1.7 源码附录 ········· 158
- 9.2 案例二：基于 EM 算法的混合指数分布参数估计 ········· 166
  - 9.2.1 混合指数分布简介 ········· 166
  - 9.2.2 EM 算法 ········· 167
  - 9.2.3 Spark 实现 ········· 172
  - 9.2.4 效果评估 ········· 174
  - 9.2.5 源码附录 ········· 176

9.3 案例三：基于 EM 算法的有限混合泊松分布的参数估计 ·················· 179
    9.3.1 有限混合泊松分布简介 ·················· 179
    9.3.2 参数估计的 EM 算法 ·················· 180
    9.3.3 EM 加速算法——均方外推算法 ·················· 181
    9.3.4 实验设计 ·················· 182
    9.3.5 SQUAREM 加速算法比较 ·················· 184
    9.3.6 源码附录 ·················· 185

9.4 案例四：基于不同优化算法的逻辑回归模型参数的估计 ·················· 196
    9.4.1 常用优化算法简介 ·················· 196
    9.4.2 逻辑回归模型简介 ·················· 198
    9.4.3 模拟数据应用不同优化算法的分布式实现及比较 ·················· 200
    9.4.4 源码附录 ·················· 201

参考文献 ·················· 210

表 格

1.1 运算效率比较 ··· 2
1.2 核心数据类型 ··· 10
1.3 常用的转化操作命令 ··· 21
1.4 常用的行动操作命令 ··· 22
1.5 常见的 Pair RDD 转化操作 ·· 24
1.6 combineByKey 的参数说明 ·· 24
1.7 常见的 Pair RDD 行动操作 ·· 25
1.8 常用命令 ··· 27

2.1 创建向量或矩阵比较 ··· 32
2.2 一些常用矩阵处理方法比较 ··· 32
2.3 常用基本运算比较 ·· 32
2.4 常用分布汇总 ··· 36

3.1 一些常用参数分布 ·· 39

5.1 一些常见估计方法的随机梯度下降 (SGD) 算法迭代公式 ··············· 56

7.1 每个主题前三权重的词汇结果 ··· 80
7.2 建模数据变量说明 ·· 125
7.3 标记点数据 ··· 125
7.4 随机森林模型参数说明 ··· 129
7.5 随机森林模型预测结果 ··· 131
7.6 梯度提升决策树模型参数说明 ·· 132
7.7 梯度提升决策树模型预测结果 ·· 133

9.1 不同 (r,p,n) 组合下的参数估计和迭代结果 ······························· 156
9.2 湖北省 2001 年血吸虫病抽样调查数据 ····································· 157
9.3 负二项分布拟合血吸虫病患病人数的 EM 算法参数估计结果 ·········· 157
9.4 负二项分布拟合血吸虫病患病人数实际户数与理论户数结果比较 ····· 158

9.5	完全数据的参数估计结果 (迭代次数:1000)	175
9.6	定数截尾的参数估计结果 (截尾比例：10%, 迭代次数:1000)	175
9.7	ϵ-加速算法迭代次数比较 (样本：10000, 重复次数：50)	176
9.8	混合泊松分布的参数估计 ($\lambda = (2, 5)$)	183
9.9	零截断混合泊松分布的参数估计 ($\lambda = (2, 5)$)	183
9.10	混合泊松分布的参数估计 ($q = (0.4, 0.6)$)	184
9.11	零截断混合泊松分布的参数估计 ($q = (0.4, 0.6)$)	184
9.12	EM 算法与 SQUAREM 加速算法的参数估计比较	185
9.13	模拟数据下各算法的收敛时间及交叉熵结果	200

插 图

1.1	软件界面	3
1.2	SSH 软件界面	4
1.3	导入 Scala 插件	6
1.4	使用 sbt 创建 Scala 项目	6
1.5	配置 JDK	7
1.6	导入 jars 文件夹	7
1.7	配置 build.sbt 文件	8
1.8	导入 Scala 插件 (a)	8
1.9	导入 Scala 插件 (b)	9
1.10	导入 Scala 插件 (c)	9
1.11	Scala 中数据类型类的拓展关系	11
1.12	驱动器程序管理多个执行器节点	18
7.1	模拟数据	75
7.2	文档具体产生流程	78
7.3	可分线性支持向量机	84
7.4	不可分线性支持向量机	85
7.5	分类树结果	91
7.6	岭回归和 Lasso 的几何解释	93
7.7	主成分向量展示	108
7.8	Bagging 算法学习流程	112
7.9	袋外样本的构造流程以及袋外误差计算	113
7.10	Boosting 算法学习流程	115
7.11	提升树预测年龄	119
7.12	Spark 切分点抽样统计	128
8.1	分治法分布式计算示意图	137
8.2	基于梯度更新的分布式算法的迭代步骤	140

8.3 横向联邦学习 …………………………………………………………… 146
8.4 纵向联邦学习 …………………………………………………………… 146

9.1 指数分布密度函数图 …………………………………………………… 167
9.2 EM 算法与 SQUAREM 加速算法的迭代次数比较 ………………… 185
9.3 交叉熵迭代收敛图 ……………………………………………………… 201

第1章

Apache Spark 简介

对于数据分析，有几个事实必须明确，并严肃对待：第一，绝大多数成功的数据分析案例需要可靠的数据预处理。尤其对于大规模的数据，合格的预处理必不可少。第二，迭代重复可能是数据科学的基础步骤。也就是说，我们需要不断迭代使用数据集进行建模分析。第三，即使一个成功的建模过程已经结束，数据分析任务仍未完成。面对非专业客户，我们不能只是满足于提供一个模型系数之类的东西。在真实的应用场景中，数据科学家需要提供真实的决策依据，需要追踪模型的运行情况并想方设法提高其执行效率或者预测精度。

对于探索性的数据分析，R 拥有强大的软件包，它可以帮助我们初步分析数据。然而，当我们确定算法之类的事情之后，我们往往通过 C++ 或者 Java 等语言来加以实现。这是因为 R 在运算上低效且和真正的商业平台间存在融合困难，而 C++ 或者 Java 并不适合探索性的数据分析。因此，一种能够简化建模并能和运行系统良好契合的分析框架就会非常有用。本章将介绍这种框架平台：Apache Spark。

1.1 Apache Spark 的历史与现状

Apache Spark 是一种开源软件。这款软件起源于 2009 年美国加州大学伯克利分校 RAD 实验室的一个研究项目。RAD 实验室后来更名为著名的 AMPLab。在这个项目中，研究人员发现 Hadoop MapReduce 在处理循环类型和交互较多的计算任务时比较耗时耗力，因此，他们决定自己设计一个计算平台来充分利用内存提高运算效率和纠错率。这款软件在 2010 年对公众开源，并在 2013 年转移至 Apache Software Foundation，成为一款被公共社区共同维护开发的顶尖项目。这一公共开发社区由 200 多个开发人员和 50 多家公司组成。

Apache Spark 自从诞生起不久，就在一些运算任务上比 Hadoop MapReduce 快 10~20 倍，目前号称比 Hadoop MapReduce 快 100 倍。我们在表1.1中展示了它们在执行排序任务时的一个简单比较。

Apache Spark 可以很方便地利用 Scala，Python，甚至 R 来启动。Spark 主要由

几个重要的程序库组成：SQL，MLlib，GraphX，以及 Spark Streaming。SQL 用来处理表格类型的结构化数据，和 Hive 数据库可以兼容使用；MLlib 实现了一些诸如聚类、分类、线性回归等统计学习功能；GraphX 可以实现一些图模型，从而帮助大家分析网络数据；Spark Streaming 可以用来分析实时流数据。从 Apache Spark 1.4 版本开始，SparkR 被包含在安装包之中，我们实际上可以通过熟悉的 R 语言环境来实现 Spark 分布式计算，本书中的所有程序都在 Apache Spark 1.6 版本上可用。

表 1.1　运算效率比较

	Hadoop MapReduce	Spark	Spark 1PB
数据量	102.5TB	100TB	1000TB
释放时间	72 mins	23 mins	234 mins
节点个数	2100	206	190
核数	50400（物理）	6592（虚拟）	6080（虚拟）
集群磁盘吞吐量	3150GB/s	618GB/s	570GB/s
Sort Benchmark Daytona 规则（通用目的排序）	是	是	否
网络	专用数据中心 10Gbps	虚拟（EC2）10Gbps	虚拟（EC2）10Gbps
排序效率	1.42TB/min	4.27TB/min	4.27TB/min
每节点排序效率	0.67GB/min	20.7GB/min	22.5GB/min

1.2　安装和运行 Apache Spark

Apache Spark 既可以在单机上安装，也可以在计算机集群上安装。在单机上运行的时候，所有的 Spark 进程都在同一个 Java 虚拟机（Java Virtual Machine, JVM）上运行。单机版可以方便大家的学习、程序开发和调试以及测试等。当然，在实际的运行过程中，我们也可以使用单机版 Spark 在一台计算机上利用多核进行运算。单机版可以去 Apache Spark 官方网页 http://spark.apache.org/downloads.html 下载。Spark 需要在 Hadoop 分布式文件系统（Hadoop Distributed File System, HDFS）平台上运行，因此我们在安装单机版的时候，需要下载一个整合了 Hadoop 平台的版本。需要注意的是，想要成功运行 Spark，我们还需要在计算机上安装 Java Runtime Environment（JRE）或者 Java Development Kit（JDK）。从官方网站下载的是一个压缩文件，我们无论在 Linux 系统还是在 Windows 系统下，都只需要简单将其解压即可。以 Linux 为例，可运行以下命令来解压：

```
>tar xfvz spark-1.6.0-bin-hadoop2.6.tgz
```

然后进入目录：

```
>cd spark-1.6.0-bin-hadoop2.6/bin
```

可以通过运行下面的程序来检验 Spark 程序：

```
>run-example org.apache.spark.examples.SparkPi
```

如果要通过 Scala 启动 Spark，可以运行以下命令：

```
>spark-shell
```

然后就可以进入如图1.1所示的界面。这个时候，我们可以输入相应的命令进行编程，还可以通过运行 SparkR 等进入 R 语言环境实现 Spark 编程。

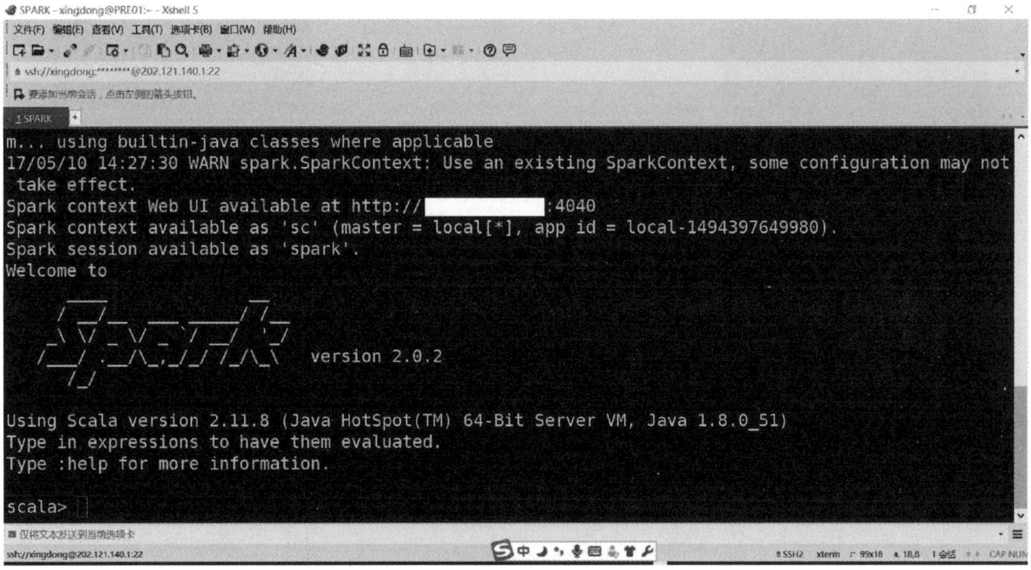

图 1.1　软件界面

对于 Spark 计算集群（Cluster），我们需要使用诸如 SSH 之类的软件通过计算机终端连入系统，比如可以使用免费的 Xshell 软件来实现连接，如图1.2所示。一个 Spark 计算集群由两种进程组成，即主程序和执行程序。在计算集群中，主程序和各个执行程序会在不同的计算节点（Node）运行。

需要注意的是，由于系统资源有限，如果在登录 Apache Spark 系统的时候对于资源分配不加约束，将可能导致一部分用户远程登录之后，另外一部分用户无法登录，因此我们可以用以下语句来启动 Apache Spark 系统：

```
>spark-shell --conf spark.port.maxRetries=100 --master
            spark://x.x.x.x:7077 --total-executor-cores 2
```

通过上面的语句来启动 Apache Spark 系统的时候，最多尝试的次数是 100 次，"x.x.x.x"是主机的 ip 地址（由系统管理员提供），"7077"是连接接口，"–total-executor-cores 2"表示申请分配两个核用于该用户的计算。

实际上，在启动 Spark 的时候，可以设置若干启动参数，例如：

● total-executor-cores

参数说明：该参数用于设置启动 Spark 作业总共用于 Executor 进程的 CPU 数量，仅限于 Spark Alone 和 Spark on Mesos 模式。

图 1.2　SSH 软件界面

- num-executors NUM

参数说明：该参数用于设置启动的 Executor 进程的数量，默认是 2，仅限于 Spark on Yarn 模式。

- executor-cores

参数说明：该参数用于设置每个 Executor 进程使用的 CPU 个数，缺失值为 1，仅限于 Spark on Yarn 模式。

- executor-memory

参数说明：该参数用于设置每个 Spark Executor 进程的内存大小。

- executor-cores

参数说明：该参数用于设置每个 Spark Executor 进程的 CPU core 数量。

- driver-memory

参数说明：该参数用于设置 Spark Driver 进程的内存大小。

1.3　Apache Spark 编程简介

Apache Spark 来源于 Scala 语言，因此，在介绍 Apache Spark 之前，我们会稍微花点篇幅简单介绍一下 Scala 编程语言，这有助于加深本书的读者对 Apache Spark 的语言规则的理解。

1.4　Scala 语言简介

目前，绝大部分大数据研究平台是分布式平台，建立在 JVM 基础上。JVM 所对应的语言主要有两个，即 Java 和 Scala。本书分布式计算基于的 Apache Spark 就是利用

Scala 语言编写完成的计算平台。Scala 语言可以调用 Java 语言编写的包，这也就是为什么在 Spark 平台上可以调用 Hadoop 文件管理系统。

相较于 Java 语言支持面向对象，Scala 是一种面向对象和函数式的语言。首先，在 Scala 中一切都是对象，并且对象皆有对应的方法来加以处理，因此 Scala 语言也是一种面向对象的编程语言，类似编程语言包括 Java、C++ 等。这样的结构使得这种语言可以更好地胜任大规模的数据分析项目，便于模块化，易于管理。其次，作为一种函数语言，即 Scala 函数可以出现在编程语句的任何地方，包括可以作为参数进行传递，类似编程语言有 R 语言。本书只对 Scala 做简要介绍，向大家介绍基本的处理数据所用到的变量和类型，以及一些表达式和条件式，紧接着会更进一步地给大家介绍函数和类，本书有关 Scala 语言的语法讲解及实例可参见 *Scala Cookbook* (Alexander, 2013) 一书，有兴趣的读者可以参阅这本书并进行实际演练。

1.4.1　Scala 开发环境配置及 IntelliJ IDEA

IntelliJ IDEA（简记为 IDEA）是一个在 Java/Scala/Groovy 开发中很流行的开发集成环境。经过使用发现，在 IDEA 上面直接编写 Scala 代码，并调用单机版 Spark 进行直接调试给实际开发带来了诸多便利，并且这一 IDEA 支持程序直接打包成 jar，也使得我们可以更方便地在集群中运行。

若要完成环境的搭建，我们首先需要满足如下四个条件。

• JDK 安装。前往 Oracle 官方网站下载安装，并在 command 命令行窗口确认 Java-version 可以返回版本号，否则要在系统环境变量设置中添加 Java 到路径中。

• Scala 下载安装。前往官网 http://www.scala-lang.org/ 下载并安装。同样也需要确认环境变量已配置妥当。

• Spark 源代码下载。前往官方网站 http://spark.apache.org/downloads.html 下载。

• IntelliJ IDEA 下载安装。https://www.jetbrains.com/idea/ 上可以下载免费的 community 版本。

下面我们详细介绍有关如何使用 IDEA 将 Scala 代码打包并上传至集群运行的有关步骤。首先，打开 IntelliJ，在首界面上右下角选择 Configure-Plugins，在弹出页面中输入 Scala，安装 JetBrains 所提供的连接 Scala 和 IntelliJ 的插件，如图1.3所示。若已下载则可以通过 Install plugin from disk... 选项从本地导入。

安装好 Scala 插件后，我们在首页选择 Creat New Project，选择界面左边选项的 Scala，然后选中 sbt 构建工具，单机 Next，由此可以建立一个 Scala 的项目，如图1.4所示。

在建立过程中注意在 Project SDK 中选择我们配置好的 JDK，Scala SDK 也要在下拉列表中选择对应的 sdk，如图1.5所示。

建立好新的项目之后，我们需要加载一些集合环境，选择 File→Project Structure→Project Settings→Libraries，点击 Java 选择加号后所得图1.6，从中选择我们下

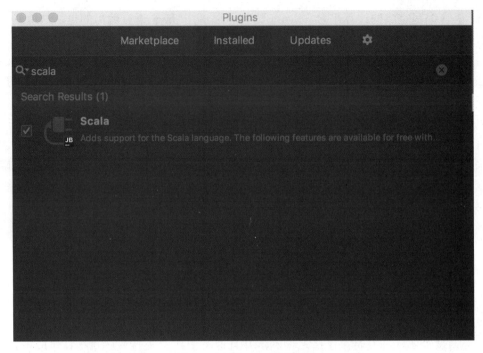

图 1.3 导入 Scala 插件

图 1.4 使用 sbt 创建 Scala 项目

载好的 Spark 文档中的 jars 文件夹将其导入。

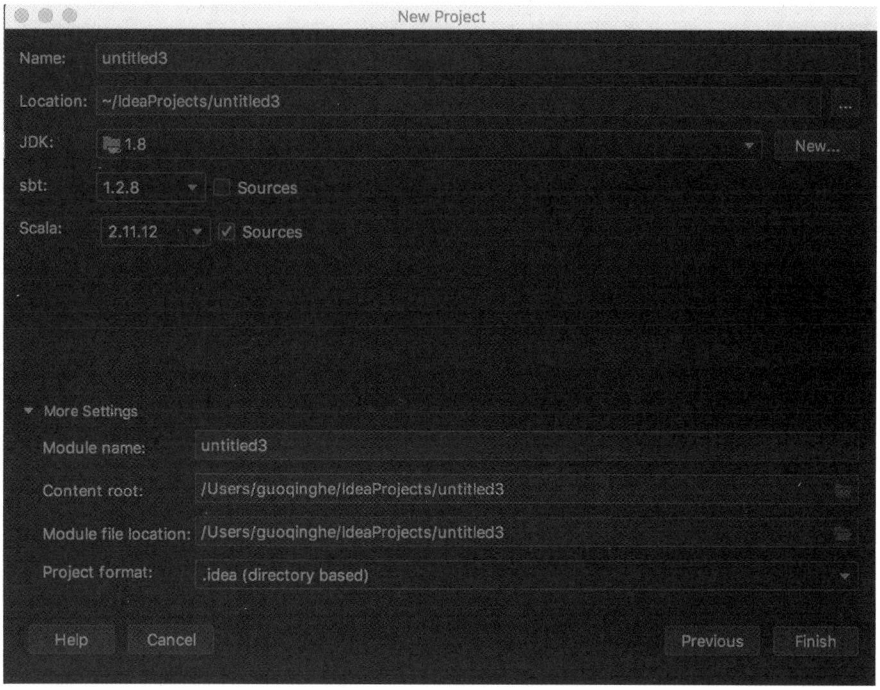

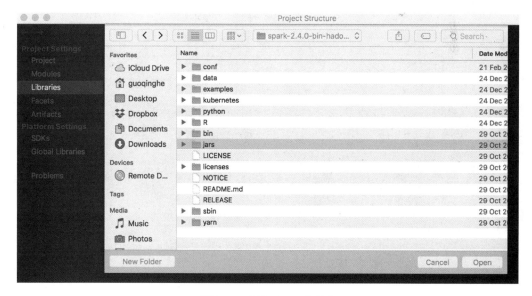

图 1.5　配置 JDK

图 1.6　导入 jars 文件夹

点击 Project 下 build.sbt 进行配置，即添加依赖 libraryDependencies +=
"org.apache.spark" %% "spark-core" % "2.4.0" 并点击屏幕右下角的 Enable Auto-

Import 进行自动配置，所得到的页面如图1.7所示。

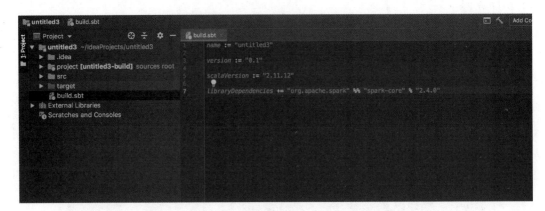

图 1.7　配置 build.sbt 文件

在左侧 src 上右击鼠标选择新建 Scala Class，类型选择 Object。这里如果发现找不到 Scala Class，那么说明 src 这个文件夹的属性不对，一定要确认如图1.8所示 src 被选中为 Sources 文件夹属性。这一属性，在图1.6所示的 Project Structure 中 Modules 中对应项目的 Sources 选项卡中，选中 src 文件夹，单击上面的 Sources 按钮即可，这时在右侧可以看到这一文件夹变为蓝色显示。如果当前的模块（Module）中 src 下面有很多文件夹，那么我们选择在 Scala 文件夹下建立新的类。接下来，点击 src 下的 main，右击 Scala，选择 New→Scala Class，如图1.8所示。

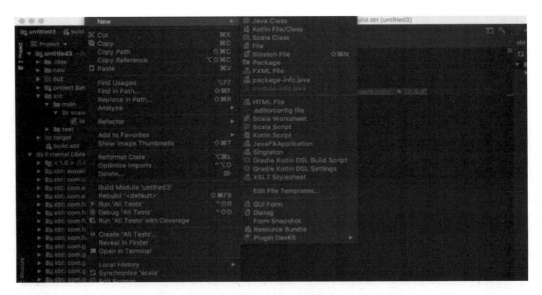

图 1.8　导入 Scala 插件 (a)

输入相关代码程序，并进行打包。首先我们要完成一些基本设置，在 Project Structure→Project Settings 中选择 Artifacts，选择添加 JAR-From modules with dependencies...，在弹出的 Create JAR from Modules 中配置好对应的 Main Class，选择 extract to the target JAR。全部配置完成后，选择 OK 保存配置，如图1.9所示。

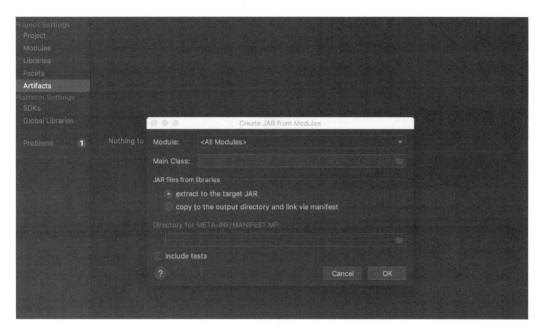

图 1.9　导入 Scala 插件 (b)

在 Build-Build Artifacts... 中选择要打包的项目，点击 build，如果没有特殊设置，压缩完成的包会存放在项目的 out→artifacts 目录中，如图1.10 所示。

图 1.10　导入 Scala 插件 (c)

接下来我们讲解下如何配置 IDEA 才可以直接连接单机的 Spark 平台运行测试代码。在 Run→Edit Configurations 中左侧选择对应的项目，在 Configuration 选项卡中选择对应的主函数，并在 VM options 中填写 "-Dspark.master=local"，并在 Program arguments 中添加参数，也就是主函数里面用 args 接收到的参数。至此，在 IDEA 中单击 Run 可以直接运行基于 Spark 平台的代码，所有的输出都会显示在 IDEA 中。

1.4.2 Scala 编程简介

在接下来的内容中，我们以 Spark Shell 为例详细介绍有关 Scala 编程的相关内容。

1.4.2.1 数据类型

在 Scala 语言中，我们首先需要了解的是其中所定义的有关数据类型（见表1.2）及其类的拓展关系（见图1.11）。

表 1.2 核心数据类型

类型名	描述	大小（字节）	取值范围
Byte	有符号整数	1	$[-128, 127]$
Short	有符号整数	2	$[-32768, 32767]$
Int	有符号整数	4	$[-2^{31}, 2^{31}-1]$
Long	有符号整数	8	$[-2^{63}, 2^{63}-1]$
Float	有符号浮点数	4	n/a
Double	有符号浮点数	8	n/a
Any	所有类型的根		
AnyVal	Scala 中所有值类型的根		
AnyRef	所有引用（非值）类型的根		
Nothing	所有类型的子类		
Null	所有 AnyRef 类型的子类		
Char	Unicode 字符		
Boolean	true 或 false		
String	字符串		
Unit	指示没有值		

从图1.11中我们可以看出，Any 为顶级类型。Any 有两个直接子类：AnyVal 和 AnyRef。AnyVal 代表值类型，而 AnyRef 代表引用类型。所有非值类型都被定义为引用类型。Nothing 没有值，常用于抛出异常、退出等。

1.4.2.2 值和变量

值（Value）是不可变的有类型的存储单元。变量（Variable）是一个唯一的标识符，对应一个已分配或保留的内存空间，这一空间的内容是动态的。其各自的声明方式为：

```
val <identifier>[: <type>] = <data>
var <identifier>[: <type>] = <data>
```

在 Scala 中，值是不可变的，而变量在程序运行过程中其值可能发生改变。Scala 中声明变量和值不一定要指明数据类型，在没有指明数据类型的情况下，其数据类型是通过

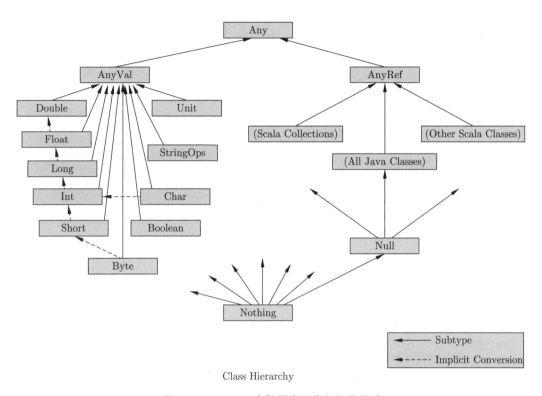

Class Hierarchy

图 1.11　Scala 中数据类型类的拓展关系

资料来源：示意图来自 intellipaat.com/blog/tutorial/scala-tutorial。

变量或常量的初始值推断出来的。需要注意的是，如果我们在变量建立之初对变量类型有指定，那么在后面重新赋值时的赋值类型只能是指定的类型或指定类型的子类型。在实际项目中，由于 Spark 会涉及网络中大量的数据传输、模块间的通信，因此建议尽量使用值，避免错误的更改。值得注意的是，在类型上如果某种方法不适用于 Scala 语言的此种类型，会自动进行隐式转换，以转换成匹配此方法的类型。例如：

```
0.to(5)
```

我们知道 Int 数据类型没有 to 这一函数方法可用，这里会把 Int 类型的数据自动转换成 Range.Integer 的对象类型。

下面给出一些有关值和变量的例子。

```
//一些例子
scala> val Number = 10
Number: Int = 10
scala> Number
res5: Int = 10
scala> Number.getClass
res6: Class[Int] = int
scala> Number = 20
```

```
<console>:8:error:reassignment to val
scala> var Number1 = 10
Number: Int = 10
scala> Number1 = 20
Number1: Int = 20
scala> Number1 = "Hello!"
<console>:8:error:type mismatch;
scala> var Number2:Any=10
Number2: Any = 10
scala> Number2="Hello!"
Number2: Any = Hello!
```

1.4.2.3 数组结构

Scala 中常用的数组结构共有如下三种。
- 元组 (Tuple)：元组可以存放不同类型的数据。
- 数组 (Array)：数组可以存放相同类型、固定长度的数据集合。
- 列表 (List)：列表可以存放相同类型的数据。

1.4.2.4 运算操作

具体的一些运算操作同其他语言大致相同，若要完成一些复杂的数学运算，如矩阵运算等，则需要引用相关的包。例如：

```
import scala.math._
min(20,4)
```

1.4.2.5 表达式和条件式

表达式是返回一个值的代码单元，多个表达式用大括号即可构造一个表达式块，值得注意的是，表达式有自己的作用域，可以作用于所属表达式块中的局部（或全局）值和变量。表达式块中最后一个表达式即为整个表达式块的返回值。
- 一些基本的字符型以及数值运算

```
scala>"hello"+" "+"world"+"!"
res0: hello world!
scala> "a"*2
res1: String = aa
scala>math.sin(1)+math.cos(1)
res2: Double=1.3817732906760363
```

- if...else 表达式块

```
语法: if (<Boolean expression>)<expression>else<expression>
```

if...else 表达式块是编写条件逻辑的一种很简单的方法，并且这种方法的结果可以被直接赋值给变量，如：

```
scala> val A_age = 15; val B_age = 20
scala> val Older_age = if (A_age > B_age) A_age else B_age
```

若 if 表达式要执行的语句有很多条，可以用大括号来构建表达式块。

● 循环

循环是一个基于表达式的控制结构，本书介绍 for 循环、while 和 do/while 循环。

语法：`for (<identifier> <- <iterator>) [yield][<expression>]`

for 循环中比较关键的有迭代器哨位和嵌套迭代器，迭代器哨位即为迭代器增加一个 if 表达式，嵌套迭代器即增加一个额外的迭代器，如：

```
scala> for {t<-0 until 4 if t%4 == 0} println(t)
0
scala> for {x<-0 until 3
     | y<-0 until 3}
     | {println(x*y)}
0
0
0
0
1
2
0
2
4
```

值得注意的是在 for 循环中，yield 关键字是可选的。如果表达式中指定了这个关键字，调用的所有表达式的返回值将作为一个集合返回。

```
//一些例子
for (i <- 0 until 10) println(s"sin($i) = ${math.sin(i)}")
val b=for (e <- 1 to 10 if e <= 2) yield e
//对集合元素进行筛选，并返回筛选后的结果
val b= for (i <- 0 to 3) yield a(i)+1
val b= for (i <- 0 to 3) a(i)+1
//上一个练习
 for (x<- 1 to 3; y<- 4 to 6) yield x+y
//嵌套迭代
val fruits = Vector("apple", "banana", "lime", "orange")
for {
        e<-fruits
 if e.length<6
```

```
} yield e.toUpperCase
res4: scala.collection.immutable.Vector[String] = Vector(APPLE, LIME)
```

while 和 do/while 循环会重复一个语句,直到布尔值表达式返回 false。在实际应用中,这一循环方法并没有 for 循环那么常用,这里给出标准语法格式。

```
语法: while (<Boolean expression>) statement
do {statement(s);} while( condition )
//一些例子
  def Loop(x: Int) {
    var a = x
    while( a <=20 ){
        println( "Value of a: " + a )
        a = a + 1
    }
  }
var iter = Iterator(1 to 10)
//产生迭代器,注意(迭代器)不是一个集合,它是一种用于访问集合的方法
iter: Iterator[Int] = non-empty iterator
while(iter.hasNext) {println(s"nextValue = ${iter.next}")}
//调用 it.next() 会返回迭代器的下一个元素,并且更新迭代器的状态
//调用 it.hasNext() 用于检测集合中是否还有元素
```

do/while 循环与 while 循环类似,但是 do/while 循环在尾部检查它的条件,因而会确保至少执行一次循环。

```
//一些例子
var max_times = 10; var count = 0
  do {
        println(s"count = $count")
        count += 1
        } while (count < max_times)
```

1.4.2.6 方法

方法(或函数,即面向对象版本的函数)便于我们重复实现某一特定功能。函数式编程语言特别强调创建高度可重复使用、可组合的函数,可以帮助开发人员共同组建一个易维护的大型项目。当然,对于初学者而言,一个最明显的优势就是使编写的代码更短,可读性更强。在标准函数式编程方法论中,建议编写者尽可能地构建纯函数,以便最大限度地发挥优势,纯函数的特点有:

- 有一个或多个输入参数;
- 只使用输入参数完成计算;
- 对于相同的输入总返回相同的值;
- 不使用或影响函数之外的任何数据;

- 只返回一个值；
- 不受函数之外的任何数据的影响。

这种结构的函数无状态，与外部数据正交，所以更为稳定。这里默认大家均掌握了基本的函数编程知识，只对 Scala 的语法做出说明。

```
def 方法名称（[参数列表]）：[返回类型] = {
方法主体
返回内容
}
```

在具体创建中，这些函数的函数体基本由表达式或表达式块组成，并且最后一行将成为函数的返回值。若需要在函数的表达式块结束前退出并返回一个值，可以使用 return 来指定返回值并退出。如果有一个函数，没有显示返回类型，则编译器会自动设置这个函数的返回类型为 Unit，表示没有值。

关于一个方法我们有如下几点总结与区别。

- 方法定义由关键字 def 开始，接着是可选的参数列表，"："和方法的返回类型 "="，最后是方法的主体。
- 如果一个定义的方法数没有返回值（即 Unit），就叫作过程（Procedure）。
- Scala 方法是类的一部分，不是值。而函数是一个对象，因此可以赋值给一个变量。

```
//一些例子
def word='hi'
//定义一个无输入方法
def logit(p: Double): Double = {
    if(p>=0&&p<=1) math.log(p/(1-p))
    else throw new Error(s"logit: parameter $p is out of range")
}
logit(.9)
//定义logit方法，这里throw new Error为抛出异常命令。另一种常用的抛出异常
  命令为try{...}catch{...}
def printMe( ) : Unit = {
        println("Hello, Scala!")
}
//定义一个过程，即返回类型为Unit，这表示没有值
```

这里给大家介绍一种比较特殊的函数，叫作递归函数。这种函数调用自己的栈来存储函数参数，因此不必使用可变的数据，从而为迭代处理数据结构或计算提供了一种很便利的方法。例如：

```
scala> def power(x: Int, n:Int): Long = {
        if (n >=1) x * power(x, n-1)
          else 1
        }
```

```
power: (x: Int, n: Int)Long
scala> power(2,8)
res0: Long = 256
//以及
scala>  def factorial(x: Int): Int = {
    def fact(x: Int, accumulator: Int): Int = {
      if (x <= 1) accumulator
      else fact(x - 1, x * accumulator)
    }
    fact(x, 1)
  }
//定义了数字阶乘
```

这一结构有时会带来"栈溢出"的问题，在一些情况下可以利用函数注解方法来表示一个函数将完成尾递归优化，从而解决这一问题，即在函数定义前或者前一行上增加文本 @annotation.tailrec。这一改进只能在最后一个语句是递归调用的函数时才可以使用。当我们需要在一个方法中重复某个逻辑，但它作为外部方法又没有太大意义时，我们可以选择嵌套函数。在实际定义函数参数时，若指定了部分参数的默认值，则要注意实际调用中的参数调用顺序。当我们要设置调用可变数目的参数时，可以用 vararg 参数来实现。

正如之前所说的，我们有时也把函数称为方法。方法是类中定义的一个函数，这个类的所有实例都可以调用这一方法，具体调用的做法就是使用中缀点记法。还有一些更为复杂的结构，如高阶函数、Lambda 表达式、柯里化、偏函数等。如果我们能够正确运用这些复杂的结构，那么我们的代码会更加高效，更具有可读性。

在 Scala 编程中我们常常会用到非常多的匿名函数，例如：

```
(x:Double)=>x*x
(1 to 5).map(_*2)
 (1 to 5).reduce(_+_)
(1 to 5).map{x=> val y=x*2; println(y);y }
```

下面列举了一些数学中常用的函数调用。

```
scala> val result = -3.1415
scala> result.round
scala> result.floor
scala> result.compare(10)
scala> result.abs
scala> val result = List(1,2,3)
scala> result.max
scala> result.min
scala> result.size
scala> result.head
```

```
scala> result.tail
scala> result.product
scala> result.sum
```

1.4.2.7 类

类是面向对象语言的核心构件。普通的类可以根据需要实例化多次，每一个实例都有自己的数据初始化。利用继承可以实现类的扩展，多态使得子类可以代表父类，类的封装则使得我们可以更好地管理类的外在表现。我们可以按需求参考下面的语法定义类。

```
class <identifier> [type-parameters]
    ([var|val] <identifier>: <type> = <expression>[, ... ])
    [extends <identifier>[type-parameters](<input parameters>)]
    [{fields and methods}]
```

当然，Scala 中也有很多特殊的类，如抽象类、匿名类、对象、case 类、trait 类等，本书就不再具体介绍了。具体打包方法和访问方法参见本节有关环境配置的讲解，这里不再赘述。

1.4.3 PySpark 编程简介

PySpark 是 Python 调用 Spark 的接口，我们可以通过调用 Python API 的方式来运行 Spark 程序，它支持大多数的 Spark 功能，比如 Spark DataFrame、Spark SQL、Streaming、MLlib 等。只要我们了解 Python 的基本语法，那么在 Python 里调用 Spark 就会简单易行。搭建 PySpark 需要安装的软件包括：Java JDK、Scala、Apache-Spark、Hadoop（可选）和 PySpark。

按照上一节的方法安装好前四项，并设置好相应的环境变量，最后通过 pip install pyspark 指令安装 PySpark。findspark 是一个 Python 库，可以像其他 Python 库类似导入，然后使用 PySpark，并进行初始化。

```
import findspark
#指定spark_home为Spark安装路径,指定python路径
spark_home = "/opt/homebrew/Cellar/spark-3.1.2-bin-hadoop3.2"
python_path = "/opt/anaconda3/bin/python"
findspark.init(spark_home,python_path)
```

接下来我们就可以创建一个简单的 PySpark 应用。

```
import pyspark
from pyspark import SparkContext, SparkConf
conf = SparkConf().setAppName("test").setMaster("local[4]")
sc = SparkContext(conf=conf)
```

```
print("spark version:",pyspark.__version__)
rdd = sc.parallelize(["hello","spark"])
print(rdd.reduce(lambda x,y:x+' '+y))
```

更多的 PySpark 编程细节会在后文逐步呈现，此处不再赘述。

1.5 Spark 编程

1.5.1 Spark 系统简介

每一个 Spark 应用都是由一个驱动器程序（Driver Program）来发起集群上的各种并行操作。该驱动器程序包含了相应的主函数，并且定义了集群中的分布式数据集，还对此数据集记录了相关操作。在某些情况下，比如在不同语言下，我们可以通过下面的命令进行初始化，并且设置相关参数。

```
val conf = new SparkConf().setAppName("AppName").
setMaster("local[3] or masterIP:PORT")
val sc = new SparkContext(conf)
```

驱动器程序通过一个 SparkContext 对象来访问 Spark，这个对象代表对计算集群的一个连接。当我们启动 Spark Shell 时，就已经自动创建了一个 SparkContext 对象，其变量名为 SC。一旦我们有了 SparkContext 变量，就可以进一步创建弹性分布式数据集，并进行各种操作。在执行操作中，驱动器程序会管理多个执行器（Executor）节点，并在不同的节点上进行分布操作，如图1.12所示。

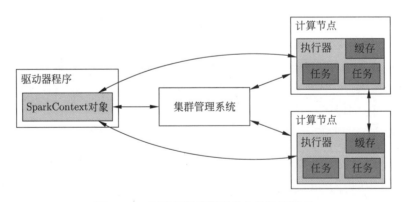

图 1.12　驱动器程序管理多个执行器节点

每次利用 Spark Shell 启动之后，SparkContext 都会随着 SparkConf 对象而创建。SparkConf 包含了各种有关 Spark 计算集群的设置参数（比如，主计算节点的 URL 地址）。SparkContext 对象被创建之后，我们就可以创建和分析分布式数据和共享的变量。

1.5.2 弹性分布式数据集

Spark 的一个核心技术就是创造了所谓的弹性分布式数据集（Resilient Distributed Dataset，RDD）的概念。一个弹性分布式数据集是分布在不同计算机器上的数据的汇总，这个数据集允许某些机器上的数据出现问题，然后通过其他机器上的数据拷贝来重新构建。RDD 其实就是分布式的元素组合，在 Spark 中，对数据的所有操作不外乎创建 RDD、转化 RDD 以及调用 RDD 操作进行求值。在这背后，Spark 会自动将数据分发到集群上，并进行并行操作。

RDD 的关键之处在于，其可以通过用户控制数据划分和存储（内存、磁盘等）来收集集群上的目标，将一个不可变的分布式对象集合分为多个区，分别运行在集群的不同节点上，之后利用并行方法来实现计算（如 map、filter、foreach 等）。RDD 可以通过下面两种方式进行创建：(i) 利用读取外部数据集进行创建，即使用 sc.textFile()；(ii) 分发驱动器程序中的对象集合，即使用 sc.parallelize()。

```
//一个例子
val data = Array(1,2,3,4,5)
val distData = sc.parallelize(data)
val distFile = sc.textFile("housing.txt")

val lines=sc.textFile("/Users/guoqinghe/Documents/
                      spark-2.4.0-bin-hadoop2.7/README.md")
//创建一个名为lines的RDD;
lines.count
//统计RDD中的元素个数，即行数
lines.first()
//统计这个RDD中的第一个元素，即第一行
//注意在Spark中，读取文本文件时，以每一行为RDD中的一个元素
```

在这里，lines 就是我们从本地文本文件中创建出来的一个 RDD 对象，我们可以在这个 RDD 上运行各种并行操作。运行完毕后，可以使用快捷键 Ctrl+D 退出 Spark Shell。

1.5.3 RDD 文件上的操作

RDD 文件支持两类操作：转化（Transformation）操作和行动（Action）操作。转化操作用于由原有的 RDD 创建一个新的 RDD，行动操作用于将计算结果返回给驱动器程序，或者写入外部存储系统中。比如，map 函数就是一种将数据集元素进行传递并产生新的 RDD 数据集的变换，而 reduce 函数就是汇总返回结果的一种行动。转化操作和行动操作的区别可从其返回值类型中加以体现，其中，转化操作返回的是 RDD，而行动操作返回的是其他数据类型。通过转化操作，我们从原始 RDD 中派生出新的 RDD，Spark 会用谱系图（Lineage Graph）来记录每个 RDD 之间的依赖关系，并根据这些信

息计算每个 RDD，也可根据这些信息恢复某些已持久化的 RDD 所丢失的数据。

```
//一个简单例子
val lines = sc.textFile(".../housing.txt")
val lineLengths = lines.map(x => x.length)
val totalLength = lineLengths.reduce((x, y) => x + y)
//注意 lines.map中的x代表lines数据集中的每一个元素
//注意 lines.map中的=>表示一个内联传递函数
```

这里需要指出的是，转化操作与行动操作的区别在于 Spark 计算 RDD 的方式不同。对于任何转化操作，Spark 只会惰性计算这些 RDD，只有在第一次行动操作中 Spark 才会真正完成计算过程。实际上，惰性操作意味着 Spark 会在内部记录下所要求执行的操作的具体信息，即每个 RDD 可以被视为通过转化操作构建出来的，记录如何计算数据的指令列表。下面我们给出一个简单的例子加以说明。

```
//一个例子
val lines=sc.textFile(".../README.md")
lines.persist()
lines.first()
val SparkLines=lines.filter(line=>line.contains("Spark"))
println("Input has " + Sparklines.count + " concerning lines")
Sparklines.take(10).foreach(println)
//创建一个名为lines的RDD
//进行数据结果缓存
//统计这个RDD中的第一个元素，即第一行
//注意在Spark中，读取文本文件时，以每一行为RDD中的一个元素
```

Spark 在第一步中并不真正地读取本地文本文件，而是在第二步行动操作中只读取第一行便停止，不需要读取整个文件。在默认情况下，Spark 的 RDD 会在每次行动操作时重复计算，因此可以使用 persist() 命令将这个 RDD 缓存下来。因而我们可以将 Spark 的工作流程总结为如下几点：

- 从外部数据中创建 RDD 数据集；
- 使用如 map 之类的转化操作对 RDD 进行转化，并得到新的 RDD（惰性操作）；
- 对可能需要多次使用的中间结果使用 persist() 进行缓存；
- 进行行动操作，如 count()、first() 等，从而触发计算。Spark 会对计算进行优化后执行。

下面我们以一个简单的 csv 文件处理为例，展示上述工作流程。

```
//读入文本创建RDD数据集
val data = sc.textFile(".../Lakeland.csv")
data.first
//转变数据类型为双精度型
val NewData = data.map(line => line.split(",").map(_.toDouble))
NewData.first
```

```
//转化操作、求和计算等
val Result = NewData.map(z =>{(z(0)+z(1)+z(2),z.size)})
Result.first
val Screening = Result.filter(s => s._1>4).map(s => (s._1, s._2*2))
Screening.first
val FinalResult = Screening.reduce((x,y)=>(x._1+y._1, x._2+y._2))
FinalResult.first
```

在 Spark 中，转化操作可以根据计算需求将一个 RDD 转化为其他新的 RDD。部分 Spark 中常用的转化操作命令如表1.3所示。

表 1.3 常用的转化操作命令

命令	目的
map(func)	接收一个函数，将此函数作用于 RDD 中的每个元素，并将函数的返回结果作为新产生 RDD 的元素
filter(func)	接收一个函数，并将 RDD 中满足该函数的元素计入新的 RDD中
flatMap(func)	接收一个函数，将函数应用于 RDD 中每个元素，并将返回的迭代器中所有内容构成新的 RDD，常用来切割单词
mapPartitions(func)	类似 map，但在不同的分区（块）上分别运行，所以如果操作的 RDD 是 T 类型的，func 的类型一定要是 Iterator<T> => Iterator<U>
mapPartitionsWithindex(func)	类似 mapPartitions，同时给 func 提供一个整数表示分区的索引，所以如果操作的 RDD 是 T 类型的，func 的类型一定要是 type(Int,Iterator<T>) => Iterator<U>
sample(withRepalcement,fraction,seed)	运用一个给定的随机生成器种子对 RDD 进行采样，以及可选是否替换
union(otherDataset)	生成一个包含两个 RDD 中所有元素的 RDD（不去重）
intersection(otherDataset)	生成一个包含两个 RDD 中共同元素的 RDD（通过混洗去重）
distinct([numTasks])	对 RDD 中的元素进行去重（其需要对所有数据进行混洗，因此计算量很大）
subtract()	接收另一个 RDD 为参数，返回一个由只存在第一个 RDD 中而不在第二个 RDD 中所有元素所组成的 RDD（需要数据混洗）
cartesian()	计算两个 RDD 之间的笛卡尔积

我们通过一些例子进一步示例有关转化操作的具体内容。

```
//一些例子
val lines=sc.parallelize(List("Li Lei","Han Meimei"))
val words=lines.flatMap(line=>line.split(" "))
val words1=lines.map(line=>line.split(" "))
//这里我们可以通过对比words与words1中元素的不同加深对map和flatMap区别的理解
//其他转化操作
val rdd=sc.parallelize(1 to 50)
```

```
rdd.sample(false, 0.2).collect
//注意这里返回的元素个数每次可能不同,这是由于Spark内部采用
  binomial分布来抽取样本
rdd.takeSample(false, 10)
//这里每次样本个数均相同,但返回的是Array而不是RDD
val rdd1=sc.parallelize(List(1,2,3,4,4,4,5,5))
rdd1.distinct.collect
//由于distinct()需要将所有数据通过网络进行混洗,因此代价很高
rdd.cartesian(rdd1).collect
rdd.union(rdd1).collect
rdd.intersection(rdd1)
rdd.subtract(rdd1).collect
```

在 Spark 中,当我们根据计算需求将原始数据转化为相关新的 RDD 后,需要进行行动操作来完成最后的计算过程。部分 Spark 中常用的行动操作命令如表1.4所示。

表 1.4 常用的行动操作命令

命令	目的
reduce(func)	并行整合 RDD 中所有数据,并返回一个相同数据类型的元素,这里面的函数必须是可交换可结合的
collect()	返回 RDD 中所有元素,这个行动往往在过滤等操作使数据集缩小后使用
count()	RDD 中元素个数
first()	返回 RDD 中第一个元素,类似于 take(1)
take(n)	返回 RDD 中 n 个元素
top(n)	返回 RDD 中前 n 个元素
foreach(func)	在数据集的每个元素上运行函数 func。这通常用于达成其他目的,例如更新累加器变量或与外部存储系统交互

```
//一些例子
val rdd= sc.parallelize(1 to 5)
val sum = rdd.reduce((x,y)=>x+y)//注意Reduce做减法的结果会受分区的影响
val sum1= rdd.fold(0)((x,y)=>x+y)
val countRDD = rdd.count()
val firstRDD = rdd.first()
val takeRDD = rdd.take(5)      //输出5个元素
val topRDD = rdd.top(3)        //从高到低输出前3个元素
val aggRDD = rdd.aggregate(0)((x,y)=>x-y,(x,y)=>x+y)
val aggRDD1 = rdd.aggregate((0,0))((x,y)=>(x._1+y,x._2+1),
(x1,y1)=>(x1._1+y1._1,x1._2+y1._2))
rdd.foreach{println}
val  rdd= sc.parallelize(List(1,2,3,3,4,4,4))
```

```
val counBV=rdd.countByValue
```

由于 Spark 自身的设置，其每次都会重复计算 RDD 及其相关依赖关系，因而在处理一些需要多次迭代的问题时，会多次使用同一种数据，这导致浪费大量时间。为解决此类问题，我们可以使用 persist() 命令对 RDD 进行持久化缓存。

● 常见的键值对操作。键值对 RDD 是 Spark 中常见的数据类型（Key, Value）=（键值，值）。我们可以通过一些转化操作得到键值对形式的数据，并且根据键值来更好地进行分组、分区的操作，进一步优化运算性能，降低通信代价。

```
//一个例子
var data=Array("Hello Spark! Welcome to be familiar with Spark,
which is better than Hadoop")
val rdd=sc.parallelize(data)
valrdd1=rdd.flatMap(x=>x.split("!")).flatMap(x=>x.split(",")).
flatMap(x=>x.split(" ")).filter(x=>x!="")
val rdd2=rdd1.map(x=>(x,1))
//一个例子
val lines=sc.textFile("/Users/guoqinghe/Documents
/spark-2.4.0-bin-hadoop2.7/README.md")
val rdd1=lines.flatMap(x=>x.split(",")).flatMap(x=>x.split(" ")).
filter(x=>x!="").filter(x=>x!="##")
val rdd2=rdd1.map(x=>(x,1))
```

● 常见的 Pair RDD 转化操作。下面我们列出一些常见的 Pair RDD 转化操作，如表1.5所示。

```
//一些例子
val rdd=sc.parallelize(Array("Hello", "Spark", "Welcome","to",
 "be", "familiar", "with", "Spark", "which", "is", "better",
 "than", "Hadoop"))
val rdd1=rdd.map(x=>x.toUpperCase).map(x=>(x,1))
val rdd2=rdd1.reduceByKey((x,y)=>x+y)
//reduceByKey 会为数据集中的每个键进行并行的归约操作，每个归约操作会将键
 相同的值合并起来，但并不返回值
rdd1.foldByKey(0)(_+_).foreach(println)
//注意reduceByKey 和 foldByKey会先在每台机器上进行本地合并，再计算全局的
 结果
val rdd3=rdd1.groupByKey()
//注意groupByKey较为消耗内存
rdd2.keys.foreach(println)
rdd2.values.foreach(println)
rdd2.sortByKey().foreach(println)
rdd2.mapValues(x=>x+10).foreach(println)
rdd1.countByValue().foreach(println)
```

分布式统计计算

表 1.5 常见的 Pair RDD 转化操作

命令	目的
groupByKey([numTasks])	作用在 (K,V) 上，返回 (K,Iterable<V>)RDD 键值对。注意：如果要分组以便在每个键上执行聚合（例如总和或平均值），则使用 reduceByKey 或 aggregateByKey 将产生更好的性能。默认情况下，输出中的并行级别取决于父 RDD 的分区数。您可以传递可选的 numTasks 参数来设置不同数量的任务
reduceByKey(func,[numTasks])	合并具有相同键的值，返回新的键值对
aggregateByKey[zeroValue](seqOp, combOp, [numTasks])	作用在 (K,V) 上，返回 (K,U)，其中使用给定的组合函数和中性"零值"来聚合每个键的值。允许与输入值类型不同的聚合值类型，同时避免不必要的分配。类似 groupByKey，可以通过可选的第二个参数来配置减少任务的数量
sortByKey([ascending],[numTasks])	返回一个根据键排序（升序或降序）的 RDD
countByKey()	作用在 (K,V) 形式的 RDD 上，返回 (K,Int) 对的 hashmap，包含每个键中元素个数
combineByKey()	使用不同的返回类型合并具有相同键的值
mapValues()	对 pair RDD 中的每个值应用一个函数而不改变其键值
flatMapValues()	对 pair RDD 中的每个值应用一个返回迭代器函数，然后对返回的每个元素都生成一个对应原键的键值记录
keys()	返回一个仅包含键的 RDD
values()	返回一个仅包含值的 RDD
subtractByKey()	删掉 RDD 中键与其他 RDD 中键相同的元素
join()	对两个 RDD 进行内连接
cogroup()	将两个 RDD 中拥有相同键的数据分组

- 一个重要的操作函数：combineByKey。

语法：{def combineByKey(createCombiner, mergeValue, mergeCombiners,...)}

combineByKey 的参数说明如表1.6所示。

表 1.6 combineByKey 的参数说明

命令	目的
mergeValue	遇到已经存在的键时，将该键的累加器对应的当前值与这个新的值合并
mergeCombiners	将不同分区的累加器的值合并

注意，许多基于键的聚合操作都是由 combineByKey 来实现的，比如 reduceByKey。

```
//一个例子
val Scores = Array(("XiaoMing", 88.0), ("LiLei", 95.0),
  ("HanMei", 91.0), ("LiLei", 93.0), ("LiLei", 98.0),
  ("XiaoMing", 96.0),("HanMei", 78.0),("XiaoMing", 68.0))
```

```
val result = sc.parallelize(Scores)
result.combineByKey(score => (score,1), (c1:(Double, Int),
  newScore) => (c1._1 + newScore, c1._2 + 1), (c1:(Double, Int),
  c2:(Double, Int)) => (c1._1 + c2._1, c1._2 + c2._2)).
  map { case (name, (total, count)) => (name, total / count)
}.foreach(println)
```

常见的 Pair RDD 行动操作如表1.7所示。

表 1.7 常见的 Pair RDD 行动操作

命令	目的
countByKey()	对每个键对应的元素分别计数
collectAsMap()	将结果以映射表的形式返回，以便查询
lookup()	返回给定键对应的所有值

```
//一些例子
val rdd=sc.parallelize(Array("Hello", "Spark", "Welcome","to",
  "be", "familiar", "with", "Spark", "which", "is", "better",
  "than", "Hadoop"))
val rdd1=rdd.map(x=>x.toUpperCase).map(x=>(x,1))
rdd1.countByKey
rdd1.collectAsMap
//collectAsMap对一个键有多个值的情况会用后值覆盖前值，只保留最后一个
rdd1.lookup("SPARK")
rdd1.lookup("BETTER")
```

1.5.4 Spark 中两个抽象概念

在创建好 SparkContext 对象之后，以下两个概念非常重要。

- **累加器**。累加器提供了将工作节点中的值聚合到驱动程序中的简单语法。相关函数为 accumulator()。
- **广播变量**。广播变量可以高效地向所有工作节点发送一个较大的只读值，从而缓存在每一个机器上，以降低通信成本。相关函数为 broadcast()。

```
//一些例子
val beta=(1 to 100000).map(_.toDouble).toArray[Double].
map(x=>{if (x<11) 2.0 else 0.0})
val Beta=sc.broadcast(beta)

//一些有关统计量的数值操作
val rdd=sc.parallelize(List(1,2,3,4,5,6,7,8))
rdd.count
```

```
rdd.mean
rdd.sum
rdd.max
rdd.variance
rdd.stdev
```

我们可以通过 parallelize() 命令将 Scala 的数据对象转化成 RDD 格式，比如：

```
scala>val numbers = List(1,2,3,4,5,6,7,8,9,10)
scala>val rddExample =sc.parallelize(numbers)
scala>rddExample.first
scala>rddExample.take(3)
```

我们也可以通过输入诸如 HDFS、HBase、Cassandra 等格式的一些文件来创建 RDD 对象。比如：

```
scala>val rddText = sc.textFile("LICENSE")
scala>rddText.first
```

上面的 textFile 命令是用来处理 String 对象的，其对象的一个记录是文本文件的一行数据。

由于 Spark 系统是设计用来处理非结构化或者半结构化的数据的，所以系统命令处理数据的时候都是针对记录逐个进行分析和计算，这一点和我们以前习惯的向量化或者矩阵化的数据编程非常不一样。比如我们先读入一个 csv 文件，然后逐行计算：

```
scala>val data = sc.textFile("QR/Lakeland.csv")
scala>data.first
scala>val NewData = data.map(line => line.split(",").map(_.toDouble))
scala>val Result = NewData.map(z =>{(z(0)+z(1)+z(2),z.size)})
scala>val Screening = Result.filter(s => s._1>4).map(s => (s._1,s._2*2))
scala>val FinalResult = Screening.reduce((x,y)=>(x._1+y._1,x._2+y._2))
```

语句 sc.textFile 用来读入文本文件。在上面的例子中，我们读入了目录 "QR" 下的 Lakeland.csv 文件。语句 data.first 用来显示数据集 data 的第一行数据。NewData 是将读入的文本数据转换成 Double 型之后形成的数据，这样就可以用于后续的计算。上面语句中的 map 命令就是告诉 Spark 将对应数据集的每一个记录进行逐个处理。在对数据集 NewData 的记录逐个计算的时候，我们实际上计算了每行数据的前三个数的总和以及每行数据的个数，并将它们放在一起形成 Tuple 格式。倒数第二个语句用来挑选出前三个数的总和大于 4 的那些记录，并将相应每行数据长度乘以 2，其中._1 表示 Tuple 型数据的第一个元素，._2 表示其第二个元素。最后一个语句用来将各个计算节点上针对各个记录计算的结果加以汇总，这将涉及各个计算节点之间的通信，会比较耗时。在这里，我们只是简单地对向量求和。

更多有关 Spark 编程的介绍可参考 Karau et al.(2015)，一些常用的命令如表1.8 所示。

表 1.8 常用命令

命令	目的
map(func)	将函数应用于从 func 函数传来的每个元素,将返回值构成新的 RDD
filter(func)	返回一个由 func 传来的被选元素组成的新的 RDD
flatMap(func)	类似 map,这里可以将每个输入项目应用得到多个输出项目,将函数应用于 RDD 中每个元素,将返回的迭代器的所有内容构成新的 RDD
mapPartitions(func)	类似 map,但在不同的分区(块)上分别运行,所以如果操作的 RDD 是 T 类型的, func 的类型一定要是 Iterator<T> => Iterator<U>
mapPartitionsWithindex(func)	类似 mapPartitions,同时给 func 提供一个整数表示分区的索引,所以如果操作的 RDD 是 T 类型的, func 的类型一定要是 type(Int,Iterator<T>) => Iterator<U>
sample(withRepalcement,fraction, seed)	运用一个给定的随机生成器种子对 RDD 采样,以及可选是否替换
union(otherDataset)	生成一个包含两个 RDD 中所有元素的 RDD
intersection(otherDataset)	将两个 RDD 共同的元素返回一个新的 RDD
distinct([numTasks])	去重
groupByKey([numTasks])	作用在 (K,V) 上,返回 (K,Iterable<V>)RDD 键值对。注意:如果要分组以便在每个键上执行聚合(例如总和或平均值),则使用 reduceByKey 或 aggregateByKey 将产生更好的性能。默认情况下,输出中的并行级别取决于父 RDD 的分区数。您可以传递可选的 numTasks 参数来设置不同数量的任务
reduceByKey(func,[numTasks])	合并具有相同键的值,返回新的键值对
aggregateByKey[zeroValue](seqOp, combOp, [numTasks])	作用在 (K,V) 上,返回 (K,U),其中使用给定的组合函数和中性"零值"来聚合每个键的值。允许与输入值类型不同的聚合值类型,同时避免不必要的分配。类似 groupByKey,可以通过可选的第二个参数来配置减少任务的数量
sortByKey([ascending],[numTasks])	返回一个根据键排序(升序或降序)的 RDD
join(otherDataset,[numTasks])	对两个 RDD 进行内连接,比如作用在 (K,V) 和 (K,W) 上,返回 (K,(V,W))
cogroup(otherDataset,[numTasks])	将两个 RDD 中拥有相同键的数据分组,比如作用在 (K,V) 和 (K,W) 上,返回 (K,(Iterable<V>,Iterable<W>))
cartesian(otherDataset)	与另一个 RDD 的笛卡尔积,即返回所有的元素对
pipe(command,[envVars])	通过 shell 命令导出所有分区的 RDD,比如 Perl 或 bash 描述
coalesce(numPartitions)	减少 RDD 中的分区个数到 numPartitions,这对大型数据过滤后加速操作很有效
repartition(numPartitions)	混洗 RDD 中的数据以创建更多或更少的分区,并在其间平衡。该操作会混洗网络中全部数据

命令	目的
repartitionAndSortWithinPartitions(partitioner)	根据给定的分区器对 RDD 进行重新分区，并在每个生成的分区中，按键对记录进行排序，这比调用 repartition 然后在每个分区内排序更有效，因为它可以将排序推入混洗机器
reduce(func)	并行整合 RDD 中所有数据，这里面的函数必须是可交换、可结合的
collect()	返回 RDD 中所有元素，这个行动往往在过滤等操作使数据集缩小后使用
count()	RDD 中元素个数
first()	返回 RDD 中第一个元素，类似于 take(1)
take(n)	返回 RDD 中 n 个元素
takeSample(withReplacement,num,[seed])	返回一个 RDD 中任意的 num 个元素组成的 Array，具体运用一个给定的随机生成器种子对 RDD 采样，以及可选是否替换
takeOrdered(n,[ordering])	返回 RDD 中 n 个元素，按照自然顺序或用户定义排序规则进行排序
saveAsTextFile(path)	在本地文件系统，HDFS 或任何其他 Hadoop 支持的文件系统的给定目录中，将数据集的元素作为文本文件（或文本文件集）写入。Spark 将在每个元素上调用 toString 将其转换为文件中的一行文本
saveAsSequenceFile(path)	在本地文件系统，HDFS 或任何其他 Hadoop 支持的文件系统的给定路径中，将数据集的元素作为 Hadoop 序列文件写入。这可以在实现 Hadoop 的可写接口的键值对的 RDD 上使用。在 Scala 中，它也可以隐式转换为可写的类型（Spark 包括基本类型的转换，如 Int、Double、String 等）
saveAsObjectFile(path)	使用 Java 序列化以简单的格式把元素写入数据集，然后可以使用 SparkContext.objectFile() 加载这些元素
countByKey()	作用在 (K,V) 形式的 RDD 上，返回 (K,Int) 对的 hashmap，包含每个键中元素个数
foreach(func)	在数据集的每个元素上运行函数 func。这通常用于达成其他目的，例如更新累加器变量或与外部存储系统交互

1.6 公共数据集

一些公共开放的数据集可以直接下载用作学习 Spark 编程的数据，这些数据集通常被用来测试和比较方法。

- **UCI Machine Learning Repository:** 该网址（http://archive.ics.uci.edu/ml/）集中了几乎 300 个不同类型和大小的数据集，可用来分类、回归、聚类以及用作推荐系统分析。

- **Amazon AWS public datasets:** 这是很多非常大的数据集的集合，可以通过 Amazon S3 来获取。这些数据集（http://aws.amazon.com/publicdatasets）包括人类基因项目（Human Genome Project）、维基数据等。
- **Kaggle:** 这些数据通常被 Kaggle 用来作为机器学习竞赛之用。数据集（http://kaggle.com/competitions）包括分类、回归、排序、推荐系统以及图像分析等。
- **KDnuggets:** 该网站（http://www.kdnuggets.com/datasets/index.html）汇总了一系列公共数据集，包括上面提到的一些数据集。

第2章

Breeze 程序包

对于统计学的学生而言，我们所熟悉的编程环境往往涉及向量化的计算编程，比如 R 语言、Matlab 语言。因此，我们习惯于矩阵之间的加减乘除，突然开始 Spark 编程，确实会有不适。由于 Spark 语言是针对非结构化数据而发展的，因此 Spark 编程往往是逐个记录来进行处理和运算，从而允许每个记录的长度完全不一样。万幸的是，Breeze 程序包允许我们进行熟悉的向量化计算，从而使得我们能够方便地进行必要的矩阵运算。在本章中，我们将介绍该程序包，并在分布式开发环境下实现一些统计计算。

2.1 创建向量、矩阵及其简单计算

在使用 Spark 的时候，我们发现对于向量的加减乘除似乎不是那么简单，而 Breeze 包将让我们很容易实现这些我们熟悉并需要的运算。首先，我们需要在 Spark 环境下调用 Breeze 包，即

```
import breeze.linalg._
```

然后我们可以很方便地使用以下命令创建一个长度为 10 的双精度零向量：

```
val a = DenseVector.zeros[Double](10)
```

这里使用 DenseVector 命令创建了零向量，那么 Spark 将会分配一块内存存储该向量。但是如果我们使用 SparseVector 来创建零向量，Spark 并不会分配内存来存储该向量。利用 Breeze 包创建的向量都是列向量，因此我们可以通过 a.t 得到行向量的形式。

对于创建好的向量，我们完全可以采用类似于其他向量编程语言的形式来计算。比如，我们希望将 a 的元素从第一个到最后一个分别加上它所处位置的指标，那么可以通过以下程序加以实现：

```
a := a + DenseVector((1 to a.length).toArray.map(_.toDouble))
```

需要注意的是，我们需要使用 ":=" 来实现按元素赋值。我们也可以对 a 中的某个元素加以改变，比如：

```
a(0) = 100.0
```

我们用上面的程序将向量 a 的第一个元素改为 100.0，但是需要注意的是，我们应当使用 "=" 而不是 ":=" 来进行赋值，这是由于 a(0) 不再是一个向量。如果我们想将向量 a 的第二个至第四个元素的值改为 −1.0，那么可以通过以下程序实现：

```
a(1 to 3) := -1.0
```

我们可以通过以下命令来创建一个 3×5 的整数型零矩阵：

```
val b = DenseMatrix.zeros[Int](3,5)
```

我们可以分别通过 b.rows 和 b.cols 来获取矩阵 b 的行数和列数的信息。如果我们想要抽取第三行的数据，那么可以通过下面的程序实现：

```
b(2,::)
```

如果我们想将矩阵 b 第一列的数据改为 $(1,2,3)^\top$，那么可以通过以下程序实现：

```
b(::,0) := DenseVector(1,2,3)
```

我们也可以将矩阵 b 的一部分改变赋值：

```
b(1 to 2, 1 to 3) := DenseMatrix((4,4,4),(4,4,4))
```

这样我们将得到

$$b = \begin{pmatrix} 1 & 0 & 0 & 0 & 0 \\ 2 & 4 & 4 & 4 & 0 \\ 3 & 4 & 4 & 4 & 0 \end{pmatrix}$$

如果我们需要将第三行的赋值再做改变，比如将其改为 $(1,2,3,4,5)^\top$，那么需要对该 DenseVector 对象加以转置，具体命令如下：

```
b(2,::) := DenseVector(1,2,3,4,5).t
```

最后我们得到

$$b = \begin{pmatrix} 1 & 0 & 0 & 0 & 0 \\ 2 & 4 & 4 & 4 & 0 \\ 1 & 2 & 3 & 4 & 5 \end{pmatrix}$$

表2.1至表2.3汇总了 Breeze 创建向量或矩阵、常用矩阵处理方法以及基本运算同 Matlab 语言、R 语言运算的对比（假设所有的变量都是双精度型）。可以看出，Breeze 可以实现 R 和 Matlab 的基本计算功能。

进行特征分解之后，我们可以通过类函数 eigenvalues 和 eigenvectors 分别获取特征值和特征向量。此外，Breeze 用 NaN（或者 nan）来表示数据的缺失，用 Inf（或者 inf）来表示无穷大。

表 2.1 创建向量或矩阵比较

创建方法	Breeze	Matlab	R
零矩阵	DenseMatrix.zeros[Double](n,m)	zeros(n,m)	matrix(0,n,m)
零向量	DenseVector.zeros[Double](n)	zeros(n,1)	rep(0,n)
常数向量	DenseVector.ones[Double](n)	ones(n,1)	rep(1,n)
任意常数向量	DenseVector.fill(n){a}	ones(n,1)*a	rep(a,n)
固定步长向量	DenseVector.range(start,stop,step) 或者 Vector.rangeD(start,stop,step)	start:step:stop	seq(start,stop,step)
固定长度向量	linspace(start,stop,num)	linspace(start,stop,num)	seq(start,stop,length.out=num)
单位矩阵	DenseMatrix.eye[Double](n)	eye(n)	diag(n)
对角矩阵	diag(DenseVector(a,b,c))	diag([a b c])	diag(c(a,b,c))
任意矩阵	DenseMatrix((a,b),(c,d))	[a b;c d]	matrix(c(a,c,b,d),2,2)
任意列向量	DenseVector(a,b,c)	[a; b; c]	c(a,b,c)
任意行向量	DenseVector(a,b,c).t	[a b c]	t(c(a,b,c))
向量函数	DenseVector.tabulate(n){i=>f(i)}		apply(as.matrix(seq(0,n-1,1)),1,f)
矩阵函数	DenseMatrix.tabulate(n,m) {case (i,j)=>f(i,j)}		

表 2.2 一些常用矩阵处理方法比较

处理方法	Breeze	Matlab	R
拉直矩阵 A	A.toDenseVector	A(:)	as.vector(A)
矩阵 A 变形	A.reshape(n,m)	reshape(A,n,m)	matrix(as.vector(A),n,m)
取出矩阵 A 对角元素	diag(A)	diag(A)	diag(A)
矩阵 A,B 水平合并	DenseMatrix.horzcat(A,B)	[A B]	cbind(A,B)
矩阵 A,B 垂直合并	DenseMatrix.vertcat(A,B)	[A;B]	rbind(A,B)
向量 a,b 合并	DenseVector.vertcat(a,b)	[a b]	c(a,b)

表 2.3 常用基本运算比较

运算	Breeze	Matlab	R
相加	x+y	x+y	x+y
按元素相乘	x:*y	x.*y	x*y
按元素比较大小	x:<y	x<y	x<y
递加	x:+=1.0	x+=1	x=x+1
递减	x:-=1.0	x-=1	x=x-1
按元素递乘	x:*=2.0	x*=2	x=x*2
按元素递除	x:/=2.0	x/=2	x=x/2
向量乘积	x.t*y 或者 x dot y	x'*y 或者 dot(x,y)	t(x)%*%y
按元素做并运算	x:&y	x&&y	x&y
按元素做或运算	x:|y	x||y	x|y

续表

运算	Breeze	Matlab	R
按元素做否运算	!x	~x	!x
任意元素为真则为真	any(x)	any(x)	any(x)
所有元素为真才为真	all(x)	all(x)	all(x)
行列式	det(x)	det(x)	det(x)
矩阵逆	inv(x)	inv(x)	solve(x)
Moore-Penrose 广义逆	pinv(x)	pinv(x)	ginv(x)
Frobenius 范数	norm(x)	norm(x)	norm(as.matrix(x))
特征分解	eig(x)	eig(x)	eig(x)
奇异值分解	val svd.SVD(u,d,v)=svd(x)	[u,d,v] = svd(x)	svd(x)
矩阵秩	rank(x)	rank(x)	qr(x)$rank

2.2 整行或整列的运算

在统计中，我们经常需要将一些矩阵的所有行或者所有列减去同一个向量。比如，将数据按行存储成一个矩阵（每一行对应一个观察值），在得到每行观察向量的平均值所组成的平均值向量之后，将矩阵的每个列向量减去前面得到的平均值向量。我们可以利用 Breeze 程序包实现这一运算。示例如下：

```
import breeze.linalg._
val TMPMat = DenseMatrix((-1.0,-2.0,-3.0),(4.0,5.0,6.0))
val MEANMat = sum(TMPMat( *, ::))/TMPMat.cols.toDouble
val NEWMat = TMPMat(::, *) - MEANMat
```

我们在上面的程序中，先创建了一个矩阵

$$\text{TMPMat} = \begin{pmatrix} -1.0 & -2.0 & -3.0 \\ 4.0 & 5.0 & 6.0 \end{pmatrix}$$

然后通过将每一列减去每行数据的均值组成的向量 $(-2.0, 5.0)^\top$ 之后，得到新矩阵

$$\text{NEWMat} = \begin{pmatrix} 1.0 & 0.0 & -1.0 \\ -1.0 & 0.0 & 1.0 \end{pmatrix}$$

Spark 是面向对象处理的语言，因此我们需要注意数据类型的匹配。在上面的程序中，我们通过 sum(TMPMat(*,::)) 来计算每一行数据之和，得到的和是双精度型。其中，"::"表示计算（如这里的函数 sum）所要执行的方向，比如按照行或者列；而 "*" 则告诉 Spark 需要对每一行或者列（取决于 "*" 在表示行或者列的位置上）来执行同一个计算。与此同时，我们用 TMPMat.cols 语句得到矩阵列的数目的结果则是整数型，那么直接

将两者相除会导致错误，因此我们通过.toDouble 将长整型转换为双精度型来匹配两者的数据类型。

2.3 常用数学计算

Breeze 软件包提供了丰富的数学函数，但是我们需要先导入一个包才能使用：

```
import breeze.numerics._
```

这些函数运算可以直接针对双精度型的元素、向量或者矩阵。例如：

```
val tmpVec = DenseVector(0.0,1.1,2.2,3.3)
exp(tmpVec)
```

可以得出相应的指数函数值向量 $(1.0, 3.0, 9.0, 27.1)^\top$。

其所提供的计算包括：
- sin，sinh，asin，asinh；
- cos，cosh，acos，acosh；
- tan，tanh，atan，atanh；
- log，exp，log10；
- sqrt，pow。

此外，Breeze 程序包还提供了一些特殊函数，如 Gamma 函数、Beta 函数等以及示性函数（Indicator Function）。详细介绍请参看在线文档（https://github.com/scalanlp/breeze/wiki/Linear-Algebra-Cheat-Sheet）。

2.4 常用分布

Breeze 程序包提供了比较多的分布用于产生随机数，如泊松分布、正态分布等，而且还提供了计算均值和方差的函数以及极大似然估计的函数，详见在线帮助文档（https://github.com/scalanlp/breeze/tree/master/math/src/main/scala/breeze/stats/distributions）。在产生随机数之前，我们需要先导入程序包：

```
import breeze.stats.distributions._
```

我们可通过以下程序产生服从参数 $\lambda = 2.0$ 的泊松分布的 100 个随机数：

```
val MyPoisson = new Poisson(2.0)
val RandNumbers = MyPoisson.sample(100)
```

我们也可以计算这些随机数发生的相应概率：

```
RandNumbers.map(i=>MyPoisson.probabilityOf(i))
```

或者

```
RandNumbers map{ MyPoisson.probabilityOf(_)}
```

我们还能计算样本的均值和方差：

```
val DoublePoisson = for(x <- MyPoisson) yield x.toDouble
breeze.stats.meanAndVariance(DoublePoisson.samples.take(1000))
```

上面的程序中，我们需要先将泊松分布产生的整数型随机数变成双精度型，然后才能计算样本均值和方差。如果我们想要知道理论均值和方差，则可以通过以下程序得到结果：

```
(MyPoisson.mean,MyPoisson.variance)
```

对于连续型随机变量，我们可以通过 pdf 和 cdf 命令分别得到概率密度函数和累积概率函数的取值，如：

```
val MyBeta = new Beta(1.0,2.0)
val RandNumbers = MyBeta.sample(10)
RandNumbers map{MyBeta.pdf(_)}
RandNumbers map{MyBeta.cdf(_)}
```

Breeze 也提供了多种分布参数的极大似然估计。例如，假设我们知道有 4 个数据是独立同分布地产生于某个 Dirichlet 分布，我们可以利用以下命令来产生：

```
import breeze.linalg._
import breeze.stats.distributions._
val MyDir = new Dirichlet(DenseVector(3.0,2.0,6.0))
val data = MyDir.sample(10)
```

当然，我们也可按照如下程序直接输入数据，然后得到参数的极大似然估计。

```
import breeze.linalg._
import breeze.stats.distributions._
val data = IndexedSeq(
    DenseVector(0.1, 0.1, 0.8),
    DenseVector(0.2, 0.3, 0.5),
    DenseVector(0.5, 0.1, 0.4),
    DenseVector(0.3, 0.3, 0.4)
)
val expFam = new Dirichlet.ExpFam(DenseVector.zeros[Double](3))
val SuffStat = data.foldLeft(expFam.emptySufficientStatistic)
{
(x, y) => x + expFam.sufficientStatisticFor(y)
}
val EstimatedParameter = expFam.mle(SuffStat)
```

在上面的程序中，首先我们要按照各个分布需要的数据格式整理好数据，比如在 Dirichlet 分布中，数据需要是 IndexedSeq 类型。然后，初始化该分布的对象（对于

Dirichlet 分布，对象是 Direchlet.ExpFam，但是对于其他分布，对象名称会不一样，比如，指数分布就是 Exponential），根据数据来计算充分统计量。这里 foldLeft 是将变量 data 的每一个元素（这里对应着一个 DenseVector 对象）按照从左至右的顺序加到初始值 expFam.emptySufficientStatistic（在 Dirichlet.ExpFam 对象中，该初始值是零向量）之上，通过这一计算我们实际得到了感兴趣的参数所对应的充分统计量取值。一旦得到该值，我们知道极大似然估计会是充分统计量的一个函数。实际上，根据数理统计学中所介绍的指数分布族，我们知道由充分统计量如何得到参数极大似然估计的具体公式。当然，在使用 Breeze 包的时候，我们只需要简单调用 mle 函数来得到估计值。

Breeze 程序包常用分布汇总如表2.4所示。

表 2.4 常用分布汇总

分布	Breeze
$Bernoulli(p)$	new Bernoulli(p)
$Beta(a,b)$	new Beta(a,b)
$Binomial(n,p)$	new Binomial(n,p)
$Cauchy(m,s)$，其中 m 是中位数，s 是比例参数	new CauchyDistribution(m,s)
$\chi^2(k)$	new ChiSquared(k)
$Dirichlet(T)$，其中 T 是一个向量	new Dirichlet(T)
$Exp(r)$	new Exponential(r)
$F(a,b)$	new FDistribution(a,b)
$Gamma(a,b)$	new Gamma(a,b)
$N(\mu,\sigma^2)$	new Gaussian(μ,σ)
多元正态分布 $N(\mu,\Sigma)$，其中 μ 和 Σ 分别是一个向量和矩阵	new MultivariateGaussian(μ,Σ)
$Poisson(\lambda)$	new Poisson(λ)
$t(d)$，其中 d 是自由度	new StudentT(d)
$Unif(a,b)$	new Uniform(a,b)

2.5 基于 Breeze 包的分布式计算

对于 Spark 而言，在创建 RDD 文件时，文件中的每个记录可以是不同的数据对象，因此利用 Breeze 产生的向量、矩阵等也就自然而然可以作为某种数据对象分布至不同的计算节点上。我们通过下面的一个简单例子加以说明：

```
import breeze.linalg._
val data = sc.parallelize(Array(DenseVector(1.0,2.0,3.0),
 DenseVector(4.0,5.0,6.0), DenseVector(7.0,8.0,9.0)))
val computation = data.map({s => s(1):*=2.0
                    s})
computation.reduce((x,y)=>x+y)
```

首先，我们创建了一个由 DenseVector 结构的向量组成的 Array 结构数组。然后，对于每一个记录，即每一个 DenseVector 数据，我们将其第二个元素乘以 2。最后，将改变之后的向量求和，得到向量 $(12.0, 30.0, 18.0)^\top$。

从上面的程序可以看到，我们实际上可以针对 Breeze 包产生的每一个向量或者矩阵进行分布式的简单运算，最后通过某种计算加以汇总，与其他的数据类型所进行的分布式计算并无差异。那么，我们可以充分利用 Breeze 包提供的强大矩阵运算来实现各种统计计算。

第3章

随机模拟和统计推断

在统计研究中，随机数据模拟非常重要，因此我们需要从不同分布中产生随机数。尽管我们利用 Breeze 包可以产生服从一些常用分布的随机数，但是，有的时候我们还需要产生一些比较特殊的分布。在本章中，我们将介绍一些随机数产生的方法。

在统计推断中，我们感兴趣的一些量可以表达成某些随机变量的期望形式。比如，我们需要求出期望 $\mu = E\{g(\boldsymbol{X})\}$，其中 g 是我们感兴趣的某个函数，$\boldsymbol{X}$ 是一个随机变量，其概率密度函数是 f。假设 $\boldsymbol{X}_1, \ldots, \boldsymbol{X}_n$ 是一组独立产生于分布 f 的随机数，那么我们可以用下面的公式估计 μ：

$$\hat{\mu} = n^{-1} \sum_{i=1}^{n} g(\boldsymbol{X}_i) \tag{3.1}$$

利用大数定理，我们一定有 $\hat{\mu} \xrightarrow{p} \mu$。这就是所谓的蒙特卡洛方法（Monte Carlo methods）。注意到

$$Var(\hat{\mu}) = n^{-1} Var[g(\boldsymbol{X})] = n^{-1}\{E[g(\boldsymbol{X})]^2 - \mu^2\}$$

如果二阶矩 $E[g(\boldsymbol{X})]^2$ 存在，那么我们可以估计估计量 $\hat{\mu}$ 的方差：

$$\widehat{Var}(\hat{\mu}) = n^{-1}\left\{n^{-1}\sum_{i=1}^{n}[g(\boldsymbol{X}_i)]^2 - \hat{\mu}^2\right\} \tag{3.2}$$

在本章中，我们将介绍利用 Spark 输入一些 Java 程序包的方法来随机产生数据集以及进行一些统计推断。

3.1 随机数的产生

在本节中，我们将介绍一些常用的产生随机数的方法（见表 3.1）。

表 3.1 一些常用参数分布

分布	方法
$Unif(a,b)$	$X = a + (b-a)U$
$logNormal(\mu, \sigma^2)$	$X = \exp(\mu + \sigma Y)$,其中,$Y \sim N(0,1)$
$MultiNormal(\boldsymbol{\mu}, \boldsymbol{\Sigma})$	独立产生服从标准正态分布的随机数向量 $\boldsymbol{Y}$,让 $\boldsymbol{X} = \boldsymbol{\mu} + \boldsymbol{\Sigma}^{1/2}$
$Cauchy(\alpha, \beta)$	$X = \alpha + \beta \tan(\pi(U - 0.5))$
$exp(\lambda)$	$X = -\log(U)/\lambda$
$Poisson(\lambda)$	$X = j - 1$,其中 j 是满足不等式 $\prod_{i=1}^{j} U_i < e^{-\lambda}$ 最小的自然数
$Gamma(\alpha, \beta)$	$X = -\beta^{-1} \sum_{i=1}^{\alpha} \log(U_i)$

3.1.1 逆累积分布函数法

假设随机变量 U 服从均匀分布,即 $U \sim Unif(0,1)$。如果我们想要产生累积分布函数为 F 的随机数,那么我们可以让 $X = F^{-1}(U) = \inf[x : F(x) \geqslant U]$。

定理 3.1 如果 $U \sim Unif(0,1)$,那么 $X \sim F$。

证明:

$$P(X \leqslant x) = P(F^{-1}(U) \leqslant x)$$
$$= P(U \leqslant F(x))$$
$$= F(x)$$

这个定理告诉我们:如果我们知道累积分布函数且该分布函数的逆函数很容易得到,那么只需要从均匀分布 $Unif(0,1)$ 产生随机数,然后做一个单调函数变换就可以得到服从分布 F 的随机数。

例 3.1 产生 1000 个服从指数分布 $\exp(1)$ 的随机数。

首先,我们可以得到该指数分布的累积分布函数为 $F(x) = 1 - e^{-x}$。其次,它的逆函数为 $F^{-1}(x) = -\log(1-x)$,$0 < x < 1$。这样我们就可以产生随机数 $X = -\log(U)$,其中 $U \sim Unif(0,1)$。Java 程序包 ThreadLocalRandom (https://docs.oracle.com/javase/8/docs/api/java/util/concurrent/ThreadLocalRandom.html) 提供了产生服从标准正态分布和均匀分布的随机变量的函数,我们下面将利用该程序包产生服从连续均匀分布的随机数。

Spark 程序实现:

```
scala>import java.util.concurrent.ThreadLocalRandom
scala>val r = ThreadLocalRandom.current
scala>val OurExpRVs = (1 to 1000).map(x=> r.nextDouble).map(x =>
 -math.log(x)).toArray[Double]
```

练习 3.1 产生 10000 个服从 5 个自由度的 t 分布随机数。

3.1.2 拒绝法

假设我们已知概率密度函数 f 或者知道该概率密度函数与某个已知函数成正比,那么我们可以考虑使用拒绝法来产生随机数。假设 h 是一个很容易计算且容易产生随机数的概率密度函数,且满足 $ch(x) \geqslant f(x)$, $x \in \{x : f(x) > 0\}$,其中常数 $c \geqslant 1$。拒绝取样算法步骤如下:

(a) 随机产生 $Y \sim h$;
(b) 随机产生 $U \sim Unif(0,1)$;
(c) 假如 $U \leqslant f(Y)/ch(Y)$,那么让 $X = Y$;否则回到步骤 (a)。

定理 3.2 利用拒绝法所产生的随机数服从目标分布 f。

证明:

$$P(X \leqslant x) = P\left(Y \leqslant x | U \leqslant \frac{f(Y)}{ch(Y)}\right)$$

$$= \frac{\int_{-\infty}^{x} \int_{0}^{f(t)/ch(t)} h(t) \mathrm{d}u \mathrm{d}t}{\int_{-\infty}^{\infty} \int_{0}^{f(t)/ch(t)} h(t) \mathrm{d}u \mathrm{d}t}$$

$$= \int_{-\infty}^{x} f(t) \mathrm{d}t$$

练习 3.2 产生服从以下分布的 1000 个随机数,

$$f(x) = \begin{cases} -x, & -2\tau - \frac{1}{4} \leqslant x \leqslant -2\tau + \frac{1}{4} \\ x, & 2(1-\tau) - \frac{1}{4} \leqslant x \leqslant 2(1-\tau) + \frac{1}{4} \end{cases}$$

其中,$\frac{1}{8} < \tau < \frac{7}{8}$。

当我们利用上面介绍的方法产生了随机数之后,自然就可以利用式 (3.1) 来估计我们感兴趣的参数,并利用式 (3.2) 来得到参数估计量的方差估计。

3.1.3 示例:从回归模型中模拟数据

实际上,Apache Spark 已经提供了丰富的随机数产生函数,而我们进行数据模拟的时候,往往需要考虑更加复杂的模型。在本节中,我们将利用一些现成的函数从一个线性回归模型中产生我们需要的数据。

考虑如下线性回归模型:

$$y_i = x_i^\top \boldsymbol{\beta} + \epsilon_i, \quad i = 1, 2, \ldots, 400,$$

其中，β 是一个长度为 5000 的系数向量，该向量的前 10 个数为 2，其余为 0。模型误差 ϵ_i 和解释变量 x_i 独立地产生于标准正态分布。所产生的数据集被等分成两部分，前 200 个数据和后 200 个数据以 HDFS 文件格式分别存储在不同的计算节点之上。我们可以通过如下程序加以实现。

```
import java.util.concurrent.ThreadLocalRandom
//设置产生数据的参数并允许各个计算节点可以读取其取值
val RowSize = sc.broadcast(200)
val ColumnSize = sc.broadcast(5)
val RowLength = sc.broadcast(2)
val ColumnLength = sc.broadcast(1000)
val NonZeroLength = 10
val p = ColumnSize.value*ColumnLength.value
val beta = (1 to p).map(_.toDouble).toArray[Double].map(i =>
                    {if(i<NonZeroLength+1) 2.0 else 0.0})
//在整个Spark系统中广播beta系数，从而使得每个计算节点都可以读取变量MyBeta中的值
val MyBeta = sc.broadcast(beta)
var sigma = 1.0
//在整个Spark系统中广播Sigma参数，从而使得每个计算节点都可以读取变量Sigma中的值
val Sigma = sc.broadcast(sigma)
var indices = 0 until RowLength.value
var ParallelIndices = sc.parallelize(indices, indices.length)
//产生数据
val lines = ParallelIndices.map(s => {
    val r = ThreadLocalRandom.current
    //nextGaussian是新产生的类对象r里的一个函数，可产生服从标准正态分布的随机数
    def rn(n: Int) = (0 until n).map(x => r.nextGaussian).toArray[Double]
    //读取MyBeta和Sigma中的值
    val beta = MyBeta.value
    val sigma = Sigma.value
    val rowsize = RowSize.value
    val columnsize = ColumnSize.value
    val columnlength = ColumnLength.value
    var lines = new Array[String](rowsize)
    val p = columnsize*columnlength
    for (i <- 0 until rowsize)
    {
        var line = "";
        var y = 0.0;
        for(j <- 0 until columnlength)
        {
            var x = rn(columnsize)
```

```
            for(k <- 0 until columnsize) y += beta(j*columnsize+k)*x(k)
            //将协变量x的取值字符化,保留小数点后4位,然后将解释变量连接成一段字符串
            //之间使用空格键间隔
            var segment =  x.map("%.4f" format _).reduce(_+" "+_)
            //每小段之间使用逗号来间隔
            line = line + "," + segment
        }
        //最终确定响应变量y的取值,并与之前产生的解释变量取值字符串接在一起
        //再加上换行符
        y += sigma*r.nextGaussian
        lines(i) = "%.4f".format(y) + line + "\n"
    }
    lines.reduce(_ + _)
})
//将数据存储至HDFS系统
import scala.sys.process._
//使用一些命令确定存储路径
var user = System.getProperty("user.name")
var cmd = "hdfs getconf -nnRpcAddresses"
val namenode = cmd.!! .toString.trim
var path = "hdfs://" + namenode + "/user/" + user + "/SimData"
cmd = "hdfs dfs -ls " + path
cmd.!! .foreach{print}
cmd = "hdfs dfs -rm -r " + path
cmd.!! .foreach{print}
//存储字符串数据集
lines.saveAsTextFile(path)
val savedSubsets = sc.wholeTextFiles("hdfs://"+namenode+"/user/"+user+"/SimData")
path = "hdfs://"+namenode+"/user/"+user+"/SimData_subset_objs"
cmd = "hdfs dfs -rm -r " + path
cmd.!! .foreach{print}
lines.saveAsObjectFile(path)
```

在上面的程序中,我们多次使用了 reduce 函数,这一函数在 Spark 中非常重要,等于是对 map 函数之前所做数据变换的一个最终汇总计算。对于字符串而言,函数命令 redcue(_ + _) 可以将字符串不断合并。因此,lines 变量中的值实际上是一个长长的字符串。

显而易见,使用 Spark 语言产生数据时,并不像 R 语言等那样简洁,而是需要一行一行地产生数据。这是由于 Spark 是按照非结构化的方式来产生数据,它允许每一行数据的长度可以完全不一样,并且可以将数据分布式地存储在 Hadoop 系统管理的硬盘上。为了方便,我们完全可以使用 Breeze 包在内存中模拟上面的小数据集,这样就和 R 语言等的编程方式相差无几。很显然,使用 Spark 的主要目的就是处理分布式存储的

大规模数据,这样模拟数据才更加具有实际意义。

上述程序产生数据时,实际上是按照分块的形式产生的。如果需要,我们可以按照数据块进行分布式存储,然后再处理数据。如果不需要按照块来产生数据,可以将循环

```
for(j <- 0 until columnlength)
{
...
}
```

加以修改,去除循环部分,直接产生协变量的所有数据。

数据以字符串(String)的形式存储在 HDFS 系统中之后,如果我们需要读出来处理,那么可以通过以下程序实现。

```
val lines = sc.objectFile[String]("hdfs://"+namenode+"/user/"+user+
                                  "/SimData_subset_objs")
lines.map(s =>{
val rowsize = RowSize.value
val columnsize = ColumnSize.value
val columnlength = ColumnLength.value
val p = columnsize*columnlength
val Y = DenseVector(s.split("\n").map(_.split(",")(0).toDouble))
val X = s.split("\n").map(_.split(",").drop(1).map(_.split(" ").map(_.toDouble)))
(Y,X)
}
)
```

通过上面的程序,存储的数据对象就会被读入 RDD 变量 lines,而 lines 里面的每一条记录都是一个 Tuple 格式的数据,其中第一个元素是响应变量的观察向量,而第二个元素是对应的设计矩阵。

Apache Spark 中的 MLlib 程序库也提供了产生随机数的函数。比如,产生 100 万个服从泊松分布的随机数,具体程序如下:

```
import org.apache.spark.SparkContext
import org.apache.spark.mllib.random.RandomRDDs._
// 从Poisson(1)分布中产生100万个随机数,并分成10等份
val u = poissonRDD(sc, 1, 1000000L, 10)
```

更多有关产生随机数的函数介绍请参见在线帮助文档(https://spark.apache.org/docs/latest/api/scala/org/apache/spark/mllib/index.html)。

3.2 EM 优化

在实际收集的数据中,数据的缺失并不鲜见,因此期望-最大化(Expectation-Maximization,EM)算法应运而生。该算法由 Dempster et al.(1977) 提出,通过迭代

和考虑缺失数据在给定观察数据的条件分布来进行估计。这篇文章可能是统计类论文引用次数最高的一篇，这是由于这项研究成果引起了统计学科之外很多应用学科的研究人员的关注和使用。

假设全部数据 Y 由两部分构成，即 $Y = (X, Z)$，其中 X 是完整观察数据，而 Z 是缺失数据。$f_X(x|\theta)$ 和 $f_Y(y|\theta)$ 分别表示完整观察数据和全部数据的概率密度函数。那么缺失数据给定时观察数据的条件概率密度函数是

$$f_{Z|X}(z|x, \theta) = \frac{f_Y(y|\theta)}{f_X(x|\theta)}$$

其中，$y = (x, z)$。EM 算法实际上是通过已经观察到的数据结合这个条件概率分布来估计我们感兴趣的参数，因此，实现该算法的关键步骤是推导出该条件概率分布。在一些情况下，这一分布的推导并不困难。比如，如果 Y 服从多元正态分布，那么 $Z|X$ 也会服从正态分布，其推导公式是数理统计中的经典结果。

3.2.1 EM 算法

EM 算法的主要思想是找到一个 θ 的估计从而最大化似然函数的条件期望 $E_{Z|X}[L(\theta|x)|X]$。我们让 $\theta^{(k)}$ 表示在第 k 个循环得到的解，然后定义

$$Q(\theta|\theta^{(k)}) = E_{Z|X}\left[\log f_Y(y|\theta)|x, \theta^{(t)}\right]$$
$$= \int [\log f_Y(y|\theta)] f_{Z|X}(z|x, \theta^{(t)}) \mathrm{d}z$$

一般 EM 算法步骤如下：

1. E 步：计算 $Q(\theta|\theta^{(t)})$；
2. M 步：最大化 $Q(\theta|\theta^{(t)})$，记其解为 $\theta^{(t+1)}$；
3. 重复以上步骤直到某些停止标准被满足。

3.2.2 收敛性分析

EM 算法的迭代步骤简单，实现方便，只要能够求出期望，求解并不困难。下面我们将讨论该方法的性质。因为 $\log f_X(x|\theta) = \log f_Y(y|\theta) - \log f_{Z|X}(z|x, \theta)$，所以我们可以得到条件期望：

$$E_{Z|X}[\log f_X(x|\theta)|x, \theta^{(t)}] = \log f_X(x|\theta) = Q(\theta|\theta^{(t)}) - H(\theta|\theta^{(t)}) \tag{3.3}$$

其中，$Q(\theta|\theta^{(t)}) = E_Z[\log f_Y(y|\theta)|x, \theta^{(t)}]$，$H(\theta|\theta^{(t)}) = E_Z[\log f_{Z|X}(z|x, \theta)|x, \theta^{(t)}]$。我们可以进一步得到：

$$H(\theta^{(t)}|\theta^{(t)}) - H(\theta|\theta^{(t)}) = E\left[\log f_{Z|X}(Z|x, \theta^{(t)}) - \log f_{Z|X}(Z|x, \theta)\right]$$
$$= \int -\log\left(\frac{f_{Z|X}(z|x, \theta)}{f_{Z|X}(z|x, \theta^{(t)})}\right) f_{Z|X}(z|x, \theta^{(t)}) \mathrm{d}z$$

$$\geqslant -\log \int f_{Z|X}(z|x,\theta)\mathrm{d}z$$
$$= 0$$

其中的不等式结果来自 Jensen's 不等式。

这样的话,如果我们选择 $\theta^{(t+1)}$ 使得 $Q(\theta|\theta^{(t)})$ 达到最大,那么必然有

$$H(\theta^{(t)}|\theta^{(t)}) \geqslant H(\theta^{(t+1)}|\theta^{(t)})$$

因而可以得到

$$\log f_X(x|\theta^{(t+1)}) - \log f_X(x|\theta^{(t)}) \geqslant 0$$

因此,通过 EM 算法得到的序列 $\{\theta^{(t)}\}$ 会不断提高似然函数 $f_X(x|\theta)$ 的取值。在一些条件下,该序列将会趋近于极大似然估计量 (Boyles, 1983; Wu, 1983)。

假设 $\theta^{(t+1)} = M(\theta^{(t)})$,那么 M 是一种收缩映射。因此,如果 EM 算法收敛,那么必然存在唯一的不动点 $\hat{\theta}$ 使得 $\hat{\theta} = M(\hat{\theta})$。

考虑泰勒展开:

$$\theta^{(t+1)} - \hat{\theta} \approx M'(\theta)(\theta^{(t)} - \hat{\theta})$$

EM 算法全局收敛速度定义为:

$$\rho = \lim_{t\to\infty} \frac{\|\theta^{(t+1)} - \hat{\theta}\|}{\|\theta^{(t)} - \hat{\theta}\|}$$

以上讨论说明 EM 算法通过迭代可以一步步地提高(至少不减少)似然函数值,因此算法求解过程比较稳定。

3.2.3 分布式 EM 算法

由于 EM 算法依赖于似然函数,而似然函数又表达成和的形式,所以在很多情况下我们可以考虑分布式计算 (Wolfe et al., 2008)。假设观察值数据集被分割成 s 块 $\{D_1,\ldots,D_s\}$。当我们考虑的分布 $f_Y(y|\theta)$ 属于指数族时,那么 EM 算法中的 M 步就会是求解若干包含该分布下期望充分统计量的等式。因此,我们可以考虑在 E 步计算其期望充分统计量,即

$$t = E(T|X,\theta)$$

其中,T 是充分统计量。

给定每个数据块 D_i 来计算期望充分统计量 $E(T_i|D_i,\theta)$ 与给定其他数据块所计算的期望统计量独立,且这部分期望只是这部分数据贡献的期望。实际上,对于服从指数族分布的数据,有

$$t = \sum_{i=1}^{s} E(T_i|D_i,\theta)$$

这样,我们就可以在 s 个计算节点上算出各自的期望统计量,然后通过节点间的通信来

得到最后的期望统计量。在得到汇总的期望统计量之后，我们就可以考虑 M 步，更新参数估计。有的时候，M 步也可以实现分布式计算。

3.2.4 示例：高斯混合模型

在这个小节，我们考虑一个由 K 个多元正态分布组成的高斯混合模型（Gaussian Mixture Model），其中的数据来自第 k 个正态分布 $N(\boldsymbol{\mu}_k, \boldsymbol{\Sigma}_k)$ 的概率为 π_k。通过似然函数，我们可以得知参数 $(\pi, \boldsymbol{\mu}, \boldsymbol{\Sigma})$ 的充分统计量为：

$$N_k = \sum_{i=1}^n \gamma_{ik}$$

$$\boldsymbol{\mu}_k = \frac{1}{N_k} \sum_{i=1}^n \gamma_{ik} x_i$$

$$\boldsymbol{\Sigma}_k = \frac{1}{N_k} \sum_{i=1}^n \gamma_{ik} x_i x_i^\top, \quad k = 1, \ldots, K,$$

其中，$\gamma_{ik} = P(x_i \text{来自第} k \text{个正态分布}|\text{数据})$。

基本的 EM 算法描述如下。

1. E 步：

$$\gamma_{ik}^{(t+1)} = P(x_i\text{来自第}k\text{个正态分布}|\text{数据}) = \frac{\pi_k^{(t+1)} N(x_i|\mu_k^{(t)}, \boldsymbol{\Sigma}_k^{(t)})}{\sum_{j=1}^K \pi_j^{(t+1)} N(x_i|\mu_j^{(t)}, \boldsymbol{\Sigma}_j^{(t)})}$$

其中 $\pi_k^{(t+1)} = \frac{N_k^{(t+1)}}{N}$，$N(\boldsymbol{x}|\boldsymbol{\mu}, \boldsymbol{\Sigma})$ 表示多元正态分布 $N(\boldsymbol{\mu}, \boldsymbol{\Sigma})$ 的概率密度函数在 x 的取值。

2. M 步：

$$N_k^{(t+1)} = \sum_{i=1}^N \gamma_{ik}^{(t+1)}, \quad \boldsymbol{\mu}_k^{(t+1)} = \frac{1}{N_k^{(t+1)}} \sum_{i=1}^N \gamma_{ik}^{(t+1)} \boldsymbol{x}_i$$

$$\boldsymbol{\Sigma}_k^{(t+1)} = \frac{1}{N_k^{(t+1)}} \sum_{i=1}^N \gamma_{ik}^{(t+1)} (\boldsymbol{x}_i - \boldsymbol{\mu}_k^{(t+1)})(\boldsymbol{x}_i - \boldsymbol{\mu}_k^{(t+1)})^\top$$

假设数据 $N \gg K$，那么我们可以在 M 步进行分布式计算，得到各自的期望充分统计量，然后，在每个计算节点上得到各自的条件概率 γ_{ik}。计算过程中唯一需要机器间通信的是汇总计算期望充分统计量。

我们现在假设从混合正态分布 $0.2N(5,4) + 0.8N(0,1)$ 中产生 10000 个随机数，然后利用分布式 EM 算法（使用 5 个计算节点）来估计相关参数，Spark 程序如下：

```
import java.util.concurrent.ThreadLocalRandom
//设置基本参数
```

```scala
val N = 10000
val MU1 = 5.0
val Sig1 = 2.0
val MU2 = 0.0
val Sig2 = 1.0
val P = 0.2
val NumOfSlaves = 5
//产生数据
val random = ThreadLocalRandom.current
val data = Array.ofDim[Double](N)
for(i <- 0 until N)
   data(i) = if(random.nextDouble <= P)
                MU1 + Sig1*random.nextGaussian
             else MU2 + Sig2*random.nextGaussian
/*数据产生后先转化成RDD格式,然后将其转化为文本格式,再转化成Double型,
这是为了防止直接产生的随机数无法序列化(Serialization)带来的问题*/
var ParData = sc.parallelize (data, NumOfSlaves)
val ParDataStr = ParData.map("%.4f" format _)
ParData = ParDataStr.map(_.toDouble)

//设置估计的初始值
val InitialP = 0.5
var Nk = N.toDouble*InitialP
var EstMu1 = ParData.reduce((x,y)=>x+y)/N.toDouble
var EstSig1 = math.sqrt(ParData.map(x=>x*x).reduce((x,y)=>
           x+y)/N.toDouble-EstMu1*EstMu1)
var EstMu2 = EstMu1-1.0
var EstSig2 = EstSig1
var Diff = 0.0
var OldEstMu1 = 0.0
var OldEstMu2 = 0.0
var OldEstSig1 = 0.0
var OldEstSig2 = 0.0
var ii = 0
//EM算法迭代
do
{
    ii += 1
    OldEstMu1 = EstMu1
    OldEstMu2 = EstMu2
    OldEstSig1 = EstSig1
    OldEstSig2 = EstSig2
```

```scala
/*分布式计算充分统计量所需的值，包括原始数据、条件概率、所有充分统计量对应于
每个观察值的数量*/
var SufficientStatistics = ParData.map(line =>{
 val x1 = -math.pow((line-EstMu2)/EstSig2,2)/2.0
 val x2 = -math.pow((line-EstMu1)/EstSig1,2)/2.0
 val gamma = Nk*EstSig2/(Nk*EstSig2+(N-Nk)*EstSig1*math.exp(x1-x2))
 (line,gamma,line*gamma,line*line*gamma,1-gamma,
     line*(1-gamma),line*line*(1-gamma))
})
//分布式计算的数量加以汇总得到期望充分统计量
val Results = SufficientStatistics.reduce((x,y)=>(x._1+y._1,x._2+y._2,
           x._3+y._3,x._4+y._4,x._5+y._5,x._6+y._6,x._7+y._7))
Nk = Results._2
EstMu1 = Results._3/Nk
EstSig1 = math.sqrt(Results._4/Nk - EstMu1*EstMu1)
EstMu2 = Results._6/Results._5
EstSig2 = math.sqrt(Results._7/Results._5 - EstMu2*EstMu2)
//记录参数估计更新的变化以判断是否终止循环
Diff = math.abs(EstMu1-OldEstMu1) + math.abs(EstMu2-OldEstMu2)
Diff += math.abs(EstSig1-OldEstSig1) + math.abs(EstSig2-OldEstSig2)
}while(Diff > eps)
```

Scala 和 Java 有很多互通之处，序列化（Serialization）也被 Scala 借用过来了。Java 开发的串行化技术可以使我们将一个对象的状态写入一个字节（Byte）流里，并且可以从其他地方把该字节流里的数据读出来，重新构造一个相同的对象。这种机制允许我们将对象通过网络进行传播，并可以随时把对象持久化到数据库、文件等系统里。因此，我们可以利用对象的串行化技术实现保存应用程序的当前工作状态，下次再启动的时候将自动地恢复到上次执行的状态。序列化是一种用来处理对象流（流化后的对象内容）的机制。它可以对流化后的对象进行读写操作，也可将流化后的对象传输于网络之间。序列化是为了解决在对对象流进行读写操作时所引发的问题。

在上述程序中，之所以要考虑序列化的问题，是因为在利用 Spark 进行分布式计算的时候，会出现"org.apache.spark.SparkException: Task not serializable"的出错信息。这个错误一般是 map、filter 等参数使用了外部的变量，但是这个变量不能序列化而引起的。特别是当引用了某个类（经常是当前类）的成员函数或变量时，会导致这个类的所有成员（整个类）都需要支持序列化。在我们产生随机数之后，由于产生随机数的类不支持序列化，所以我们不得不将其先转化成字符串型，然后再转换回双精度型，这样就可以支持数据的序列化。

第4章

马尔科夫链蒙特卡洛方法

我们在上一章中介绍了一些产生随机数的方法。但是,在一些特别情况下,我们依然很难用之前的方法来得到想要的随机数。在本章中,我们将利用产生马尔科夫链(Markov Chain)的方法来得到具有与渐近分布相近的随机数。

考虑一列随机数 $\boldsymbol{X}^{(t)}$, $t=0,1,\ldots$。马尔科夫链可以通过一个所谓的转移核来构造。假设 $\mathbb{X}$ 是随机数的取值空间,那么我们定义转移核如下。

定义 4.1 转移核 K 是定义在空间 $\mathbb{X} \times \mathbb{S}(\mathbb{X})$ 上的一个满足下面两个条件的函数。
(i) 对于任意 $\boldsymbol{x} \in \mathbb{X}$,$K(\boldsymbol{x},\cdot)$ 是一个概率测度;
(ii) 对于任意 $\boldsymbol{y} \in \mathbb{S}(\mathbb{X})$,$K(\cdot,\boldsymbol{y})$ 可测。

上面的定义比较抽象,实际上转移核定义了从一个状态 $\boldsymbol{x}$ 转移至其他状态的条件概率(离散分布)或者条件概率密度(连续分布)。具体说来,对于离散的状态空间 $\mathbb{X}$,我们有

$$K(\boldsymbol{x},\boldsymbol{y}) = P(\boldsymbol{X}^{t+1}=\boldsymbol{y}|\boldsymbol{X}^{(t)}=\boldsymbol{x})$$

对于连续的状态空间 $\mathbb{X}$,假设 $\mathbb{A}$ 是状态空间中的一个集合,则有

$$P(\boldsymbol{X} \in \mathbb{A}|\boldsymbol{x}) = \int_{\mathbb{A}} K(\boldsymbol{x},\boldsymbol{y})\mathrm{d}\boldsymbol{y}$$

现在可以定义马尔科夫链如下。

定义 4.2 给定一个转移核 K,对于任意一个状态取值空间中的集合 $\mathbb{A}$,如果一列随机数 $\{\boldsymbol{X}^{(0)},\boldsymbol{X}^{(1)},\boldsymbol{X}^{(2)},\ldots\}$ 满足以下条件,那么这列随机数被称作马尔科夫链:

$$P(\boldsymbol{X}^{(t+1)} \in \mathbb{A}|\boldsymbol{x}^{(0)},\boldsymbol{x}^{(1)},\ldots,\boldsymbol{x}^{(t)}) = P(\boldsymbol{X}^{(t+1)} \in \mathbb{A}|\boldsymbol{x}^{(t)}) = \int_{\mathbb{A}} K(\boldsymbol{x}^{(t)},\boldsymbol{y})\mathrm{d}\boldsymbol{y}$$

我们称任意一种产生具有稳定分布的马尔科夫链的方法为马尔科夫链蒙特卡洛(Markov Chain Monte Carlo,MCMC)方法,而这里的稳定分布是指随着 t 的增大,随机数 $\boldsymbol{X}^{(t)}$ 的分布将会趋近的一个极限分布 $\boldsymbol{\pi}$(该分布与随机链的初始点无关)。在一定条件

下，我们可以证明 $\lim_{t\to\infty} \sup_{\mathbb{A}} |K^t(\boldsymbol{x}, \mathbb{A}) - \pi(\mathbb{A})| \to 0$（见 Robert and Casella (2004) 之定理 6.50）。

MCMC 方法除了可以产生随机数之外，还可以帮助我们估计一些我们感兴趣的参数，如 $E_\pi[g(\boldsymbol{X})]$，即

$$\hat{\mu} = T^{-1} \sum_{t=1}^{T} g(\boldsymbol{X}^{(t)})$$

Apache Spark 的 Breeze 包提供了 MCMC 的产生程序，我们可以通过该程序包提供的类 Markov Chain 去定义相应的转移核，从而实现 MCMC 随机数的产生（详见 https://github.com/scalanlp/breeze/blob/master/math/src/main/scala/breeze/stats/distributions/MarkovChain.scala）。除此之外，Breeze 包也提供了两种比较常见的 MCMC 方法，即 Metropolis-Hastings 算法和 Slice 取样法。本章主要介绍三种常见的 MCMC 方法，即 Metropolis-Hastings 算法、Slice 取样法和 Gibbs 取样法。

4.1 Metropolis-Hastings 算法

Metropolis-Hastings 算法像上一章所介绍的拒绝法那样产生一个备选随机数，当满足一定条件之后就加以保留，但是该算法不太适用于产生维数太高的随机数，否则产生效率会异常低。

假设 f 是目标分布密度函数，$q(y|x)$ 是某个条件分布密度函数。给定 $\boldsymbol{x}^{(t)}$，有

(i) 产生 $\boldsymbol{Y}^{(t)} \sim q(y|x^{(t)})$；

(ii) 让

$$\boldsymbol{X}^{(t+1)} = \begin{cases} \boldsymbol{Y}^{(t)}, & \text{概率为} p(\boldsymbol{x}^{(t)}, \boldsymbol{Y}^{(t)}) \\ \boldsymbol{x}^{(t)}, & \text{概率为} 1 - p(\boldsymbol{x}^{(t)}, \boldsymbol{Y}^{(t)}) \end{cases}$$

其中：

$$p(\boldsymbol{x}, \boldsymbol{y}) = \min\left\{\frac{f(\boldsymbol{y})}{f(\boldsymbol{x})} \frac{q(\boldsymbol{x}|\boldsymbol{y})}{q(\boldsymbol{y}|\boldsymbol{x})}, 1\right\}$$

这里 $q(\boldsymbol{y}|\boldsymbol{x})$ 被称作工具分布（Instrumental Distribution），$p(\boldsymbol{x}, \boldsymbol{y})$ 被称作 Metropolis-Hastings 接受概率。

我们可以证明 Metropolis-Hastings 算法里的概率密度函数 f 是所产生的马尔科夫链的稳定分布（见 Robert and Casella (2004) 之定理 7.2）。在一定条件之下（见 Robert and Casella (2004) 之定理 7.4），可以得到：

$$\lim_{T\to\infty} T^{-1} \sum_{t=1}^{T} g(\boldsymbol{X}^{(t)}) = \int g(\boldsymbol{x}) f(\boldsymbol{x}) \mathrm{d}\boldsymbol{x}$$

和

$$\lim_{t\to\infty} \sup_{\mathbb{A}} |K^t(\boldsymbol{x}, \mathbb{A}) - f(\mathbb{A})| \to 0$$

其中：
$$K(\boldsymbol{x},\boldsymbol{y}) = p(\boldsymbol{x},\boldsymbol{y})q(\boldsymbol{y}|\boldsymbol{x}) + \left(1 - \int p(\boldsymbol{x},\boldsymbol{y})q(\boldsymbol{y}|\boldsymbol{x})\mathrm{d}\boldsymbol{y}\right)\delta_{\boldsymbol{x}}(\boldsymbol{y})$$

在下面的程序中，我们将应用 Breeze 包里面定义的 Markov Chain 类（Object）来实现一个简单的 Metropolis-Hastings 抽样。假设我们需要产生的随机数的概率密度函数为：

$$f(x) \propto \frac{(2-x)^2(x^3+1)^3}{\int_0^{20}(2-x)^2(x^3+1)^3\mathrm{d}x}$$

```
import breeze.stats.distributions._
import breeze.numerics._
import spire.implicits.cfor


val burnIn = 1024*1024
val epsilon = 1e-8
def target(x: Double) = 2*log1p(1+epsilon-x)+3*log1p(x*x*x+epsilon)
//用来定义目标分布概率密度函数的log变换，可以是一个和概率密度函数成正比的函数
//epsilon是用来防止出现0或者1的极端情况，其中log1p(x)=log(x+1)
def proposal(x: Double) = Gaussian(x, 1)
//定义工具分布
def pullASample(m: Rand[Double]) = {
    var result = 0.0
    cfor(0)(i => i<burnIn, i => i+1)(i => {
      result = m.draw()
    })
    result
}
//输出一个MCMC链稳定之后产生的随机数
val m = MarkovChain.metropolisHastings(0.5, proposal _)(target _)
pullASample(m)
```

我们在上面的程序中，采用 0.5 作为初始值，即 $x^{(0)} = 0.5$，然后利用正态分布 $N(x,1)$ 作为工具分布来产生备选随机数，而目标分布的概率密度函数与 $(2-x)^2(x^3+1)^3 \ (0 < x < 2)$ 成正比。

4.2 Slice 取样法

我们在考虑用逆分布函数法产生随机数的时候，需要求解出分布函数的逆函数，这并不容易。其原理从概率密度函数的角度来看，产生 $\boldsymbol{X} \sim f(x)$ 等价于产生 $(\boldsymbol{X},\boldsymbol{U}) \sim Unif\{(\boldsymbol{x},\boldsymbol{u}) : 0 < u < f(\boldsymbol{x})\}$（详见 Robert and Casella (2004) 之定理 2.15），

那么我们可以考虑从给定的概率密度函数来产生所需要的随机数。这类方法并不需要拒绝-接受规则，提高了产生效率，被称作 Slice 取样法 (Slice Sampler)。给定 $\boldsymbol{x}^{(t)}$，我们采用以下算法迭代：

(i) $U^{(t+1)} \sim Unif(0, f(\boldsymbol{x}^{(t)}))$；

(ii) $\boldsymbol{x}^{(t+1)} \sim Unif(\boldsymbol{x} : f(\boldsymbol{x}) \geqslant U^{(t+1)})$。

该算法虽然不需要采用拒绝-接受的办法产生随机数，但是其最大的局限在于随机数的取值范围需要有界，从而限制了该方法的应用范围。

我们可用以下程序来从概率密度函数

$$f(x) = \frac{(2-x/10)^2[(x/10)^3+1]^3}{\int_0^{20} (2-x/10)^2[(x/10)^3+1]^3 \mathrm{d}x}, \quad 0 < x < 200$$

的分布中产生随机数。

```
import breeze.stats.distributions._
import breeze.numerics._
import spire.implicits.cfor


val burnIn = 1024*1024
val epsilon = 1e-8
def target(x: Double) = 2*log1p(1+epsilon-x/10) +
                        3*log1p(x*x*x/1000+epsilon)-log(9.085)
//用来定义目标分布概率密度函数的log变换，可以是一个和概率密度函数成正比的函数
//epsilon是用来防止出现0或者1的极端情况，其中log1p(x)=log(x+1)
def support(x: Double) = if(x>0.0&&x<20.0)true else false

def pullASample(m: Rand[Double]) = {
  var result = 0.0
  cfor(0)(i => i<burnIn, i => i+1)(i => {
    result = m.draw()
  })
  result
}
val m = MarkovChain.slice(0.5, target _, support _)
pullASample(m)
```

在上面的程序中，我们提供了一个判断取值空间的函数 support。在我们考虑多维随机变量的时候则需要编写相应的空间函数，因此，我们需要留意该函数的编写。在 Breeze 提供的 Slice 取样法的程序中，利用一个随机窗口来提供备选随机数，因此在产生随机数的时候应当注意窗口长度（程序里设置为 2）。

练习 4.1 从概率密度函数 $f(x) = \exp(-\sqrt{x})/2$，$x > 0$ 产生随机数，请使用 Metropolis-Hastings 算法和 Slice 取样法分别加以实现。

4.3 Gibbs 取样法

前面的两种方法对于低维的随机数产生效果不错，但是维数较高时，它们的效率较低。对于维数较高的随机数，我们可以通过一系列的条件概率密度函数来迭代产生随机数，这类方法称作 Gibbs 取样法（Gibbs Sampler）。这种方法的困难之处是条件概率密度函数的推导，因此问题不同，实现难度不一样。

假设随机变量 $X_i|\boldsymbol{X}_{-i} = \boldsymbol{x}_{-i}$ 的条件概率密度函数是 $f(x_i|\boldsymbol{x}_{-i}), i=1,\ldots,p$，其中 $\boldsymbol{X}_{-i} = \boldsymbol{X}_1,\ldots,\boldsymbol{X}_{i-1},\boldsymbol{X}_{i+1},\ldots,\boldsymbol{X}_p$，且我们知道如何从这一条件分布中产生随机数。

1. 选取初始点 $x^{(0)}$，并让 $t=0$；
2. 分别产生

$$\boldsymbol{X}_1^{(t+1)} \sim f(x_1|x_2^{(t)},\ldots,x_p^{(t)})$$

$$\boldsymbol{X}_2^{(t+1)} \sim f(x_2^{(t+1)}|x_1^{(t+1)},x_3^{(t)},\ldots,x_p^{(t)})$$

$$\vdots$$

$$\boldsymbol{X}_{p-1}^{(t+1)} \sim f(x_{p-1}^{(t+1)}|x_1^{(t+1)},\ldots,x_{p-2}^{(t+1)},x_p^{(t)})$$

$$\boldsymbol{X}_p^{(t+1)} \sim f(x_p|x_1^{(t+1)},\ldots,x_{p-1}^{(t+1)})$$

3. 增加 t 值，回到第 2 步。

当满足一定条件的时候，该方法产生的马尔科夫链的稳定分布所对应的概率密度函数就是 $f(\boldsymbol{x})$。

练习 4.2 从下面的分布中产生随机数并估计该分布的均值与方差：

$$f(x|\mu,\nu) = \frac{\exp(-x^2/2)}{[1+(x-\mu)^2]^\nu}$$

提示：由于

$$f(x|\mu,\nu) \propto \int_0^\infty \exp(-x^2/2)\exp\{-[1+(x-\mu)]^2 y/2\} y^{\nu-1} \mathrm{d}y$$

因此，如果将 $(\boldsymbol{X},\boldsymbol{Y})$ 的联合密度函数看成与下面的函数成比例

$$\exp(-x^2/2)\exp\{-[1+(x-\mu)]^2 y/2\} y^{\nu-1}$$

那么 $\boldsymbol{X}$ 的分布所对应的概率密度函数就是该联合密度函数对应于 x 的边际密度函数。不难看出：

$$y|x \sim Gamma\left(\nu,\frac{1+(x-\mu)^2}{2}\right), \quad x|y \sim N\left(\frac{\mu y}{1+y},\frac{1}{1+y}\right)$$

利用 Gibbs 取样法产生马尔科夫链，并估计该分布的均值和方差。

第 5 章

优化算法

本章将介绍分布式计算中一些常用的数值优化方法，如（随机）梯度下降算法、近端梯度算法、交替方向乘子法、有限内存 BFGS 算法等，这些方法可以解决诸多统计计算中的数值优化问题并且具有较高的处理分布式计算问题的潜力。

5.1 数值计算方法

由于很多统计计算中的估计问题实际上都可以转化为数值优化问题，因而都需要采用一些具体的数值优化方法来求解，比如大家熟悉的牛顿法及其一些推广方法。考虑最小化目标函数 $\rho(\boldsymbol{x})$，$\boldsymbol{x} \in \mathbb{R}^p$，那么当 ρ 是可导函数的时候，我们知道其最小值会出现在一阶导数等于零的地方，即

$$\frac{\partial \rho}{\partial \boldsymbol{x}}(\boldsymbol{x}) = \boldsymbol{0}$$

假设 $\boldsymbol{x}^*$ 是 ρ 的一个局部最小值，那么我们考虑在其附近一点 $\boldsymbol{x}_0$ 处进行一阶泰勒展开，必然有

$$\begin{aligned} \frac{\partial \rho}{\partial \boldsymbol{x}}(\boldsymbol{x}^*) &\approx \frac{\partial \rho}{\partial \boldsymbol{x}}(\boldsymbol{x}_0) + \frac{\partial^2 \rho}{\partial \boldsymbol{x}^2}(\boldsymbol{x}_0)(\boldsymbol{x}^* - \boldsymbol{x}_0) \\ &= \frac{\partial^2 \rho}{\partial \boldsymbol{x}^2}(\boldsymbol{x}_0)(\boldsymbol{x}^* - \boldsymbol{x}_0) \\ &= \boldsymbol{0} \end{aligned}$$

因此，牛顿法的迭代公式可以写为：

$$\boldsymbol{x}^{(t+1)} = \boldsymbol{x}^{(t)} - \left(\frac{\partial^2 \rho}{\partial \boldsymbol{x}^2}(\boldsymbol{x}^{(t)})\right)^{-1} \frac{\partial \rho}{\partial \boldsymbol{x}}(\boldsymbol{x}^{(t)})$$

其中，$\boldsymbol{x}^{(t)}$ 是在第 t 步迭代的时候得到的数值，而 $\boldsymbol{x}^{(t+1)}$ 是在第 $t+1$ 步迭代时得到的值。在上面的迭代中，我们需要对 Hessian 矩阵进行计算，再求其逆矩阵，然后才能顺利进行迭代。实际计算过程中，有不同的方法来估计这一矩阵。但是，在分布式计算中，

无法有效地对这一矩阵求逆，因此我们需要新的方法来得到优化解。本章后面两节将介绍两种已经被 Spark 实现的优化算法。

5.1.1 （随机）梯度下降算法

梯度下降算法是一种经典算法，属于一阶优化算法，而前面提及的牛顿法是一种二阶优化算法，即在最小值（最大值）附近，牛顿法能够更快地趋近于最优解。但其未解具体数值的效果高度依赖于初值的选取以及在海量数据下会遇到的计算量过大问题的解决情况。

梯度下降算法的基本思想可以描述为：考虑 ρ 在点 $\boldsymbol{\theta}^{(t)}$ 附近的梯度 $\nabla \rho$，那么函数 ρ 的取值下降最快的方向一定是梯度形成的方向，而且对于足够小的非负数 $\gamma \geqslant 0$，我们一定有 $\rho(\boldsymbol{\theta}^{(t+1)}) \leqslant \rho(\boldsymbol{\theta}^{(t)})$，其中 $\boldsymbol{\theta}^{(t+1)} = \boldsymbol{\theta}^{(t)} - \gamma \nabla \rho(\boldsymbol{\theta}^{(t)})$（这是由于当 γ 较小时，$(\nabla \rho(\boldsymbol{\theta}^*))^\top \nabla \rho(\boldsymbol{\theta}^{(t)}) \geqslant 0$，其中 $\boldsymbol{x}^*$ 是一个落在 $\boldsymbol{\theta}^{(t)}$ 和 $\boldsymbol{\theta}^{(t+1)}$ 两点之间连线上的某一点）。对于如何选取 γ，已衍生出不同的方法，比如牛顿法、最速梯度下降法（Steepest Gradient Descent）、共轭梯度下降法（Conjugate Gradient Descent）等 (Sauer, 2012)。

在统计参数估计问题中，我们需要通过所得到的数据 $\{(\boldsymbol{x}_i^\top, y_i)\}_{i=1}^N$ 来估计有关参数，因此我们经常需要考虑最小化某一个目标函数

$$\min_{f \in \mathcal{F}} \frac{1}{N} \sum_{i=1}^N L\big(f(\boldsymbol{x}_i), y_i\big)$$

其中，$\boldsymbol{x}_i$ 和 y_i 分别表示解释变量和响应变量的观测值，L 表示某种事先指定的损失函数，而 f 表示待估计函数。比如 $f(\boldsymbol{x}; \boldsymbol{\theta}) = \boldsymbol{x}^\top \boldsymbol{\theta}$，表示我们在线性回归模型下考虑参数 $\boldsymbol{\theta}$ 的估计。我们记 $l(\boldsymbol{z}_i; \boldsymbol{\theta}) = L\big(f(\boldsymbol{x}_i; \boldsymbol{\theta}), y_i\big)$，其中 $\boldsymbol{z}_i = (\boldsymbol{x}_i^\top, y_i)^\top$，$\boldsymbol{\theta}$ 表示 f 中所需估计的参数。那么利用梯度下降算法，我们得到的迭代公式如下：

$$\boldsymbol{\theta}^{(t+1)} = \boldsymbol{\theta}^{(t)} - \frac{\gamma}{N} \sum_{i=1}^N \nabla l(\boldsymbol{z}_i; \boldsymbol{\theta}^{(t)})$$

然而，由于每步迭代都需要用到所有数据来计算梯度，所以在数据量很大的情况下，这一步将会非常耗费时间。为此，人们提出了随机梯度下降法（Stochastic Gradient Descent, SGD）。随机梯度下降法从 20 世纪 60 年代就开始被研究和应用，当时叫作 Adaline (Widrow and Hoff, 1960)，现在大家已经广泛将其应用于大规模数据的计算，如 Bertsekas (2010)。

（随机）梯度下降算法的基本思想是用一个随机选择的观察值 $\boldsymbol{z}_t$ 的梯度来替代计算所有数据梯度的平均值，其迭代公式为：

$$\boldsymbol{\theta}^{(t+1)} = \boldsymbol{\theta}^{(t)} - \gamma^{(t)} \nabla l(\boldsymbol{z}_t; \boldsymbol{\theta}^{(t)})$$

该算法的收敛性质已经被充分研究，如在 Bottou (2010) 的第 2 章，Battou 给出了其收敛条件为：

$$\sum_t \big\{\gamma^{(t)}\big\}^2 < \infty, \quad \sum_t \gamma^{(t)} = \infty$$

而在 Bottou(1999) 的第 4 章，Murata 证明了在一定条件下，如果 $\gamma^{(t)} \sim t$，那么该算法可以达到最优收敛速度。值得一提的是我们在描述上述算法中，只使用了一个随机抽取的样本。实际上，可以随机选取全部数据的一个子集，并计算子集上的梯度平均值来替代所有样本梯度的平均值，这种策略也称为 Mini-batch 方法。一些常用估计方法的（随机）梯度下降算法迭代公式如表5.1所示。

表 5.1 一些常见估计方法的随机梯度下降 (SGD) 算法迭代公式

方法	损失函数	SGD 迭代公式
Adaline	$L(\boldsymbol{\theta}) = 2^{-1}(y - \boldsymbol{x}^\top \boldsymbol{\theta})^2, \boldsymbol{x} \in \mathbb{R}^p, y = \pm 1$	$\boldsymbol{\theta}^{(t+1)} = \boldsymbol{\theta}^{(t)} + \gamma^{(t)}(y_t - \boldsymbol{x}_t^\top \boldsymbol{\theta}^{(t)})\boldsymbol{x}_t$
Perceptron	$L(\boldsymbol{\theta}) = \max\{0, -y\boldsymbol{x}^\top \boldsymbol{\theta}\}, \boldsymbol{x} \in \mathbb{R}^p, y = \pm 1$	$\boldsymbol{\theta}^{(t+1)} = \boldsymbol{\theta}^{(t)} + I\{y_t \boldsymbol{x}_t^\top \boldsymbol{\theta}^{(t)} \leqslant 0\} y_t \boldsymbol{x}_t$
SVM	$L(\boldsymbol{\theta}) = \lambda \boldsymbol{\theta}^2 + \max\{0, 1 - y\boldsymbol{x}^\top \boldsymbol{\theta}\}$ $\boldsymbol{x} \in \mathbb{R}^p, y = \pm 1, \lambda > 0$	$\boldsymbol{\theta}^{(t+1)} = \boldsymbol{\theta}^{(t)} - \gamma^{(t)}\left(a^{(t)}\lambda\boldsymbol{\theta}^{(t)} + (1-a^{(t)})(\lambda\boldsymbol{\theta}^{(t)} - y_t\boldsymbol{x}_t)\right)$, 其中, $a^{(t)} = I\{y_t \boldsymbol{x}_t^T \boldsymbol{\theta}^{(t)} > 1\}$
Lasso	$L(\boldsymbol{\theta}) = 2^{-1}(y - \boldsymbol{x}^\top \boldsymbol{\theta})^2 + \lambda \|\boldsymbol{\theta}\|_1$ $\boldsymbol{\theta} = \boldsymbol{\alpha} - \boldsymbol{\beta}, \boldsymbol{x} \in \mathbb{R}^p, y \in \mathbb{R}, \lambda > 0$	$\boldsymbol{\alpha}^{(t+1)} = \max\left(0, \boldsymbol{\alpha}^{(t)} - \gamma^{(t)}(\lambda - (y_t - \boldsymbol{x}_t^T \boldsymbol{\theta}^{(t)})\boldsymbol{x})\right)$ $\boldsymbol{\beta}^{(t+1)} = \max\left(0, \boldsymbol{\beta}^{(t)} - \gamma^{(t)}(\lambda + (y_t - \boldsymbol{x}_t^T \boldsymbol{\theta}^{(t)})\boldsymbol{x})\right)$

其中，我们假设当前迭代步数为 t，$I\{\cdot\}$ 表示示性函数。显然，上述迭代过程需不断更新基于样本的梯度信息，而相关更新过程可以很好地在分布式计算框架下完成。下面我们以线性回归估计为例进行进一步阐述。

5.1.2 示例：分布式的线性回归估计

线性回归模型由于其具有优异的可解释性和预测性而被广泛地应用于各个领域。本示例简单介绍基于线性回归模型的最小二乘估计及其基于梯度下降算法的数值实现。线性回归模型可以描述为：

$$y_i = \sum_{j=1}^{p} \beta_{0j} x_{ij} + \epsilon_i, \quad i = 1, \ldots, n \tag{5.1}$$

其中，$\boldsymbol{x}_i = (x_{i1}, \ldots, x_{ip})^\top$ 和 y_i 分别是第 i 个样本所观测到的解释变量和响应变量值，而 ϵ_i 表示模型误差并且 $E(\epsilon_i) = 0$。

在统计分析中，我们的目标是基于所得到的样本采用一些方法去估计未知参数 $\boldsymbol{\beta}_0$。一种最为大家熟悉的估计方法即最小二乘估计

$$\widehat{\boldsymbol{\beta}} = \underset{\boldsymbol{\beta} \in \mathbb{R}^p}{\operatorname{argmin}} \frac{1}{2} \sum_{i=1}^{n} \left(y_i - \sum_{j=1}^{p} \beta_j x_{ij}\right)^2$$

显然，最小二乘估计量具有显式表达式，即上述问题的最优解为：

$$\widehat{\boldsymbol{\beta}} = \left(\sum_{i=1}^{n} \boldsymbol{x}_i \boldsymbol{x}_i^\top\right)^{-1} \sum_{i=1}^{n} y_i \boldsymbol{x}_i$$

这里，我们注意到当样本量 n 与解释变量的维度 p 均极大时，直接计算 $\left(\sum_{i=1}^{n} \boldsymbol{x}_i \boldsymbol{x}_i^\top\right)^{-1}$

就变得不可行。

这时，可以尝试采用梯度下降算法对最小二乘估计进行求解。具体来讲，给定当前迭代值 $\boldsymbol{\beta}^t$ 以及步长 α^t，使用梯度下降算法进行如下迭代：

$$\widehat{\boldsymbol{\beta}}^{t+1} = \widehat{\boldsymbol{\beta}}^t + 2\alpha^t \sum_{i=1}^{n}(\boldsymbol{x}_i^\top \widehat{\boldsymbol{\beta}}^t - y_i)\boldsymbol{x}_i$$

直到迭代算法收敛为止。

从上述迭代式可以看出，相关步骤可以很有效地在分布式系统中完成。假设当前迭代的估计迭代值为 $\boldsymbol{\beta}^t$ 并且设定的步长为 α^t，则其具体步骤可概括如下：

- **步骤 1**：由主机将 $\boldsymbol{\beta}^t$ 传递至每台分机；
- **步骤 2**：在每台分机中，计算所存储的样本对应的统计量值，即 $(\boldsymbol{x}_i^\top \widehat{\boldsymbol{\beta}}^t - y_i)\boldsymbol{x}_i$，以及在分机上求和并将所得结果传递至主机；
- **步骤 3**：在主机中，对传递得到的统计量进一步求和并更新参数估计得到 $\widehat{\boldsymbol{\beta}}^{t+1} = \widehat{\boldsymbol{\beta}}^t + 2\alpha^t \sum_{i=1}^{n}(\boldsymbol{x}_i^\top \widehat{\boldsymbol{\beta}}^t - y_i)\boldsymbol{x}_i$；
- **步骤 4**：主机将 $\widehat{\boldsymbol{\beta}}^{t+1}$ 传递至每台分机，重复上述过程直至收敛。

显然，通过上述步骤我们能够有效地利用全部样本信息来进行最小二乘估计。在 Spark 系统中，可以使用 MLlib 包中的 Least Squares Gradient 类来具体实现上述过程。我们将在 7.3.1.1 小节介绍更为复杂的 Lasso（Least Absolute Shrinkage and Selection Operator）估计 (Tibshirani, 1996) 时提供详细代码，这里不再做过多示例。

5.2 近端梯度算法

在凸优化问题中，对于可导的目标函数，我们可以直接采用梯度下降算法（Gradient Descent）迭代求最优解；对于不可导的目标函数，通过引入次梯度算法（Subgradient）也可以迭代求最优解。但是，与梯度下降算法相比，次梯度算法的求解速度比较缓慢。为此，针对一些整体不可导但可以分解的目标函数来说，我们可以使用一种求解速度更快的算法——近端梯度算法（Proximal Gradient）。

5.2.1 算法介绍

考虑最小化如下可以分解的目标函数：

$$\min_{\boldsymbol{z} \in \mathbb{R}^p} f(\boldsymbol{z})$$

其中，$f(\boldsymbol{z}) = g(\boldsymbol{z}) + h(\boldsymbol{z})$ 以及 $g(\boldsymbol{z})$ 是可导的凸函数，$h(\boldsymbol{z})$ 是一个非必要可导的凸函数。

回顾梯度下降算法，如果 $f(\boldsymbol{z})$ 整体可导，那么可以在某个点 $\boldsymbol{x}$ 处对 $f(\boldsymbol{z})$ 进行近似二阶泰勒展开：

$$f(z) \approx f(x) + \nabla f(x)^\top (z-x) + \frac{1}{2}(z-x)^\top \nabla^2 f(x)(z-x)$$

为避免计算 Hessian 矩阵，我们尝试用 $\frac{1}{\alpha}I$ 替换 $\nabla^2 f(x)$，其中 I 是单位矩阵，可以得到：

$$f(z) \approx f(x) + \nabla f(x)^\top (z-x) + \frac{1}{2\alpha}\|z-x\|_2^2$$

最小化上述近似问题，可以得到：

$$x^+ = \operatorname*{argmin}_{z \in \mathbb{R}^p} f(x) + \nabla f(x)^\top (z-x) + \frac{1}{2\alpha}\|z-x\|_2^2$$

最后，可以得到梯度下降法的更新迭代公式：

$$x^+ = x - \alpha \nabla f(x)$$

上述迭代方法在目标函数 $f(z)$ 为可导凸函数的情况下十分高效。但当 $f(z) = g(z)+h(z)$ 整体不可导而其中的一部分 $g(z)$ 仍可导时，可以考虑对 $g(z)$ 做相似的二阶近似来定义逼近最优解的方向，即考虑如下问题

$$\begin{aligned}
x^+ &= \operatorname*{argmin}_{z \in \mathbb{R}^p} g(z) + h(z) \\
&\approx \operatorname*{argmin}_{z \in \mathbb{R}^p} g(x) + \nabla g(x)^\top (z-x) + \frac{1}{2\alpha}\|z-x\|_2^2 + h(z) \\
&= \operatorname*{argmin}_{z \in \mathbb{R}^p} \frac{1}{2\alpha}\|z - (x - \alpha \nabla g(x))\|_2^2 + h(z) \\
&= \operatorname{prox}_{h,\alpha}(x - \alpha \nabla g(x))
\end{aligned}$$

其中，近端函数定义为 $\operatorname{prox}_{h,\alpha}(x) = \operatorname*{argmin}_{z \in \mathbb{R}^p} \frac{1}{2\alpha}\|z-x\|_2^2 + h(z)$，并且其解在很多情况下具有显式表达式。

因此，我们可以定义近端梯度下降的迭代过程，首先给定初始值 $x^{(0)}$ 以及初始步长 α_0，然后重复进行如下迭代过程：

$$x^{(t)} = \operatorname{prox}_{h,\alpha^{t-1}}\left(x^{(t-1)} - \alpha^{t-1} \nabla g(x^{(t-1)})\right), \ t = 1, 2, 3, \ldots \tag{5.2}$$

通过上述迭代步骤，我们可以发现近端梯度下降算法有如下几个优点：
- 对于许多 h 函数，其近端投影 $\operatorname{prox}_{h,\alpha}$ 存在解析解。
- prox 仅仅依赖于 h 函数，因此可以用于求解不同的 g 函数。
- g 函数可以是任何复杂的可导凸函数，并且只需计算其对应梯度。

下面以统计中经典的 Lasso 回归参数估计问题为例，进一步阐述有关算法细节。

5.2.2 示例：基于近端梯度算法的分布式 Lasso 回归参数估计

我们考虑一个带有 Lasso 惩罚项的线性估计问题：

$$\min_{\beta \in \mathbb{R}^p} \frac{1}{2}\|y - X\beta\|_2^2 + \lambda\|\beta\|_1$$

其中，$\boldsymbol{y}=(y_1,\ldots,y_n)^\top, \boldsymbol{X}=\{x_{ij}\}_{i=1,j=1}^{n,p}\in\mathbb{R}^{n\times p}, \boldsymbol{\beta}=(\beta_1,\ldots,\beta_p)^\top$，以及 $\|\boldsymbol{\beta}\|_1=\sum_{l=1}^{p}|\beta_l|$。显然，我们可以看出有关损失项 $\|\boldsymbol{y}-\boldsymbol{X}\boldsymbol{\beta}\|_2^2$ 为 $\boldsymbol{\beta}$ 的可导函数，有关正则化项 $\|\boldsymbol{\beta}\|_1$ 为 $\boldsymbol{\beta}$ 的不可导函数。于是，我们令 $g(\boldsymbol{\beta})=\frac{1}{2}\|\boldsymbol{y}-\boldsymbol{X}\boldsymbol{\beta}\|_2^2$ 以及 $h(\boldsymbol{\beta})=\|\boldsymbol{\beta}\|_1$。

根据上述算法介绍，可知当目前迭代估计为 $\boldsymbol{\beta}^t$ 时，下一步迭代为：

$$\boldsymbol{\beta}^{t+1}=\operatorname{prox}_{\lambda\|\boldsymbol{\beta}\|_1,\alpha^{t-1}}\left(\boldsymbol{\beta}^t-\alpha^{t-1}\boldsymbol{X}^\top(\boldsymbol{X}\boldsymbol{\beta}^t-\boldsymbol{y})\right)$$

其中

$$\operatorname{prox}_{\lambda\|\boldsymbol{\beta}\|_1,\alpha^{t-1}}(\boldsymbol{\beta})=\arg\min_{\boldsymbol{z}}\frac{1}{2t}\|\boldsymbol{\beta}-\boldsymbol{z}\|_2^2+\lambda\|\boldsymbol{z}\|_1=S_{\lambda\alpha^{t-1}}(\boldsymbol{\beta})$$

更为重要的是，$S_{\lambda t}(\boldsymbol{\beta})$ 有显式表达式，即

$$[S_{\lambda t}]_l=\begin{cases}\beta_l-\lambda t, & \lambda t<\beta_l \\ 0, & -\lambda t\leqslant\beta_l\leqslant\lambda t \\ \beta_l+\lambda t, & \beta_l<-\lambda t\end{cases}$$

上述算子也称为软阈值算子。基于 Spark 系统的具体实现可参见第 7 章 7.3 节案例。

5.3 交替方向乘子法

交替方向乘子法（Alternating Direction Method of Multipliers，ADMM）这种优化方法最初由 Glowinski 和 Marrocco 以及 Gabay 和 Mercier 分别于 1975 年和 1976 年提出，并由 Boyd et al. (2011) 将 ADMM 方法总结并应用于分布式优化问题之中。

5.3.1 算法介绍

近年来，收集数据成本的降低和科技的进步使得数据规模有了质的改变，这使得原有的一些经典统计模型可能不再有那些优良的统计性质。此外，还有来自数值计算方面的挑战，因为数据无法存储在一台计算机上，所以一些原有算法中的样本矩阵整体的操作就无法实现了，这使得我们需要找到一种可以实现分布式计算的算法。ADMM 算法通过引入一些额外的变量来逼近真实的解，并且具有分布式计算的潜力。Boyd et al.(2011) 总结了 ADMM 算法，并用实例来求解分布式优化和统计学习的一些问题，从而使得若干统计计算问题能够通过分布式计算得以解决。

假设我们要解决的优化问题具有如下形式：

$$\begin{aligned}\text{minimize}\quad & f(\boldsymbol{x}) \\ \text{s.t.}\quad & \boldsymbol{A}\boldsymbol{x}=\boldsymbol{b}\end{aligned} \quad (5.3)$$

可以考虑引入拉格朗日函数进而将原始带有约束的问题转化为无约束的问题，即求解

$$L(\boldsymbol{x},\boldsymbol{\lambda})=f(\boldsymbol{x})+\boldsymbol{\lambda}^\top(\boldsymbol{A}\boldsymbol{x}-\boldsymbol{b})$$

这样一来，需要解决的对偶目标函数即为：
$$g(\boldsymbol{\lambda}) = \inf_{\boldsymbol{x}} L(\boldsymbol{x}, \boldsymbol{\lambda})$$

而相应的对偶问题就是找到最优解 $\boldsymbol{\lambda}^*$ 使 $g(\boldsymbol{\lambda})$ 最大化。进而，我们可以通过 $\boldsymbol{x}^* = \mathrm{argmin}_{\boldsymbol{x}} L(\boldsymbol{x}, \boldsymbol{\lambda}^*)$ 进行更新，具体迭代求解方法借鉴梯度下降，即

$$\boldsymbol{x}^{k+1} := \mathop{\mathrm{argmin}}_{\boldsymbol{x}} L(\boldsymbol{x}, \boldsymbol{y}^k)$$
$$\boldsymbol{\lambda}^{k+1} := \boldsymbol{\lambda}^k + s^k(\boldsymbol{A}\boldsymbol{x}^{k+1} - \boldsymbol{b})$$

其中，s^k 是第 k 步的步长。更进一步利用对偶分解，假设原始目标函数 f 是可分的，即可表示为：

$$f(\boldsymbol{x}) = f_1(x_1) + \ldots + f_N(x_N), \quad \boldsymbol{x} = (x_1, \ldots, x_N)^\top$$

这样一来拉格朗日函数可以写成 $L(\boldsymbol{x}, \boldsymbol{\lambda}) = L_1(x_1, \boldsymbol{\lambda}) + \ldots + L_N(x_N, \boldsymbol{\lambda}) - \boldsymbol{\lambda}^\top \boldsymbol{b}$，其中 $L_i(x_i, \boldsymbol{\lambda}) = f_i(x_i) + \boldsymbol{\lambda}^\top \boldsymbol{A}_i x_i$，那么，问题就被分解为独立的 $x_i^{k+1} := \arg\min_{x_i} L_i(x_i, \boldsymbol{\lambda}^k)$。然而这种算法往往需要一些很强的假设，为此我们可以运用具有稳健性的乘子算法对其进行改良。我们在拉格朗日函数后面加一个惩罚项，那么目标函数就变为 $L_\rho(\boldsymbol{x}, \boldsymbol{\lambda}) = f(\boldsymbol{x}) + \boldsymbol{\lambda}^\top(\boldsymbol{A}\boldsymbol{x} - \boldsymbol{b}) + (\rho/2)\|\boldsymbol{A}\boldsymbol{x} - \boldsymbol{b}\|_2^2$，其迭代求解算法如下：

$$\boldsymbol{x}^{k+1} := \mathop{\mathrm{argmin}}_{\boldsymbol{x}} L_\rho(\boldsymbol{x}, \boldsymbol{\lambda}^k)$$
$$\boldsymbol{\lambda}^{k+1} := \boldsymbol{\lambda}^k + \rho(\boldsymbol{A}\boldsymbol{x}^{k+1} - \boldsymbol{b})$$

这种算法又被称作乘子法（Method of Multipliers）。然而，最后一个关于 $\boldsymbol{x}$ 的二次项使得之前的分解方法不再成立，从而导致无法实现并行迭代计算。

ADMM 算法通过引入额外的变量来近似求解进而摆脱了这一限制，使得分布式并行计算成为可能。考虑以下优化问题：

$$\begin{aligned} \text{minimize} \quad & f(\boldsymbol{x}) + g(\boldsymbol{z}) \\ \text{s.t.} \quad & \boldsymbol{A}\boldsymbol{x} + \boldsymbol{B}\boldsymbol{z} = \boldsymbol{c} \end{aligned}$$

其中，$\boldsymbol{x} \in \mathbb{R}^p$，$\boldsymbol{z} \in \mathbb{R}^q$，$\boldsymbol{A}$ 是一个 $r \times p$ 实矩阵，$\boldsymbol{B}$ 是一个 $r \times q$ 实矩阵，$\boldsymbol{c}$ 是一个 r 维向量，且这里假定 f 和 g 为凸函数。标准 ADMM 优化问题尝试给出上述带有约束优化问题的拉格朗日方程，即

$$L_\rho(\boldsymbol{x}, \boldsymbol{z}, \boldsymbol{\mu}) = f(\boldsymbol{x}) + g(\boldsymbol{z}) + \boldsymbol{\mu}^\top(\boldsymbol{A}\boldsymbol{x} + \boldsymbol{B}\boldsymbol{z} - \boldsymbol{c}) + (\rho/2)\|\boldsymbol{A}\boldsymbol{x} + \boldsymbol{B}\boldsymbol{z} - \boldsymbol{c}\|_2^2$$

并寻求最优解将其最小化。其中 ρ 为指定参数，$\boldsymbol{\mu}$ 代表拉格朗日乘子。具体的优化迭代步骤可以采用交替优化的步骤进行，即假设当前估计量为 $\boldsymbol{x}^t, \boldsymbol{z}^t, \boldsymbol{y}^t$，迭代步骤如下：

$$\boldsymbol{x}^{k+1} := \arg\min_{\boldsymbol{x}} L_\rho(\boldsymbol{x}, \boldsymbol{z}^k, \boldsymbol{\mu}^k)$$
$$\boldsymbol{z}^{k+1} := \arg\min_{\boldsymbol{z}} L_\rho(\boldsymbol{x}^{k+1}, \boldsymbol{z}, \boldsymbol{\mu}^k)$$
$$\boldsymbol{\mu}^{k+1} := \boldsymbol{\mu}^k + \rho(\boldsymbol{A}\boldsymbol{x}^{k+1} + \boldsymbol{B}\boldsymbol{z}^{k+1} - \boldsymbol{c})$$

理论上，ADMM 算法会迭代至目标函数一阶导数等于零的点 (Boyd et al., 2011)。当然这些点未必就一定是取得最小值的地方，这是目前基于梯度计算的优化方法的通病。

我们这里再次以带有 ℓ^1 惩罚函数的 Lasso 回归问题为例阐述有关 ADMM 算法，其所对应的原始的最小化目标函数为：

$$(1/2)\|\boldsymbol{X}\boldsymbol{\beta} - \boldsymbol{y}\|_2^2 + \lambda \|\boldsymbol{\beta}\|_1$$

由于前面的关于 $\boldsymbol{\beta}$ 的二次项和后面的关于 $\boldsymbol{\beta}$ 的 ℓ^1 范数，函数必须整体优化取最小值，不可分。为了使问题可分，做 $\boldsymbol{z} = \boldsymbol{\beta}$ 的变量变换，引入 $\boldsymbol{z}$，由此我们发现，原来的不可分且最小化的目标函数变为：

$$\begin{aligned} \text{minimize} \quad & f(\boldsymbol{\beta}) + g(\boldsymbol{z}) \\ \text{s.t.} \quad & \boldsymbol{\beta} - \boldsymbol{z} = \boldsymbol{0} \end{aligned}$$

其中，$f(\boldsymbol{\beta}) = (1/2)\|\boldsymbol{X}\boldsymbol{\beta} - \boldsymbol{y}\|_2^2$，$g(\boldsymbol{z}) = \lambda \|\boldsymbol{z}\|_1$。至此，我们就把原本不可分的乘子法求解问题借用 ADMM 思想转换为可分问题，从而使得分布式并行计算成为可能。

5.3.2 示例：分位数回归分布式参数估计

在本小节，我们以线性分位数回归为例来进一步示例如何运用 ADMM 算法求解统计中的估计问题。考虑线性分位数回归模型 (Koenker, 2005)：

$$Q_\tau(y_i|\boldsymbol{x}_i) = \boldsymbol{x}_i^\top \boldsymbol{\beta}_0$$

其中，$\boldsymbol{x}_i$ 和 y_i 分别代表第 i 个样本所对应的解释变量和响应变量观测值，$Q_\tau(y|\boldsymbol{x})$ 表示 τ 水平条件分位数函数，$\boldsymbol{\beta}_0$ 表示真实系数。在这个模型中，我们考虑了解释变量和响应变量条件分位数之间的关系。在我们所熟悉的传统线性回归模型中，我们常常只考虑解释变量 $\boldsymbol{x}$ 与条件期望 $E(y|\boldsymbol{x})$ 之间的关系。然而在很多应用学科中，比如经济、金融、生物、气象等领域，人们往往更加关心的是解释变量与响应变量条件分布的相关关系，因此分位数回归模型在很多应用领域中都很常见。

在给定一组样本的情况下，我们可以通过最小化如下目标函数来得到参数 $\boldsymbol{\beta}_0$ 的估计 (Koenker, 2005)：

$$L(\boldsymbol{\beta}) = \frac{1}{n} \sum_{i=1}^{n} \rho_\tau(y_i - \boldsymbol{x}_i^\top \boldsymbol{\beta}) \tag{5.4}$$

其中，$\rho_\tau(u) = u(\tau - I(u < 0))$，$I$ 表示示性函数。进一步地，假设我们目前面临的问题是观测值存储在不同的主机上，而且无法在一台计算机上集合全部的样本，但每台机器上的每一个观测值都完整。我们这里通过 ADMM 算法，使得每一个节点只需要处理整个训练样本的一部分即可完成分位数回归的参数估计。

具体来看，最小化式 (5.4) 就等同于解决如下问题：

$$\begin{aligned} \min \quad & \sum_{i=1}^{n} \rho_\tau(z_i) \\ \text{s.t.} \quad & \boldsymbol{z} = \boldsymbol{y} - \boldsymbol{X}\boldsymbol{\beta} \end{aligned}$$

其中，$z = (z_1, \ldots, z_n)^\top$，$y = (y_1, \ldots, y_n)^\top$，$X = (x_1, \ldots, x_n)^\top$。这就相当于求解

$$L_{r_1}(\alpha, \beta, z) = \sum_{i=1}^n \rho_\tau(z_i) + \frac{r_1}{2}\|(y - X\beta) - z\|^2 + \langle y - X\beta - z, \alpha \rangle$$

其中，$\langle \cdot, \cdot \rangle$ 表示内积。

假设当前估计为 (β^k, α^k, z^k)，具体的更新步骤如下。

1. 更新 β：

$$\begin{aligned}\beta^{k+1} &= \mathop{\mathrm{argmin}}_{\beta} L_{r_1}(\alpha^k, \beta, z^k) \\ &= \mathop{\mathrm{argmin}}_{\beta} \frac{r_1}{2}\|y - X\beta - z^k\|^2 + \langle y - X\beta - z^k, \alpha^k \rangle\end{aligned}$$

因此对目标函数依 β 取偏导，并使之为 0：

$$\begin{aligned}0 &= \frac{\partial}{\partial \beta} \frac{r_1}{2}\|y - X\beta - z^k\|^2 + \langle y - X\beta - z^k, \alpha^k \rangle \\ &= r_1 X^\top X\beta - r_1 X^\top (y - z^k) - X^\top \alpha^k\end{aligned}$$

由此可得：

$$\beta^{k+1} = \left(X^\top X\right)^{-1} \frac{1}{r_1} X^\top \alpha_1 + X^\top (y - z^k)$$

2. 更新 z：

$$\begin{aligned}z^{k+1} &= \mathop{\mathrm{argmin}}_{z_i} L_{r_1}\left(\alpha^k, \beta^{k+1}, z\right) \\ &= \mathop{\mathrm{argmin}}_{z} \left[\rho_\tau(z) + \frac{r_1}{2}\|y - X\beta - z^k\|^2 + \langle y - X\beta - z^k, \alpha^k \rangle\right] \\ &= \mathop{\mathrm{argmin}}_{z} \sum_{i=1}^n \left[\rho_\tau(z_i) + \frac{r_1}{2}\|y_i - x_i^\top \beta - z_i^k\|^2 + \langle y_i - x_i^\top \beta - z_i^k, \alpha_i^k \rangle\right]\end{aligned}$$

由于目标函数在 z_i 上是凸的，所以 0 一定包含在对 z_i 的次微分值中，即

$$0 \in \partial \left\{ \left[\rho_\tau(z_i) + \frac{r_1}{2}\|y_i - x_i^\top \beta - z_i^k\|^2 + \rangle y_i - x_i^\top \beta - z_i^k, \alpha_i^k \rangle\right]\right\}\bigg|_{z_i = z_i^{k+1}}$$

由此令 $a_i^k = y_i - x_i^\top \beta^{k+1} + \dfrac{\alpha_i^k}{r_1}$，可得：

$$z_i^{k+1} = \begin{cases} a_i^k - \dfrac{\tau}{r_1}, & \dfrac{\tau}{r_1} < a_i^k \\ 0, & \dfrac{\tau - 1}{r_1} \leqslant a_i^k \leqslant \dfrac{\tau}{r_1} \\ a_i^k - \dfrac{\tau - 1}{r_1}, & a_i^k < \dfrac{\tau - 1}{r_1} \end{cases}$$

3. 更新 $\boldsymbol{\alpha}$:
$$\boldsymbol{\alpha}^{k+1} = \boldsymbol{\alpha}^k + r_1(\boldsymbol{y} - \boldsymbol{X}\boldsymbol{\beta}^{k+1} - \boldsymbol{z}^{k+1})$$

在具体的分布式计算中,$\boldsymbol{\beta}$,$\boldsymbol{z}$ 和 $\boldsymbol{\alpha}$ 作为迭代更新的变量。变量 $\boldsymbol{z}$ 和 $\boldsymbol{\alpha}$ 的更新较为简单,在更新 $\boldsymbol{z}$ 时可以逐条样本求解,更新 $\boldsymbol{\alpha}$ 时的矩阵乘法可以借助 Spark 中 BlockMatrix 这种数据格式进行计算。较困难的是在更新 $\boldsymbol{\beta}$ 时,同样矩阵乘法可以借助 Spark 中 BlockMatrix 这种数据格式进行计算,但对于矩阵求逆,如果数据维度很高,则需要借助坐标梯度下降算法,否则可以收集到一个节点进行求逆运算保存下来。

在这个案例中,我们尝试解决样本量 n 很大的问题。我们从下面的线性回归模型中产生随机实验数据,用于分位数回归的估计:
$$y_i = \alpha\boldsymbol{\Phi}(x_{1i}) + x_{2i} + x_{3,i} + \ldots + x_{100,i} + \boldsymbol{\Phi}(x_{1i})\epsilon_i$$
其中,参数 α 用来控制解释变量 X_1 的信号强度。具体的 Spark 代码如下:

```scala
import org.apache.spark.SparkContext
import org.apache.spark.SparkConf
import org.apache.spark.mllib.linalg.distributed._
import org.apache.spark.mllib.linalg.{Vectors,Matrix=>sparkMatrix,
         DenseMatrix=>sparkDenseMatrix}
import breeze.linalg._
import breeze.stats.distributions._
import scala.math._
//定义一个函数将spark.mllib.linalg.Matrix格式变量改变为breeze.linalg.DenseMatrix格式
def tobreezematrix(tmp1:sparkMatrix):DenseMatrix[Double]={
  var tmp2:DenseMatrix[Double] =
         DenseMatrix.zeros[Double](tmp1.numRows,tmp1.numCols)
  for(i<-0 until tmp1.numRows){
    for(j<-0 until tmp1.numCols){
      tmp2(i,j)=tmp1(i,j)
    }
  }
  tmp2
}
//定义一个新的sc进程
@transient
val conf = new SparkConf().setAppName("AD_QR")
@transient
val sc = new SparkContext(conf)
//初始化数据模拟的模型设置
val P=sc.broadcast(100)
val N = sc.broadcast(10000)
val r1 = sc.broadcast(2)
val tau = sc.broadcast(0.5)
```

```scala
val iter = sc.broadcast(20)
var indeces = 0 until N.value
var Beta = sc.broadcast(DenseVector.ones[Double](P.value))
var PallallelIndeces = sc.parallelize(indeces)
//产生模拟数据
var sample_matrix= PallallelIndeces.map(s=>{
  var p=100//设置名义解释变量个数
  var norm_dist = new Gaussian(0,1)
  var x = new DenseMatrix(rows=1,cols=p,norm_dist.sample(p).toArray)
  var y= x*Beta.value+x(0,0)*norm_dist.draw()
  Array(s.toDouble).union(x.toArray).union(Array(y(0)))
})
sample_matrix.persist()
var sample_x = sample_matrix.map(f=>IndexedRow(f.take(1)(0).toLong,
Vectors.dense(f.drop(1).dropRight(1))))
var sample_y = sample_matrix.map(f=>IndexedRow(f.take(1)(0).toLong,
Vectors.dense(f.drop(P.value+1))))
var sample_x_indexedrowmatrix = new IndexedRowMatrix(sample_x)
var sample_y_indexedrowmatrix = new IndexedRowMatrix(sample_y)
var x = sample_x_indexedrowmatrix.toBlockMatrix(rowsPerBlock = N.value/10,
            colsPerBlock = P.value/10)
var y = sample_y_indexedrowmatrix.toBlockMatrix(rowsPerBlock = N.value/10,
            colsPerBlock = 1)
//初始化ADMM算法
var beta_hat,beta_old:DenseMatrix[Double] = DenseMatrix.zeros[Double](P.value,1)
var z:DenseMatrix[Double] = DenseMatrix.zeros[Double](N.value,1)
var alpha:DenseMatrix[Double] = DenseMatrix.zeros[Double](N.value,1)
val tmp1 = x.transpose.multiply(x).toLocalMatrix()
var tmp2 = tobreezematrix(tmp1)
val beta_fixed = inv(tmp2)
var y_local = y.toLocalMatrix()
var i:Int = 0
var diff:Double = 1.0
while(i<iter.value&&diff>pow(10,-6)){
//更新beta
  beta_old = beta_hat
  var tmp3 = (tobreezematrix(y_local)-z).toArray
  var beta_right = x.transpose.toIndexedRowMatrix
  .multiply(new sparkDenseMatrix(N.value,1,alpha.map(s=>s/r1.value).toArray))
  .toBlockMatrix(rowsPerBlock =P.value/10,colsPerBlock = 1)
  .add(x.transpose.toIndexedRowMatrix.multiply(new sparkDenseMatrix(N.value,1,tmp3))
  .toBlockMatrix(rowsPerBlock=P.value/10,colsPerBlock = 1)).toLocalMatrix()
```

```
    beta_hat = beta_fixed*tobreezematrix(beta_right)
//更新z
    var tmp4 = y.subtract(x.toIndexedRowMatrix
    .multiply(new sparkDenseMatrix(P.value,1,beta_hat.toArray))
    .toBlockMatrix(rowsPerBlock =N.value/10,colsPerBlock = 1)).toLocalMatrix
    z = (tobreezematrix(tmp4)+alpha.map(s=>s/r1.value)).map(s=>{
        if((tau.value/r1.value)<s) s-tau.value/r1.value
        else if(s<((tau.value-1)/r1.value)) s-(tau.value-1)/r1.value
        else 0
    })
//更新alpha
    alpha=alpha+(tobreezematrix(tmp4)-z).map(s=>s*r1.value)
    diff = sum((beta_old-beta_hat).map(s=>abs(s)))
    i += 1
}
```

5.4 有限内存 BFGS 算法

在牛顿法中,我们需要计算哈希矩阵的逆来得到迭代公式,从而导致我们无法直接将其应用至分布式计算之中。有限内存 Broyden-Fletcher-Goldfarb-Shanno(L-BFGS)算法作为一种半牛顿法(Quasi-Newton),也是利用哈希矩阵的逆的一个逼近来实现分布式计算。该算法只需要保存固定迭代次数(比如 K 次)的一些向量来计算哈希矩阵的逆矩阵,在迭代次数少于或等于 K 次之前,L-BFGS 算法和原来的 BFGS 算法完全一致,但是在大于 K 次之后,只需要前 K 次迭代中的信息。Nocedal (1980) 提出了相关算法,并讨论了其收敛性;Liu 和 Nocedal (1989) 将该算法和一些其他算法在数据很大时进行了比较。

有限内存 BFGS 算法可以描述为:

1. 选择初始点 $\boldsymbol{\theta}^{(0)}$,固定次数 K,Wolfe 条件参数 a 和 b,以及一个初始对称正定矩阵 $\boldsymbol{H}^{(0)}$,并设置 $t=0$;

2. 计算

$$\boldsymbol{d}^{(t)} = -\boldsymbol{H}^{(t)} N^{-1} \sum_{i=1}^{N} \nabla l(\boldsymbol{z}_i; \boldsymbol{\theta}^{(t)})$$

$$\boldsymbol{\theta}^{(t+1)} = \boldsymbol{\theta}^{(t)} + \gamma^{(t)} \boldsymbol{d}^{(t)}$$

其中,$\gamma^{(t)}$ 需要满足 Wolfe 条件,即

$$\begin{cases} \rho_n(\boldsymbol{\theta}^{(t)} + \gamma^{(t)} \boldsymbol{d}^{(t)}) \leqslant \rho_n(\boldsymbol{\theta}^{(t)}) + a\gamma^{(t)} \boldsymbol{d}^{(t)\top} \sum_{i=1}^{N} \nabla l(\boldsymbol{z}_i; \boldsymbol{\theta}^{(t)}) \\ \sum_{i=1}^{N} \nabla l(\boldsymbol{z}_i; \boldsymbol{\theta}^{(t)} + \gamma^{(t)} \boldsymbol{d}^{(t)}) \geqslant b\gamma^{(t)} \boldsymbol{d}^{(t)\top} \sum_{i=1}^{N} \nabla l(\boldsymbol{z}_i; \boldsymbol{\theta}^{(t)}) \end{cases}$$

3. 让 $k = \min\{t, K-1\}$ 并用下面的公式更新 $H^{(0)}$:

$$\begin{aligned}
H^{(t+1)} = {} & V^{(t)\top} \ldots V^{(t-k)\top} H^{(0)} V^{(t-k)} \ldots V^{(t)} \\
& + \delta^{(t-k)} V^{(t)\top} \ldots V^{(t-k+1)\top} \alpha^{(t-k)} \alpha^{(t-k)\top} V^{(t-k+1)} \ldots V^{(t)} \\
& + \delta^{(t-k+1)} V^{(t)\top} \ldots V^{(t-k+2)\top} \alpha^{(t-k+1)} \alpha^{(t-k+1)\top} V^{(t-k+2)} \ldots V^{(t)} \\
& \vdots \\
& + \delta^{(t)} \alpha^{(t)} \alpha^{(t)\top}
\end{aligned}$$

其中

$$V^{(t)} = I - \delta^{(t)} \beta(t) \alpha^{(t)\top}$$

$$\delta^{(t)} = \{\alpha^{(t)\top} \beta^{(t)}\}^{-1}$$

$$\alpha^{(t)} = \theta^{(t+1)} - \theta^{(t)}$$

$$\beta^{(t)} = N^{-1} \sum_{i=1}^{N} \{\nabla l(z_i; \theta^{(t+1)}) - \nabla l(z_i; \theta^{(t)})\}$$

4. 让 $t = t + 1$，并重复步骤 2 和 3。

在上面的计算步骤 3 中，需要不停地计算 $H^{(t)}$，当数据量很大的时候，比较耗费时间。实际上，在算法中，我们真正需要的是 $H^{(t)} \nabla l(z_i; \theta^{(t)})$，因此并不需要保存整个矩阵 $H^{(t)}$ 在内存中。Nocedal (1980) 相应考虑了对应于上述 L-BFGS 算法的向量 $H^{(t)} \nabla l(z_i; \theta^{(t)})$ 迭代，具体迭代的算法步骤可参考该文，这里不再赘述。

下面来看看如何在 Spark 系统中调用实现这一优化算法。在下面的程序中，我们将数据分成训练集和测试集，并利用训练集估计 Logistic 回归模型中的参数，然后在测试集上估计事件发生的概率。

```
import org.apache.spark.mllib.classification.LogisticRegressionModel
import org.apache.spark.mllib.linalg.Vectors
import org.apache.spark.mllib.optimization.{LBFGS, LogisticGradient,
                                           SquaredL2Updater}
import org.apache.spark.mllib.util.MLUtils

val data = MLUtils.loadLibSVMFile(sc, "data/sample_libsvm_data.txt")
val numFeatures = data.take(1)(0).features.size

// 将数据分为训练集 (60%)和测试集(40%)
val splits = data.randomSplit(Array(0.6, 0.4), seed = 11L)

// 加入1作为截距项
val training = splits(0).map(x =>
            (x.label, MLUtils.appendBias(x.features))).cache()
```

```
val test = splits(1)

// 估计模型参数
val numCorrections = 10
val convergenceTol = 1e-4
val maxNumIterations = 20
val regParam = 0.1
val initialWeightsWithIntercept =
        Vectors.dense(new Array[Double](numFeatures + 1))

val (weightsWithIntercept, loss) = LBFGS.runLBFGS(
  training,
  new LogisticGradient(),
  new SquaredL2Updater(),
  numCorrections,
  convergenceTol,
  maxNumIterations,
  regParam,
  initialWeightsWithIntercept)
//根据估计出来的参数建立模型
val model = new LogisticRegressionModel(
  Vectors.dense(weightsWithIntercept.toArray.slice(0,
  weightsWithIntercept.size - 1)),
  weightsWithIntercept(weightsWithIntercept.size - 1))

// 清除缺省阈值
model.clearThreshold()

// 计算测试集上每个观察值给定的解释变量数值之下的事件发生概率
val ProbabilitiesAndLabels = test.map { point =>
  val probability = model.predict(point.features)
  (probability, point.label)
}
```

在上面的程序中通过调用 clearThreshold()，我们不再将 0.5 作为阈值，即预测的概率大于 0.5 就认为事件发生，小于 0.5 就认为事件没发生，而是直接输出事件发生的预测概率。

第6章

自举法

自举法（Bootstrap）在统计推断中占有非常重要的地位，尤其在一些参数的估计方差不容易估计或者统计量分布很难给出确切的渐近分布的时候，我们往往需要求助于自举法。Efron 和 Tibshirani (1994) 对一些简单的自举法做了介绍。

自举法的提出和经验分布有一定的关系。假设我们对于一个参数 $\theta = T(F)$ 感兴趣，其中 F 是一个分布函数。我们通常会考虑用 $\hat{\theta} = T(\hat{F})$ 来估计 θ，其中 $\hat{F}$ 是经验分布函数。假设 $\mathfrak{X}^* = \{\boldsymbol{X}_1^*, \ldots, \boldsymbol{X}_n^*\}$ 是一个从经验分布产生的数据集，那么这实际上就是一种简单的自举法。一个自然而然的问题是，这个自举法是否能带来有效的统计推断呢？

我们用一个简单的例子加以说明。考虑 $\boldsymbol{X}_1, \ldots, \boldsymbol{X}_n$ 独立同分布地产生于分布 F，记其期望和方差分别为 μ 和 σ^2。我们从经验分布 $\hat{F}$ 中产生 $\boldsymbol{X}_1^*, \ldots, \boldsymbol{X}_n^*$。假设我们感兴趣的参数是 $\mu = E(\boldsymbol{X})$，且用样本均值来估计分布的期望。由中心极限定理，得到：

$$\sqrt{n}(\bar{X} - \mu) \xrightarrow{L} N(0, \sigma^2)$$

在自举法的随机机制下，利用中心极限定理，得到：

$$\sqrt{n}(\bar{X}^* - \bar{X})/\hat{\sigma} \xrightarrow{L} N(0, 1)$$

其中，$\hat{\sigma}$ 是样本标准差。已知 $\hat{\sigma} \xrightarrow{p} \sigma$，因此得到：

$$\sqrt{n}(\bar{X}^* - \bar{X}) \xrightarrow{L} N(0, \sigma^2)$$

实际上，我们得到了

$$L(AD\{\sqrt{n}(\bar{X} - \mu)\}, AD\{\sqrt{n}(\bar{X}^* - \bar{X})\}) \xrightarrow{p} 0$$

其中，$AD(\cdot)$ 表示渐近分布，L 表示某种度量两个分布之间距离的函数。在这种情况下，我们可以说自举法有效（Valid）。Mammen (1991) 对自举法的理论做了比较详细的介绍。

在数据分布式存储时，如果我们对整个数据集进行无放回的重抽样，那么需要耗费很多时间在机器之间的通信上。因此，我们需要适用于海量数据的自举法来进行统计推断。

6.1 自由自举法

在本节中,我们将在线性回归模型下考虑自举法。

$$y_i = \boldsymbol{x}_i^\top \boldsymbol{\beta}_0 + \epsilon_i, \quad i = 1, \ldots, N$$

其中,$\boldsymbol{x}$ 和 y 分别是解释变量和相应变量,而 ϵ 是模型误差。

假设 $\hat{\boldsymbol{\beta}}$ 是 $\boldsymbol{\beta}$ 的最小二乘估计,残差 $\hat{\epsilon}_i = y_i - \boldsymbol{x}_i^\top \hat{\boldsymbol{\beta}}$。如果考虑通常的残差自举法,即从 $\{\hat{\epsilon}_1, \ldots, \hat{\epsilon}_N\}$ 中无放回抽取 N 个残差项,我们需要遍历所有 N 个点,那么海量数据将会耗费很多时间。Wu (1986) 和 Liu (1988) 提出了所谓的自由自举法(Wild Bootstrap)。该方法的实现比较简单,先从均值为 0、方差为 1 的分布中产生随机数 $w_1, \ldots, w_n$,然后产生伪响应变量观察值:

$$y_i^* = \boldsymbol{x}_i^\top \hat{\boldsymbol{\beta}} + w_i \hat{\epsilon}_i, \quad i = 1, \ldots, N.$$

最后我们只需要再次估计参数,就可以得到自举法估计量 $\hat{\boldsymbol{\beta}}^*$。我们重复以上再取样的步骤之后,就可以得到若干个自举法估计量,那么我们就可以利用这些估计量来对原来估计量 $\hat{\boldsymbol{\beta}}$ 实现统计推断。

在建立统计学模型的时候,假设模型的误差项独立同分布经常不能很好地拟合真实数据。如果模型误差不是独立同分布的话,那么我们并不能直接对残差直接再取样。正是在这一背景之下,自由自举法获得了统计学家的青睐,这是由于该方法并不需要模型误差同分布这一假设。自由自举法也被拓展至其他的一些统计学模型之中,如分位数回归模型 (Feng et al., 2011)、时间序列模型 (Shao, 2010) 等。显而易见,自由自举法在计算上的好处在于我们可以逐行产生伪响应变量观察值,因此,该方法可以无缝应用于分布式计算。有关自由自举法的理论性质,可以查看 Mammen (1991)。

下面的程序是实现自由自举法的一个简单例子。

```
import org.apache.spark.mllib.regression.LabeledPoint;
import org.apache.spark.mllib.regression.LinearRegressionWithSGD;
import org.apache.spark.mllib.regression.LinearRegressionModel
import org.apache.spark.mllib.linalg.Vectors
import breeze.linalg._
import breeze.numerics._
import breeze.stats.distributions._
import java.util.concurrent.ThreadLocalRandom

var data = sc.textFile("QR/Lakeland.csv")
val NewData = data.map(line => line.split(",").map(_.toDouble))
val p = NewData.first().length-1  //解释变量的数目
val N = NewData.count()           //样本数目


var numIterations = 100//随机梯度下降算法的循环次数
var stepSize = 1.0      //随机梯度下降算法的步长
```

```
var regParam = 0.0       //Lasso和岭回归的可调参数

//将数据类型改为Spark线性回归需要的LabeledPoint类型
var parsedData = NewData.map{line =>
    LabeledPoint(line(0).toDouble, Vectors.dense(line.drop(1).map(_.toDouble)))
}
val algorithm = new LinearRegressionWithSGD()
algorithm.optimizer.setNumIterations(numIterations)
            .setStepSize(stepSize)
            .setRegParam(regParam)
algorithm.setIntercept(true)
val model = algorithm.run(parsedData)
val Coefficients = DenseVector(model.weights.toArray)
val Intercept = model.intercept
var lines = NewData.map(line =>{
        val r = ThreadLocalRandom.current
        val fitted = DenseVector(line.drop(1)).t*Coefficients+Intercept
        val residual = line(0) - fitted
    Array(fitted+r.nextGaussian*residual)++line.drop(1)
})
```

我们在程序中拟合了一个线性回归模型，其中截距项的估计用变量 Intercept 记录，解释变量的系数估计用 Coefficients 记录。需要注意的是，我们在程序里面调用了 Breeze 程序包，从而可以进行一些常见的矩阵运算，比如程序中的向量转置 DenseVector(line.drop(1)).t 以及向量相乘 DenseVector(line.drop(1)).t* Coefficients。RDD 对象 lines 里面的每一行都由 3 个数据组成，第一个是产生的伪响应变量值 y^*，而后面的两个仍然是原来的解释变量的取值。这样的话，我们就可以再次调用 Spark 里面的线性回归模型来拟合这个重取样后的数据并得到系数的估计。重复上述过程若干次，就可以得到这些系数估计量的近似分布。

6.2 子集合自举法

当数据量巨大的时候，我们使用上节中的自由自举方法，会很耗时，因此一些近似的方法将不得不被大家作为可行的替代方案加以考虑。Kleiner et al. (2014) 利用子集再取样（Subsampling）的思路提出了海量数据分布式存储时如何实现有效的自举——子集合自举法（Bag of Little Bootstrap, BLB）。

我们在独立同分布的数据模型下介绍这一方法。BLB 的思路比较清晰。首先，我们从原来的数据中无放回地抽取 K 个互不相交的子集，每个子集的样本大小为 b；其次，我们在每个子集上实现自举法，并计算我们感兴趣的统计量的值，记为 $\hat{\xi}_k^*$, $k=1,\ldots,K$；

最后，将 K 个子集上计算出来的统计量加以平均作为 BLB 估计量，即 $K^{-1}\sum_{k=1}^{K}\hat{\xi}_k^*$。

Kleiner et al. (2014) 建议 $b = N^c$，其中 $c \in [0.5, 1]$，并证明了当 $N, b \to \infty$ 且 s 固定的时候，BLB 有效。此外，Kleiner et al. (2014) 也讨论了 $b/N \to 0$（此时 $K \to \infty$）的时候，BLB 和通常的 Bootstrap 具有类似的理论性质，可以进行高阶修正。

在下面的程序中，我们从标准正态分布产生 200 万个随机数，然后从中取样约 8000 个数据用于得到该分布二阶中心矩的自举估计。

```
import scala.collection.JavaConverters._
import scala.util.Random
import org.apache.spark.rdd.PairRDDFunctions
import org.apache.spark.HashPartitioner
//产生数据并分布式存储在两个计算节点之上
val n = 2000000
val points = sc.parallelize(0 until n).map ({iter =>
val random = new Random()
val u = random.nextDouble()
val mykey = if(u<0.5)1 else 2
(mykey,random.nextGaussian())}).partitionBy(new HashPartitioner(2)).persist()
val K = points.partitions.size
//分别对具有相同Key值的数据进行分层再取样
val SampleFractions = List((1, 0.004), (2, 0.004)).toMap
val SampledPoints = points.sampleByKey(false, SampleFractions)
val N = SampledPoints.mapValues(x => 1).reduceByKey((x, y)=>x + y)
//针对取样之后的子集分别进行自举法并计算中心二阶矩
val BootstrapFractions = List((1, 1.0), (2, 1.0)).toMap
val BootstrappedPoints = SampledPoints.sampleByKeyExact(true,BootstrapFractions)
val EstBootSum = BootstrappedPoints.reduceByKey((x, y)=>x + y)
val EstBootMu = EstBootSum.join(N).mapValues(x=>x._1/x._2)
val UpdatedPoints = BootstrappedPoints.join(EstBootMu)
val Est2thMomSum = UpdatedPoints.mapValues(x=>(x._1 - x._2)*(x._1 - x._2))
                    .reduceByKey((x, y)=>x + y)
val Est2thMom = Est2thMomSum.join(N).mapValues(x => x._1/x._2)
val MetaEst2thMom = Est2thMom.values.reduce((x, y) => x+y)/K
```

在上面的程序中，我们产生的一半左右的数据的 Key 值被设置为 1，剩余数据的 Key 值被设置为 2，这样设置是为了方便我们后面分别进行取样、计算等处理。我们利用哈希余数法将 Key 值为 1 的数据放置在一个计算节点之中，而 Key 值为 2 的数据放在另外一个计算节点中，这个任务通过 partitionBy 函数加以实现。其中，函数参数中调用的 HashPartitioner(2) 用以决定 Key 值除以 2 之后的余数，然后具有相同余数的那些数据会被放在同一个计算节点中。

针对具有不同 Key 值的数据，我们用 sampleByKey 函数各抽出约 4000 个数据（无放回抽取，这一点通过将该函数的第一个参数设置为 false 加以实现）。需要注意的是，该函数并不能保证抽取出来的数据个数所占的比例会和设置的比例完全一样，但是我们可以通过 sampleByKeyExact 来实现这一点。因此，我们针对这个数据的自举法相当于从经验分布函数中所产生。如果想要采取上一节中所介绍的自由自举法，那么需要将语句

```
val BootstrappedPoints = SampledPoints.sampleByKeyExact(true,
                                                        BootstrapFractions)
```

改成

```
val EstSum = SampledPoints.reduceByKey((x, y) => x + y)
val EstMu = EstSum.join(N).mapValues(x => x._1/x._2)
val BootstrappedPoints = SampledPoints.join(EstMu).mapValues(x => {
val random = new Random()
x._2 + (x._1-x._2)*random.nextGaussian()
})
```

我们在程序中，重复利用 join 函数将两个成对 RDD 数据（Paired RDD，其每行的数据为 (Key，数据) 的 Tuple 类型）按照相同的 Key 值加以匹配以便用于后面的计算。程序中的函数对象.values 用来取出 Key 值之外的数据信息。

上面程序中调用的 mapValues 函数是针对成对 RDD 数据的每一行数据施加某个运算，但是会暂时忽略 Key 值的存在。比如，某一行数据是 $(1, 0.11, 0.19)$，那么 mapValues(x=>(x._1 - x._2)*(x._1 - x._2)) 意味着计算 $(0.11 - 0.19)^2$。

练习 假设数据产生于线性回归模型：

$$y_i = 1 + \boldsymbol{x}_i^\top \boldsymbol{\beta}_0 + \epsilon_i, \quad i = 1, \ldots, N.$$

其中，$\boldsymbol{x}$ 是 p 维解释变量。然后将数据标准化，使得 $\sum_{i=1}^{N} x_{ij} = 0$, $\sum_{i=1}^{N} x_{ij}^2 = 1$, $\sum_{i=1}^{N} y_i = 0$。请用 Spark 实现（随机）梯度下降算法对于参数 $\boldsymbol{\beta}$ 的估计。不妨让 $N = 10^5$, $p = 100$, $\boldsymbol{\beta}_0 = (1, \ldots, 1)^\top$, $\boldsymbol{x}$ 和 ϵ 独立产生于标准正态分布。请利用 BLB 的思想并采用自由自举法来得到 $\boldsymbol{\beta}_0$ 估计量的分布（可将自举法的估计量保存在文本文件中，然后通过 R 或者 Python 画出直方图）。

第7章

常用统计机器学习方法

近年来，统计机器学习（Statistical Machine Learning）方法被广泛运用于许多统计问题分析，并取得了较好的效果。Hastie et al. (2009) 在他们的专著中介绍了许多经典的统计机器学习方法。在本章中，我们将借助 Spark 平台，介绍一些常用、经典的统计机器学习方法在分布式情况下的应用，包括诸多经典的无监督学习（Unsupervised Learning）、监督学习（Supervised Learning）和数据降维（Dimensional Reduction）。

7.1 聚类分析

聚类分析（Cluster Analysis）是一类常用的无监督学习方法，通常用于在无法得到样本标签的情况下，利用所得到样本的属性信息对样本进行分析聚类。在聚类分析中，我们常利用一系列的相似性度量来进行聚类，如欧式空间中的距离等。通过聚类分析，我们可以将样本按照相似性度量聚集成不同的组，每组中的样本往往都有着更加紧密的关系。比如，在网络数据分析中，统计学家往往利用社区检测方法（Community Detection）尝试将具有相同用户属性的节点聚成一类，从而进一步分析有关网络中所蕴含的信息。

具体来看，假设我们对于每个个体 $i=1,\ldots,N$ 均有 p 个属性变量的观察值，其中第 i 个样本的第 l 个属性变量的观察值记为 $x_{il}(l=1,\ldots,p)$。那么，我们可以进一步定义观察值之间的某种相似性度量，如：

$$\rho(\boldsymbol{x}_i, \boldsymbol{x}_j) = \sum_{l=1}^{p} d_l(x_{il}, x_{jl})$$

其中，$\boldsymbol{x}_i = (x_{i1},\ldots,x_{ip})^\top$，$d_l$ 度量了第 l 个变量上两个观察值之间的差别。常用的距离函数 d_l 包括以下三种：

- **数值数据**：如果观察值是连续数值，那么我们可以考虑采用 $d(a,b) = r(|a-b|)$，其中 r 表示某种有关距离的度量函数，如 $r(x) = x^2$。
- **次序数据**：如果观察值用某些文本或者数字表示，但是我们只关心数据中所蕴含的次序信息，比如成绩打分为 A，B，C 等等级，那么我们可以先将数据数值化，比如：

$$\frac{k-1/2}{K}, \ k=1,\ldots,K$$

其中，k 对应于次序水平，然后再将所得到的量化后的数据当作数值变量处理。

- **属性数据**：如果观察值只有分类的意义，不存在任何次序，那么我们可以定义距离为：

$$D(a,b) = \begin{cases} 1, & a \neq b \\ 0, & a = b \end{cases}$$

在本节中，我们将介绍一些常用的聚类分析方法，如 K 组中心法（K-Means）、隐狄利克雷分配法等。另外，Spark 系统还提供了混合高斯模型（GMM）的实现方法，但是我们已经在第 6 章中介绍了如何分布式实现该模型算法，因此我们在此处将不再作介绍，感兴趣的读者可直接阅读 Spark 帮助文档 (http://spark.apache.org/docs/latest/mllib-clustering.html#power-iteration-cluster)。

7.1.1 K 组中心法

K 组中心法 (K-Means) 早在 20 世纪 50、60 年代就已经被提出，是一种比较经典和应用广泛的聚类算法，很多经典的教材都对该算法有着详细介绍，如 Hastie et al. (2009)。K 组中心法主要采用欧氏距离作为相似性的度量并且要求所有的变量都是数值类型，即采用如下的距离度量：

$$\rho(\boldsymbol{x}_i, \boldsymbol{x}_j) = \sum_{l=1}^{p}(x_{il}-x_{jl})^2$$

K 组中心法需要实现指定有关分组的个数，即 K 的具体值。在实际问题处理中，K 可以被当作一个可调参数（Tuning Parameter），进而可以通过一些基于样本的准则，如多折交叉验证选取最优值。在给定有 K 组数据的条件下，K 组中心法尝试找到一种最优的数据分割方式 $\mathbb{S} = \{\boldsymbol{S}_1,\ldots,\boldsymbol{S}_K\} \in \mathcal{R}^n$，使得基于此分割的损失函数值

$$\sum_{k=1}^{K}\sum_{\boldsymbol{x}\in \boldsymbol{S}_k}\rho(\boldsymbol{x},\bar{\boldsymbol{x}}_k) \tag{7.1}$$

达到最小，其中 $\bar{\boldsymbol{x}}_k$ 表示落入分组 $\boldsymbol{S}_k$ 的所有样本的平均值。显然，我们可以通过迭代算法来求解该种分割方法：在给定分割组数 K 下，首先随机指定 K 个组的中心点。

1. 将每个观察点 $\boldsymbol{x}_i$ 分到离它最近中心点的那一组中，即最小化目标函数 (7.1)，得到分组 $\{\boldsymbol{S}_1,\ldots,\boldsymbol{S}_K\}$；

2. 在给定当前分组情况下，计算分组中中心点的集合 $\{\bar{\boldsymbol{x}}_1,\ldots,\bar{\boldsymbol{x}}_K\}$，即最小化目标函数

$$\bar{\boldsymbol{x}}_k = \mathrm{argmin}_c \sum_{i\in \boldsymbol{S}_k}\rho(\boldsymbol{x}_i,c)$$

3. 重复步骤 1 和 2 直至分组不再变化。

值得注意的是，上述的交替迭代算法并不能保证能收敛至最小化目标函数 (7.1) 的全局最优解，而是依赖于初始点的选择。因此，我们应当尝试选择不同的起始点，然后选择最优的一组。此外，组类个数 K 也会影响 K 组中心法的聚类分析结果。

下面，我们从二元正态分布 $N(\boldsymbol{\mu}_1, \boldsymbol{\Sigma}_1)$ 和 $N(\boldsymbol{\mu}_2, \boldsymbol{\Sigma}_2)$ 中分别产生 50 个随机样本，如图7.1所示，其中：

$$\boldsymbol{\mu}_1 = (0,0)^\top, \boldsymbol{\Sigma}_1 = \begin{pmatrix} 1 & 0 \\ 0 & 1 \end{pmatrix}$$

$$\boldsymbol{\mu}_2 = (5,5)^\top, \boldsymbol{\Sigma}_2 = \begin{pmatrix} 2 & 1 \\ 1 & 2 \end{pmatrix}$$

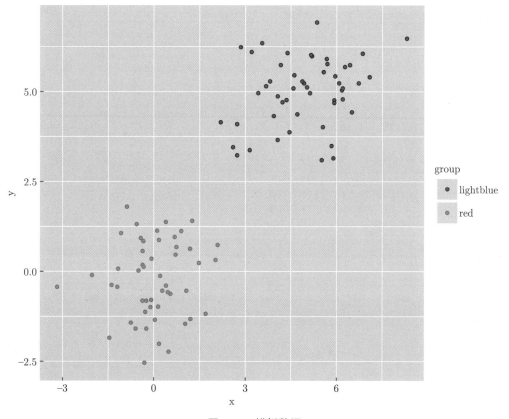

图 7.1 模拟数据

然后我们利用 Spark 系统中的 K 组中心法来对该数据进行聚类分析。

```
scala>import org.apache.spark.mllib.clustering.{KMeans, KMeansModel}
scala>import org.apache.spark.mllib.linalg.Vectors

// 读入数据
scala>val data = sc.textFile("QR/SimData1.csv")
```

```
scala>val NewData = data.map(line =>
Vectors.dense(line.split(",").map(_.toDouble))).cache()

// 设置初始参数，并用K-means算法将数据分成两组
scala>val numClusters = 2
scala>val numIterations = 30
scala>val clusters = KMeans.train(NewData, numClusters, numIterations)

// 计算组内差
scala>val WSSSE = clusters.computeCost(NewData)

scala>println("Input data rows: " + NewData.count())
scala>println("K-means Cost:" + WSSSE)
//显示中心点
scala>clusters.clusterCenters.foreach{println}
//预测数据分组
scala>val clusterRddInt = clusters.predict(NewData)
scala>val clusterCount = clusterRddInt.countByValue
scala>clusterCount.toList.foreach{println}
```

在上述例子中，我们采用了基于 Scala 代码的 K 组中心法对 100 个数据点进行聚类分析。此外，我们也可以通过 PySpark 来进行编程，借助 pyspark.ml 中基于 DataFrame 的机器学习算法 API 来构建机器学习工作流，进而实现 K 组中心法。相关代码如下：

```
from pyspark.ml.clustering import KMeans
from pyspark.ml.evaluation import ClusteringEvaluator

// 载入数据
dfdata = spark.read.format("libsvm").load("data/sample_kmeans_data.txt")

// 训练K-means模型
kmeans = KMeans().setK(2).setSeed(1)
model = kmeans.fit(dfdata)

// 进行预测
dfpredictions = model.transform(dfdata)

// 评估模型
evaluator = ClusteringEvaluator()
silhouette = evaluator.evaluate(dfpredictions)
print("Silhouette with squared euclidean distance = " + str(silhouette))

// 打印中心点
```

```
centers = model.clusterCenters()
print("Cluster Centers: ")
for center in centers:
    print(center)
```

该程序的输出结果为：Silhouette with squared euclidean distance = 0.9998，Cluster Centers:[0.1,0.1,0.1]，[9.1,9.1,9.1]，因此该方法清晰地将数据分为两类。

练习 7.1 将上述例子中的 $\boldsymbol{\mu}_2$ 修改成 $(1,1)^\top$，然后使用 K 组中心法分析所得到结果。

7.1.2 隐狄利克雷分配法

在文本数据分析中，由 Blei et al. (2003) 所提出的隐狄利克雷分配法（Latent Dirichlet Allocation，LDA）是一种十分重要的基于主体模型（Topic Model）的聚类分析方法。实际上，隐狄利克雷分配法模型可以理解为一种概率图模型 (Koller and Friedman 2009)。下面简单地介绍一下隐狄利克雷分配法。我们首先定义一些基本概念以便描述该方法：

1. 一个**单词**（Word）是最基本的离散数据。假设词典中共有 p 个词汇，我们将单词按照某种顺序排序（比如某个字典的排序），然后用向量来表达某个单词，比如，第 i 个单词对应于向量 $\boldsymbol{v} = (v_1, \ldots, v_p)$，其中

$$v_j = \begin{cases} 1, & j = i \\ 0, & j \neq i \end{cases}$$

2. 一个**文档**（Document）由 N 个单词组成，即 $\boldsymbol{D} = (\boldsymbol{v}_1, \ldots, \boldsymbol{v}_N)$，其中 $\boldsymbol{v}_n$ 对应于文档中第 n 个词。

3. 一个**文集**（Corpus）由 M 个文档组成，记为 $\mathbb{C} = \{\boldsymbol{D}_1, \ldots, \boldsymbol{D}_M\}$。

LDA 模型是用来模拟文集产生过程的一种生成模型（Generative Model）。其基本的思路是假设文档是由 K 个隐主题（Latent Topic）组成的混合分布，而每个隐主题则是字典中所有 p 个单词的一个分布。对于文档中的每一个单词，我们都可以用一个维数为 p 的 0-1 向量来对应字典中的单词。比如，我们的字典中一共有 20 个单词，而所有的文档是由这字典里的 20 个单词所产生的，那么按照字典中单词的顺序，可以用 $(1,0,\ldots,0)^\top$ 来表示第一个单词，用 $(0,1,0,\ldots,0)^\top$ 来表示第二个单词，以此类推。用概率来描述，LDA 模型实际上考虑了一个如下产生单词的过程：

1. 从泊松分布 Poisson(λ) 中产生一个文档 d 的长度 N；
2. 从狄利克雷分布 $Dir(\boldsymbol{\alpha})$ 中产生文档 d 的一个主题概率分布 $\boldsymbol{\theta}_d$；
3. 从狄利克雷分布 $Dir(\boldsymbol{\beta})$ 中产生主题 k 所对应的单词概率分布 $\boldsymbol{\beta}_k$；
4. 对于文档 d 中的每个单词 $\boldsymbol{w}_{d,j}(j = 1, \ldots, N)$：
   - 从多项式分布 $Multinorm(\boldsymbol{\theta}_d)$ 中产生一个主题 $\boldsymbol{z}_{d,j}$；
   - 从多项式分布 $Multinorm(\boldsymbol{\beta}_{\boldsymbol{z}_{d,j}})$ 中产生一个单词 $\boldsymbol{w}_{d,j}$，其中 $j = 1, \ldots, N$。

这里的多项式分布产生的向量的各元素之和为 1，因此它是一个很特殊的分布，即属性分布（Categorical Distribution）。参数 $\boldsymbol{\alpha}$ 和 $\boldsymbol{\beta}$ 是维数为 J 的参数向量，具体流程如图 7.2 所示。

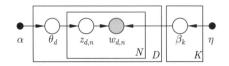

图 7.2　文档具体产生流程

资料来源：Blei et al., 2003。

在 LDA 模型之下，我们可以得出文集产生的概率为：

$$f(\mathbb{C}|\boldsymbol{\alpha},\boldsymbol{\beta},\lambda) = \prod_{l=1}^{M}\left\{\int f(\boldsymbol{\theta}|\boldsymbol{\alpha})\left[\prod_{i=1}^{N_l}\sum_{t_{l_i}}f(\boldsymbol{t}_{l_i}|\boldsymbol{\theta}_l)f(\boldsymbol{v}_{l_i}|\boldsymbol{t}_{l_i},\boldsymbol{\beta})\right]\mathrm{d}\boldsymbol{\theta}_l\right\}\pi(N_l|\lambda)$$

其中，$f(\boldsymbol{\theta}|\boldsymbol{\alpha})$ 是过程 2 中的狄利克雷分布密度函数，而 $f(\boldsymbol{t}_{l_i}|\boldsymbol{\theta}_l)$ 是过程 4 中多项式分布 $Multinorm(\boldsymbol{\theta}_l)$ 的概率密度函数。分布 $f(\boldsymbol{v}_{l_i}|\boldsymbol{t}_{l_i},\boldsymbol{\beta})$ 则是单词从给定产生主题的条件下的概率密度函数。在这个模型下，可以使用经验贝叶斯方法或者完全贝叶斯方法来估计参数，具体可以参见两种方法，第一种是基于 Gibbs 采样算法求解，第二种是基于变分推断 EM 算法求解。

Apache Spark 的程序库 MLlib 中可以实现 LDA 的计算。Apache Spark 定义了 DistributedLDAModel 类，部分在类创建时需要的参数列举如下：

- k: 主题的数目（聚类分析中的组数）；
- optimizer: 优化方法选择项，即 EMLDAOptimizer 或者 OnlineLDAOptimizer，其中 OnlineLDAOptimizer 是缺省设置；
- docConcentration: 产生文档的狄利克雷分布参数 $\boldsymbol{\alpha}$，参数越大越容易得到更加光滑的分布；
- topicConcentration: 产生单词的多项式分布参数 $\boldsymbol{\beta}$，参数越大越容易得到更加光滑的分布；
- maxIterations: 迭代的最大次数。

当我们没有设置 $\boldsymbol{\alpha}$ 和 $\boldsymbol{\beta}$ 参数（即 docConcentration 和 topicConcentration）时，Spark 会自动产生。LDA 模型可以返回如下对象：

- describeTopics: 返回主题（由最重要的单词及其权重组成的数组）；
- topicsMatrix: 返回一个主题矩阵，每行对应着单词，每列对应着主题。

更多具体的设置和返回对象的说明可参考 Spark 有关聚类分析的在线说明（https://spark.apache.org/docs/latest/api/scala/org/apache/spark/mllib/clustering/LDA.html）。基于 Scala 代码的隐狄利克雷分配法实现代码如下：

```
import org.apache.spark.mllib.clustering.{LDA, DistributedLDAModel}
import org.apache.spark.mllib.linalg.Vectors
```

```scala
// 输入数据并改成适用于MLlib库所需要的类型格式
val data = sc.textFile("data/sample_lda_data.txt")
val parsedData = data.map(s => Vectors.dense(s.trim.split(' ').map(_.toDouble)))
// 指标化文档
val corpus = parsedData.zipWithIndex.map(_.swap).cache()

// 利用LDA模型将数据分成3组（主题）
val ldaModel = new LDA().setK(3).run(corpus)

// 输出3组（主题）信息
println("Learned topics (as distributions over vocab of " +
                        ldaModel.vocabSize + " words):")
val topics = ldaModel.topicsMatrix
for (topic <- Range(0, 3)) {
  print("Topic " + topic + ":")
  for (word <- Range(0, ldaModel.vocabSize)) {print(" "+topics(word,topic));}
  println()
}
```

基于 Python 代码的隐狄利克雷分配法实现代码如下：

```python
from pyspark.ml.clustering import LDA
from pyspark.sql import SparkSession

spark = SparkSession.builder.appName("LDAExample") .getOrCreate()

// 加载数据
dataset = spark.read.format("libsvm").load("sample_lda_libsvm_data.txt")

// optimizer: 'online','EM'
// k: 主题数量
lda = LDA(k=10, maxIter=10)
model = lda.fit(dataset)

// 对数似然
ll = model.logLikelihood(dataset)

// 对数困惑度
lp = model.logPerplexity(dataset)

print("The lower bound on the log likelihood of the entire corpus: " + str(ll))
print("The upper bound on perplexity: " + str(lp))
```

```
// 词汇量
model.vocabSize()

// 每个主题前三权重的词汇
topics = model.describeTopics(maxTermsPerTopic=3)

print("The topics described by their top-weighted terms:")
topics.show(truncate=False)

// 转换后的新列应该表示在10个主题上的权重，和为1
transformed = model.transform(dataset)
transformed.show(truncate=False)
```

在上面的例子中，我们输入的数据实际上都是双精度类型的数据，其中每一行相当于一个文档，而每一行中的每个元素对应于一个单词。我们将文档分为 10 个主题，并将每个主题前三权重的词汇结果总结如表7.1所示。

表 7.1 每个主题前三权重的词汇结果

主题	前三权重词汇位置	权重
1	[7, 3, 10]	[0.10259627017865783, 0.10183961691658824, 0.09557198550453597]
2	[4, 10, 2]	[0.09721242407592115, 0.09692601641140766, 0.09530857418804631]
3	[7, 5, 2]	[0.11055431665857023, 0.1055242249005724, 0.09503572039135806]
4	[7, 9, 4]	[0.10134187997593921, 0.096611555926101284, 0.09495696636699527]
5	[9, 7, 10]	[0.11660638820275757, 0.11011405053941531, 0.09601776668546866]
6	[3, 4, 1]	[0.20323032831085502, 0.12333161759431145, 0.12189871406788857]
7	[8, 0, 5]	[0.1087689250481222, 0.10565390971818546, 0.10169333417897007]
8	[9, 4, 7]	[0.10115859663866779, 0.10015070094110862, 0.09771709219503243]
9	[2, 8, 3]	[0.10627291936286781, 0.10410936605535454, 0.1023834238143701]
10	[10, 7, 2]	[0.10407019135223848, 0.0998036117403788, 0.09863822755354655]

7.1.3 功效迭代聚类法

聚类分析中另外一种常用的方法为 Lin 和 Cohen (2010) 所提出的功效迭代聚类法（Power Iteration Clustering，PIC）。该方法考虑了基于相似矩阵的低维空间嵌入，类似于谱聚类（Spectral Clustering）。但是，它使用了一种不同的低维空间的嵌入方式，即考虑了标准化相似矩阵所有特征向量的一种基于特征值加权的线性组合。在本节中，我们仍然考虑数据共有 K 组。

考虑数据集 $\boldsymbol{X} = \{\boldsymbol{x}_1, \ldots, \boldsymbol{x}_N\}$。我们定义仿射矩阵为：

$$A = \begin{pmatrix} a_{11} & a_{12} & \ldots & a_{1N} \\ \vdots & \vdots & & \vdots \\ a_{N1} & a_{N2} & \ldots & a_{NN} \end{pmatrix}$$

其中，$a_{ij} = s(\boldsymbol{x}_i, \boldsymbol{x}_j)$，$s$ 是一个相似函数（假如 $i \neq j$，那么 $s_i(\boldsymbol{x}_i, \boldsymbol{x}_j) \geqslant 0$，且当 $i = j$ 时，$s(\boldsymbol{x}_i, \boldsymbol{x}_j) = 0$）。定义标准化仿射矩阵为 $\boldsymbol{B} = \boldsymbol{D}^{-1}\boldsymbol{A}$，其中

$$D = \begin{pmatrix} \sum_{j=1}^{N} a_{1j} & 0 & \ldots & 0 \\ 0 & \sum_{j=1}^{N} a_{2j} & \ldots & 0 \\ \vdots & \vdots & & \vdots \\ 0 & 0 & \ldots & \sum_{j=1}^{N} a_{Nj} \end{pmatrix}$$

矩阵 $\boldsymbol{B}$ 的每一行之和正好为 1，类似于马尔科夫链中的转移矩阵。Lin 和 Cohen (2010) 将 $\boldsymbol{X}$ 中的观察点看成一个方向图模型中的 N 个节点，而节点的转移概率由 $\boldsymbol{B}$ 确定。**功效迭代**（Power Iteration）是指一种求解矩阵对应于最大特征值的特征向量的算法，即从任意一个给定的初始值 $\boldsymbol{v}^{(0)}$ 开始，通过如下迭代求解：

$$\boldsymbol{v}^{(n+1)} = \|\boldsymbol{B}\boldsymbol{v}^{(n)}\|^{-1}\boldsymbol{B}\boldsymbol{v}^{(n)}$$

由于矩阵 $\boldsymbol{B}$ 的每一行之和都是 1，因此 $\boldsymbol{B}$ 最大的特征值是 1，且对应的特征向量与向量 $(1,1,\ldots,1)^\top$ 成正比。虽然功效迭代会趋近于最大特征值对应的特征向量，但如果矩阵 $\boldsymbol{B}$ 中的非零元素成块出现，Lin 和 Cohen (2010) 证明了功效迭代一定步骤（比如 n 步）之后，向量 $\boldsymbol{v}^{(n+1)}$ 中的元素可以大致分成 K 类，从而可以被用来聚类分析。因此，Lin 和 Cohen (2010) 提出了迭代的提前中止条件，既能保证类别可以被观察到，又没有趋近至常数组成的向量。采用 Spark 实现功效迭代聚类的 Scala 代码如下：

```
import org.apache.spark.mllib.clustering.{PowerIterationClustering,
 PowerIterationClusteringModel}
import org.apache.spark.mllib.linalg.Vectors

// 输入数据并将数据按照要求改成tuple格式
val data = sc.textFile("data/pic_data.txt")
val similarities = data.map { line =>
  val parts = line.split(' ')
  (parts(0).toLong, parts(1).toLong, parts(2).toDouble)
}

// 利用功效迭代算法将数据分成两组
val pic = new PowerIterationClustering()
```

```
    .setK(2)
    .setMaxIterations(10)
val model = pic.run(similarities)
//打印聚类分析结果
model.assignments.foreach { a =>
  println(s"${a.id} -> ${a.cluster}")
}
```

程序中定义的 RDD 对象 similarities 是一个由 (i, j, s_{ij}) 形成的 Tuple 类型数据所组成的（每一行代表一个 Tuple 类型的数据）。实际上每个 Tuple 数据对应于功效迭代算法中的仿射矩阵所定义的 $\boldsymbol{x}_i$ 和 $\boldsymbol{x}_j$ 的相似函数数值 $s(\boldsymbol{x}_i, \boldsymbol{x}_j)$。有关 Spark 函数实现功效迭代聚类法的具体参数说明可查看在线帮助文档（https://spark.apache.org/docs/latest/api/scala/org/apache/spark/mllib/clustering/PowerIterationClustering.html）。

采用 Spark 实现功效迭代聚类的 Python 代码示例如下：

```
from pyspark.ml.clustering import PowerIterationClustering
from pyspark.sql import SparkSession

spark = SparkSession.builder.appName("PICExample").getOrCreate()

// 加载数据
dataset =
  spark.read.format("libsvm").load("sample_pic_libsvm_data.txt")

//将数据改成三元tuple格式
df =
  spark.createDataFrame(data).toDF("src","dst","weight").repartition(1)

//利用功效迭代聚类法将数据分为两组
pic = PowerIterationClustering(k=2, weightCol="weight")
pic.setMaxIter(10)
assignments = pic.assignClusters(df)

//输出结果
assignments.sort(assignments.id).show(truncate=False)
```

7.2 分类分析

分类问题在实际数据分析中极为常见，我们常常需要估计并预测某些样本所属的类别。值得注意的是与聚类分析不同，在分类问题中我们往往能够获得样本的类别信息，从而可以借助建立统计模型来得到分类器并对新的样本加以预测。具体来看，我们可以观察到 $(\boldsymbol{x}, y)$，其中 $\boldsymbol{x}$ 是预测变量（Predictive Variable），y 是属性变量（Categorical Variable），其取值将是离散数据。显然，分类分析是一种有监督学习（Supervised Learning）。我们将在本节中介绍一些 Apache Spark 系统中常用的分类分析方法，而这些机器学习方法的详细介绍可参见 Hastie et al. (2009) 所著的 *The Elements of Statistical Learning* 一书。

7.2.1 逻辑回归

在实际问题分析中经常会遇到对样本类别判断的问题。比如，一个人刚刚参加过一个聚会，而聚会中的某些人第二天出现了流感的症状，那么我们或许想知道这个人也染上了流感的可能性。因此，我们考虑 y 的取值有两种可能，即

$$y = \begin{cases} 1, & \text{感染流感病毒} \\ 0, & \text{未感染流感病毒} \end{cases}$$

逻辑（Logistic）回归模型被广泛地应用于这一类的分类问题。我们在本节中将只考虑 y 有两种取值的情况并假设取值为 1 或 0，其中如果我们感兴趣的事件发生就记 $y = 1$，否则记 $y = 0$。在线性模型假设下，该模型具有如下表达式：

$$\log\left(\frac{P(y=1|\boldsymbol{x})}{1-P(y=1|\boldsymbol{x})}\right) = \boldsymbol{x}^\top \boldsymbol{\beta}_0$$

其中，x 代表预测变量，y 代表响应变量，而 $P(y=1|x)$ 表示给定预测变量的情况下响应变量取值为 1 的概率。

那么，给定一组样本，我们可以通过极大似然估计得到系数 $\boldsymbol{\beta}_0$ 的估计，即考虑最大化下面的目标函数：

$$L(\boldsymbol{\beta}) = \prod_{i=1}^{N} \left\{ \left[\frac{\exp(\boldsymbol{x}_i^\top \boldsymbol{\beta})}{1 + \exp(\boldsymbol{x}_i^\top \boldsymbol{\beta})}\right]^{y_i} \left[\frac{1}{\exp(\boldsymbol{x}_i^\top \boldsymbol{\beta})}\right]^{1-y_i} \right\} \tag{7.2}$$

我们记最大化如上目标函数所得到的估计值为 $\widehat{\boldsymbol{\beta}}$。接下来，对任意样本 $\boldsymbol{x}_0$，我们可以预测其响应变量值为 1 的概率为：

$$\widehat{P}(y=1|\boldsymbol{x}_0) = \frac{\exp(\boldsymbol{x}_0^\top \widehat{\boldsymbol{\beta}})}{1 + \exp(\boldsymbol{x}_0^\top \widehat{\boldsymbol{\beta}})}$$

此时，我们可以设置阈值（如 Spark 系统里面缺省设置为 0.5），那么，当预测概率大于该阈值时，则认为事件会发生，否则将不发生。我们在5.4节中，已经描述了 Spark 系统中 Logistic 回归模型的使用方法，这里就不再重复介绍。但是需要强调的是，针对式(7.2)中的优化问题，我们可以采用 Newton-Raphson 算法或者（随机）梯度下降算法进行求解。

7.2.2 线性支持向量机

支持向量机（Support Vector Machine，SVM）由于有着良好的几何解释性而被广

泛地应用于分类问题的分析中。其核心思想可以理解为最大化有关分割超平面距离，进而达到最优的区分样本的效果。假设我们的训练集数据是 $(\boldsymbol{x}_1^\top, y_1)^\top, \ldots, (\boldsymbol{x}_N^\top, y_N)^\top$，其中 $\boldsymbol{x}$ 是 p 维预测变量取值，而 y 是属性变量，取值空间为 $\{-1, 1\}$。我们考虑以下优化问题：

$$\min_{\boldsymbol{\beta}} \frac{1}{N} \sum_{i=1}^{N} \max\{0, 1 - y_i \boldsymbol{x}_i^\top \boldsymbol{\beta} - \beta_0\} + J_\lambda(\boldsymbol{\beta})$$

其中，J_λ 是惩罚函数。这就是线性支持向量机方法所对应的优化问题。

上述问题也叫作支持向量机的原始优化问题，我们并不好直接求解上述问题。支持向量机尝试直接估计贝叶斯准则且具有较好的几何解释。我们定义分割超平面（Hyperplane）$\{\boldsymbol{x} : f(\boldsymbol{x}) = \boldsymbol{\beta}^\top \boldsymbol{x} + \beta_0 = 0\}$，且分类决策函数即边界为 $G(\boldsymbol{x}) = \text{sign}(f(\boldsymbol{x})) = \text{sign}(\boldsymbol{\beta}^\top \boldsymbol{x} + \beta_0)$。如果样本点 $(\boldsymbol{x}_i, y_i)$ 被错分，显然有 $y_i f(\boldsymbol{x}_i) < 0$。

如图7.3所示，我们定义分离超平面为 $w^\top \boldsymbol{x} + b = 0$，其中，$w$ 和 b 分别对应模型中的 $\boldsymbol{\beta}$ 及 β_0。如果所有的样本不仅可以被超平面分开，还和超平面保持一定的函数距离，那么这样的情况被称为可分的线性支持向量机模型。和超平面平行的保持一定的函数距离的这两个超平面对应的向量，我们定义为支持向量（如图7.3中虚线所示）。

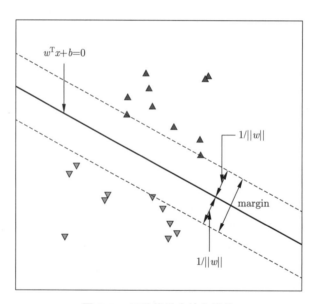

图 7.3 可分线性支持向量机

资料来源：Hastie et al., 2009.

假设上述边界的宽度（即两条虚线间的距离）为 $2C$，为了得到下列优化问题的解：

$$\max_{\boldsymbol{\beta}, \beta_0} C$$

$$\text{s.t.} \quad \frac{1}{\|\boldsymbol{\beta}\|} y_i \left(\boldsymbol{\beta}^\top \boldsymbol{x}_i + \beta_0\right) \geqslant C, \quad i = 1, \ldots, N$$

令 C = $1/\|\boldsymbol{\beta}\|$，上述优化问题等价于

$$\min_{\boldsymbol{\beta},\beta_0} \frac{1}{2}\|\boldsymbol{\beta}\|^2$$

$$\text{s.t. } y_i\left(\boldsymbol{\beta}^\top \boldsymbol{x}_i + \beta_0\right) \geqslant 1, \quad i = 1,\ldots,N$$

图 7.3 中两条超平面 (虚线) 分别代表 $\boldsymbol{\beta}^\top \boldsymbol{x} + \beta_0 = \pm 1$，因此拉格朗日函数可以写为：

$$\mathcal{L}_\text{P} = \min_{\boldsymbol{\beta},\beta_0} \frac{1}{2}\|\boldsymbol{\beta}\|^2 - \sum_{i=1}^{N}\alpha_i\left(y_i\left(\boldsymbol{x}_i^\top \boldsymbol{\beta} + \beta_0\right) - 1\right)$$

其中，$\alpha_i \geqslant 0$，对 $\boldsymbol{\beta}, \beta_0$ 求导并令其为 0，将所得到的结果代回 $\mathcal{L}_\text{P}$，得到对偶形式为：

$$\max_{\boldsymbol{\alpha}} \mathcal{L}_\text{D} = \max_{\boldsymbol{\alpha}} \sum_{i=1}^{N}\alpha_i - \frac{1}{2}\sum_{i=1}^{N}\sum_{i'=1}^{N}\alpha_i\alpha'_i y_i y'_i \boldsymbol{x}_i^\top \boldsymbol{x}'_i$$

使得 $\alpha_i \geqslant 0$ 以及 $\sum_{i=1}^{N}\alpha_i y_i = 0$，该优化问题可直接套用二次型优化求解。

上述讨论中，假设了所有样本都可以被决策边界正确地区分开。但在处理实际问题时，上述能够被完美区分的例子是十分罕见的。如图 7.4 所示，当数据是不可分的情况时，可以引入松弛变量 ξ_i 来进一步放宽约束条件。

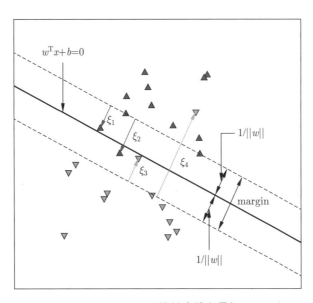

图 7.4 不可分线性支持向量机

资料来源：Hastie et al., 2009.

引入松弛变量 ξ_i 后，SVM 所考虑的优化问题如下：

$$\min_{\boldsymbol{\beta},\beta_0} \frac{1}{2}\|\boldsymbol{\beta}\|^2$$

$$\text{s.t.} \ y_i\left(\boldsymbol{\beta}^\top \mathrm{x}_i + \beta_0\right) \geqslant 1 - \xi_i, \quad i = 1, \ldots, N$$

$$\xi_i \geqslant 0, \quad \sum_{i=1}^N \xi_i \leqslant C$$

其中，参数 C 控制着松弛变量的总体大小，即对错误分类情况的容忍情况。有关最优的 C 的选取可以通过交叉验证的方法。ξ_i 的数值表明第 i 个样本是否位于决策超平面的另一侧。

Spark 的 MLlib 程序库里面提供了两种惩罚函数，即 $P_\lambda(\boldsymbol{\beta}) = \dfrac{\lambda}{2}\sum_{j=1}^p \beta_j^2$ 和 $P_\lambda(\boldsymbol{\beta}) = \lambda \sum_{j=1}^p |\beta_j|$，其中 λ 是可调参数。Spark 的缺省设置是选择 ℓ^2 惩罚项，所对应的函数为 L2Updater，而可调参数设置为 1.0。

采用 Spark 实现支持向量机的 Scala 代码示例如下：

```scala
import org.apache.spark.mllib.classification.{SVMModel, SVMWithSGD}
import org.apache.spark.mllib.evaluation.BinaryClassificationMetrics
import org.apache.spark.mllib.util.MLUtils

// 输入LIBSVM格式数据
val data = MLUtils.loadLibSVMFile(sc, "data/sample_libsvm_data.txt")

// 将数据分为训练集（60%)和测试集(40%)
val splits = data.randomSplit(Array(0.6, 0.4), seed = 11L)
val training = splits(0).cache()
val test = splits(1)

// 估计SVM参数
val numIterations = 100
val model = SVMWithSGD.train(training, numIterations)

//清除阈值设置
model.clearThreshold()

//计算预测值
val scoreAndLabels = test.map { point =>
  val score = model.predict(point.features)
  (score, point.label)
}
```

如果我们想把缺省的 ℓ^2 惩罚项换成 ℓ^1 惩罚项且调整一些参数，那么需要在调用 SVMWithSGD.train( ) 之前设置相关参数，具体示例如下：

```
import org.apache.spark.mllib.optimization.L1Updater
//设置相关参数
val svmL1 = new SVMWithSGD()
svmL1.optimizer.
  setNumIterations(200).
  setRegParam(0.1).
  setUpdater(new L1Updater)
val modelL1 = svmL1.run(training)

//计算预测值
val scoreAndLabels = test.map { point =>
  val score = model.predict(point.features)
  (score, point.label)
}
```

采用 PySpark 实现支持向量机的 Python 代码示例如下:

```
from pyspark.mllib.classification import SVMModel
from pyspark.mllib.classification import SVMWithSGD
from pyspark.mllib.evaluation import BinaryClassificationMetrics

// 载入数据,并将数据分为训练集（60%）和测试集（40%）
dfdata = spark.read.format("libsvm").load("data/sample_libsvm_data.txt")
(dftrain, dftest) = dfdata.randomSplit([0.6, 0.4])

// 训练模型
model = SVMWithSGD.train(dftrain, iterations=100)

//分类效果评估
modelTotalCorrect = dftest.map(lambda x: 1 if svm.predict(x.features) == x.label
                                              else 0).sum()
modelAccuracy = float(modelTotalCorrect)/dftest.count()
print("总体预测准确率为{}".format(modelAccuracy))

// AUC计算
scoreAndLabels = dftest.map(lambda x:(float(svm.predict(x.features)),x.label))
metrics = BinaryClassificationMetrics(scoreAndLabels)
print('PR值:{:.4f},AUC值:{:.4f}'.format(metrics.areaUnderPR, metrics.areaUnderROC))
```

7.2.3　线性判别分析

线性判别分析（Linear Discriminant Analysis, LDA）和3.2.4节介绍的高斯混合模型有类似之处，即它们均假设数据产生于若干个混合的正态分布。不同的是在线性判别分析中，训练集中每个观察值所属的类已知并且进一步假设了所有的正态分布的协方差矩阵相同。

假设数据产生于 K 个正态分布，则第 k 个正态分布的密度函数是：

$$f_k(\boldsymbol{x}) = \frac{1}{(2\pi)^{p/2}|\boldsymbol{\Sigma}|^{1/2}} \exp\left[-\frac{1}{2}(\boldsymbol{x}-\boldsymbol{\mu}_k)^\top \boldsymbol{\Sigma}^{-1}(\boldsymbol{x}-\boldsymbol{\mu}_k)\right]$$

其中，$\boldsymbol{x}$ 是一个 p 维向量。通过贝叶斯定理可知：

$$P(y=k|\boldsymbol{x}) = \frac{\pi_k f_k(\boldsymbol{x})}{\sum_{l=1}^{K} \pi_{l=1}^{K} f_l(\boldsymbol{x})} \tag{7.3}$$

那么，在预测一个新的样本 $\boldsymbol{x}_{new}$ 应该归于哪一类的时候，我们根据贝叶斯准则将该样本的类别预测为对应预测概率最大的那一类，即

$$k_{new} = \underset{k\in\{1,\ldots,K\}}{\operatorname{argmax}} P(y=k|\boldsymbol{x}_{new})$$

将正态分布的密度函数代入贝叶斯公式 (7.3) 之后，我们可以将问题转化为寻找类别 k_{new}，使得下面的判别函数在 $\boldsymbol{x}_{new}$ 处达到最大：

$$g_k(\boldsymbol{x}) = \boldsymbol{x}^\top \boldsymbol{\Sigma}^{-1} \boldsymbol{\mu}_k - 2^{-1} \boldsymbol{\mu}_k^\top \boldsymbol{\Sigma}^{-1} \boldsymbol{\mu}_k + \log \pi_k$$

因此，只需要估计 $\boldsymbol{\mu}_k$，$\boldsymbol{\Sigma}$ 以及 $\pi_k(k=1,\ldots,K)$，就可以预测 $\boldsymbol{x}_{new}$ 所属的类别了。假设用于估计参数的数据集为 $(\boldsymbol{x}_1^\top, y_1)^\top, \ldots, (\boldsymbol{x}_N^\top, y_N)^\top$，其中 $\boldsymbol{x}_i$ 是预测变量，而 y 是属性变量，取值空间为 $\{1,\ldots,K\}$。那么我们可以用以下公式来估计参数：

$$\hat{\pi}_k = \sum_{i=1}^{N} I(y_i = k)/N$$

$$\widehat{\boldsymbol{\mu}}_k = \sum_{i=1}^{N} \boldsymbol{x}_i I(y_i=k) / \sum_{i=1}^{N} I(y_i = k)$$

$$\widehat{\boldsymbol{\Sigma}} = \sum_{k=1}^{K}\sum_{i=1}^{N}(\boldsymbol{x}_i - \widehat{\boldsymbol{\mu}}_k)(\boldsymbol{x}_i - \widehat{\boldsymbol{\mu}}_k)^\top I(y_i=k)/(N-K)$$

由于之前实现过高斯混合模型的编程，我们把线性判别法的 Spark 编程实现留给读者。

练习 7.2 假设 $K=4$，$p=2$，请从正态分布 $N(\boldsymbol{\mu}_k, \boldsymbol{I})$ 中各产生 500 个数据，其中 $\boldsymbol{\mu}_1 = (0,0)^\top, \boldsymbol{\mu}_2 = (2,0)^\top, \boldsymbol{\mu}_3 = (0,2)^\top, \boldsymbol{\mu}_4 = (2,2)^\top$。这样我们总共有 2000 个数据，请利用这些数据来估计线性判别法里面的所有参数。

提示：可以考虑用成对 RDD 来进行分布式计算。

7.2.4 决策树

决策树（Decision Tree）是另外一种常用的分类分析的机器学习方法。这类方法将数据按照预测变量的取值空间划分范围，从而生成树形结构。每一棵树的叶节点

（Leaf Node）代表了从树的顶端至底端的一系列给定预测变量的取值范围（或条件）。因此，每个底端的树叶都实际上对应着一个预测变量取值空间的某个区域，每个落入该区域的数据都被假设拥有相同的响应变量取值（这些数值可以是连续型，也可以是离散型）。

给定一组样本 $(\boldsymbol{x}_1^\top, y_1)^\top, \ldots, (\boldsymbol{x}_N^\top, y_N)^\top$，我们首先来考虑响应变量 y 为连续型的情况，这时候对应的决策树又被称为**回归树**（Regression Tree）。我们将落入同一个区域的观察值的响应变量取值平均，并记为 $\hat{y}_{\mathbb{D}_l}$，$l = 1, \ldots, L$，那么我们的目标就是寻找一种对预测变量取值空间的最优划分从而最小化以下的残差平方和：

$$\sum_{l=1}^{L} \sum_{i=1}^{N} (y_i - \hat{y}_{\mathbb{D}_l})^2 I(\boldsymbol{x}_i \in \mathbb{D}_l)$$

然而，最小化以上的目标函数在算法上非常耗费时间，尤其在数据量较大的时候，全局最优几乎很难找到。

在实际操作中，我们往往采用一些贪婪（Greedy）算法来生成相关决策树模型，即从上而下地，每次都在给定当前划分区域的条件下寻找下一次划分的最优方式。具体说来，我们需要根据一些准则决定按照哪个预测变量来确定划分预测变量空间的最优方案，即我们需要确定 j 和 r 最小化以下的函数：

$$\sum_{i=1}^{N} (y_i - \hat{y}_{\mathbb{R}^*(j,r)})^2 I(\boldsymbol{x}_i \in \mathbb{R}^*(j,r)) + \sum_{i=1}^{N} (y_i - \hat{y}_{\mathbb{R}^p - \mathbb{R}^*(j,r)})^2 I(\boldsymbol{x}_i \in \mathbb{R}^p - \mathbb{R}^*(j,r))$$

其中，$\mathbb{R}^*(j, r) = \{\boldsymbol{x} | x_j < r\}$。

在生成树的过程中，如果不设置很好的停止准则，那么很容易产生过度拟合（Overfitting）问题。Spark 提供了以下三种准则：

（i）maxDepth：设置树的最大深度；

（ii）minInstancesPerNode：设定每个叶节点中至少包含的数据样本数；

（iii）minInfoGain：设定分支之后目标函数值减少的最小阈值，即带来的目标函数取值的变化至少要达到 minInfoGain 设置的数值。

采用 Spark 实现决策树的 Scala 代码示例如下：

```scala
import org.apache.spark.mllib.tree.DecisionTree
import org.apache.spark.mllib.tree.model.DecisionTreeModel
import org.apache.spark.mllib.util.MLUtils

// 输入和格式化数据
val data = MLUtils.loadLibSVMFile(sc, "data/sample_libsvm_data.txt")
// 将70%的数据划分为训练集，30%的数据作为测试集
val splits = data.randomSplit(Array(0.7, 0.3))
val (trainingData, testData) = (splits(0), splits(1))

// 建立决策树模型
```

```
// 清空categoricalFeaturesInfo表明所有的变量都是连续的，但是如果有一些变量是离散的，
   那么我们需要通过categoricalFeaturesInfo来设置，如：将categoricalFeaturesInfo
   设置为Map(0 -> 2, 4 -> 10) 表示第一个和第五个变量是离散的，分别取值为{0,1}和
   {0,1,2,3,4,5,6,7,8,9}
val categoricalFeaturesInfo = Map[Int, Int]()
val impurity = "variance"//用来设置生成树的时候的目标函数，这里意味着回归树
val maxDepth = 5
val maxBins = 32//设置划分空间的时候的最小变动单位

val model = DecisionTree.trainRegressor(trainingData, categoricalFeaturesInfo,
                                        impurity, maxDepth, maxBins)

// 用测试数据计算分类错误比例
val labelsAndPredictions = testData.map { point =>
  val prediction = model.predict(point.features)
  (point.label, prediction)
}
val testMSE = labelsAndPredictions.map{case(v,p) => math.pow(v-p,2)}.mean()
println("Test Mean Squared Error = " + testMSE)
println("Learned regression tree model:\n" + model.toDebugString)
```

分类树（Classification Tree）的生成方式和回归树类似，只是响应变量变成离散型，因此我们需要考虑其他的目标函数。Spark 提供了以下两种选择方案：

（i）impurity = "gini"：$\sum_{k=1}^{K}\hat{p}_{lk}(1-\hat{p}_{lk})$，其中，$\hat{p}_{lk}$ 表示第 l 个区域中的数据属于第 k 类的比例；

（ii）impurity = "entropy"：$-\sum_{k=1}^{K}\hat{p}_{lk}\log\hat{p}_{lk}$。

采用 Spark 实现决策树的 Scala 代码如下：

```
import org.apache.spark.mllib.tree.DecisionTree
import org.apache.spark.mllib.tree.model.DecisionTreeModel
import org.apache.spark.mllib.util.MLUtils

//输入和格式化数据
val data = MLUtils.loadLibSVMFile(sc, "data/sample_libsvm_data.txt")
// 将数据分为训练集（70%）和测试集（30%）
val splits = data.randomSplit(Array(0.7, 0.3))
val (trainingData, testData) = (splits(0), splits(1))

val numClasses = 2//设置类的个数，即K
val categoricalFeaturesInfo = Map[Int, Int]()
```

```
val impurity = "gini"
val maxDepth = 5
val maxBins = 32

val model = DecisionTree.trainClassifier(trainingData, numClasses,
        categoricalFeaturesInfo, impurity, maxDepth, maxBins)

//评估在测试集上的分类效果
val labelAndPreds = testData.map { point =>
  val prediction = model.predict(point.features)
  (point.label, prediction)
}
val testErr =
  labelAndPreds.filter(r => r._1!=r._2).count().toDouble/testData.count()
println("Test Error = " + testErr)
println("Learned classification tree model:\n" + model.toDebugString)
```

以上程序产生的分类树结果如图7.5所示，可以看得出来，数据先按照第 406 个协变量划分成两个空间，然后再按照第 100 个协变量划分。

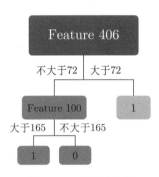

图 7.5　分类树结果

利用决策树来对数据进行分类，比较简单易懂，并可以通过图示的形式展现，然而其分类效果和其他的方法比较起来颇有不如，但是通过一些决策树的改进方法可以大幅提高其预测精度（基本都是通过引入一些随机性，如自举法，生成众多的决策树之后，通过某种形式的平均来消除之前存在的很多噪声），比如随机森林（Random Forest）、梯度促进决策树（Gradient Boosting Decision Tree）。对这类方法感兴趣的读者可参看 Hastie et al. (2009)。Spark 已经提供了随机森林和梯度促进决策树的方法，感兴趣的读者可以参考其在线帮助文档（http://spark.apache.org/docs/latest/mllib-ensembles.html）。

采用 PySpark 实现决策树的 Python 代码如下：

```
from pyspark.ml import Pipeline
from pyspark.ml.classification import DecisionTreeClassifier
from pyspark.ml.feature import StringIndexer, VectorIndexer
```

```
from pyspark.ml.evaluation import MulticlassClassificationEvaluator

// 载入数据
dfdata = spark.read.format("libsvm").load("data/sample_libsvm_data.txt")
(dftrain, dftest) = dfdata.randomSplit([0.7, 0.3])

// 对label进行序号标注, 将字符串换成整数序号
labelIndexer = StringIndexer(inputCol="label", outputCol="indexedLabel").fit(dfdata)

// 处理分类特征, 类别如果超过4将视为连续值
featureIndexer =\
    VectorIndexer(inputCol="features", outputCol="indexedFeatures",
      maxCategories=4).fit(dfdata)

// 构建一个决策树模型
dt = DecisionTreeClassifier(labelCol="indexedLabel", featuresCol="indexedFeatures")

// 构建流水线
pipeline = Pipeline(stages=[labelIndexer, featureIndexer, dt])

// 训练流水线
model = pipeline.fit(dftrain)

dfpredictions = model.transform(dftest)

dfpredictions.select("prediction", "indexedLabel", "features").show(5)

// 评估模型误差
evaluator = MulticlassClassificationEvaluator(
    labelCol="indexedLabel", predictionCol="prediction", metricName="accuracy")
accuracy = evaluator.evaluate(dfpredictions)
print("Test Error = %g " % (1.0 - accuracy))
treeModel = model.stages[2]
print(treeModel)
```

7.3 数据降维

数据降维是一种非常有用的统计方法。我们可以通过降维的方法来获取重要的数据特征，从而帮助数据分析人员理解数据中蕴含的最重要的关联关系。我们介绍两类主要的数据降维方法。一类方法是基于正则化框架的降维，如引入可产生稀疏性的一些正则项（Regularizer）。另一类方法包括主成分分析（Principal Component Analysis, PCA）

以及奇异值分解（Singular Value Decomposition，SVD）等。

7.3.1 基于正则化的稀疏性方法

在目前很多高维/超高维数据分析中，所收集到的数据往往展现出很高的维度，即 $p > n$。这时，我们所熟知的最小二乘估计方法不再适用。为了处理该类问题，我们可以考虑所谓的岭回归，即

$$\widehat{\boldsymbol{\beta}}(\lambda) = \underset{\boldsymbol{\beta}}{\operatorname{argmin}} \frac{1}{2} \|\boldsymbol{y} - \boldsymbol{X}\boldsymbol{\beta}\|_2^2 + \lambda \|\boldsymbol{\beta}\|_2^2$$

其中，$\|\cdot\|_2$ 表示 ℓ^2 范数。显然上述求解问题是有显式解的，但在大数据分布式背景下，我们可以尝试采用梯度下降算法，给出岭回归估计的迭代公式是：

$$\boldsymbol{\beta}^{(t+1)} = \boldsymbol{\beta}^{(t)} - \gamma^{(t)}[\boldsymbol{X}^\top(\boldsymbol{y} - \boldsymbol{X}\boldsymbol{\beta}^{(t)}) + \lambda\boldsymbol{\beta}^{(t)}] = (1 - \gamma^{(t)}\lambda)\boldsymbol{\beta}^{(t)} - \gamma^{(t)}\boldsymbol{X}^\top(\boldsymbol{y} - \boldsymbol{X}\boldsymbol{\beta}^{(t)})$$

值得注意的是 $\widehat{\boldsymbol{\beta}}(\lambda)$ 是一个有偏的估计，并且其所估计的系数均不为零。但在实际问题中，往往只有很少部分解释变量和响应变量真正相关，因此一些稀疏性估计方法也被提了出来。其中，最为著名的是 Lasso 估计。Lasso 估计量可以通过求解下面的式子得到：

$$\widehat{\boldsymbol{\beta}}(\lambda) = \underset{\boldsymbol{\beta}}{\operatorname{argmin}} \frac{1}{2} \|\boldsymbol{y} - \boldsymbol{X}\boldsymbol{\beta}\|_2^2 + \lambda \|\boldsymbol{\beta}\|_1 \tag{7.4}$$

其中，$\boldsymbol{\beta} = (\beta_1, \ldots, \beta_p)^\top$，$\lambda$ 是一个调试参数，而 $\|\cdot\|_1$ 表示 ℓ^1 范数。

由式 (7.4) 可见，Lasso 估计方法和我们熟悉的岭回归估计方法的主要差别就在于惩罚项上，前者考虑的是 ℓ^1 范数，而后者是 ℓ^2 范数。正是由于这一小小的改变，Lasso 估计量具有非常好的变量选择效果。Tibshirani (1996) 曾用一些简单的几何图形（见图7.6）对于为何 Lasso 能进行变量选择做出了形象解释，如果 λ 足够大，就会有一些系数被压缩成零。

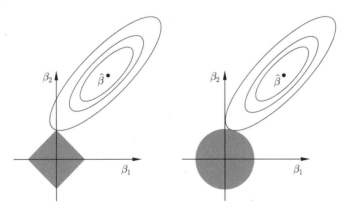

图 7.6 岭回归和 Lasso 的几何解释

资料来源：Tibshirani, 1996.

当设计矩阵满足正交条件，即 $\boldsymbol{X}^\top\boldsymbol{X} = \boldsymbol{I}_p$ 时，我们可以采用如下的软阈值算子 (Solf-Thresholding Operator) 直接得到 Lasso 估计量：

$$\hat{\beta}_j(\lambda) = \text{sign}(\hat{\beta}_j)(|\hat{\beta}_j| - \lambda)_+, \quad j = 1, \ldots, p$$

其中，sign 表示符号函数。Apache Spark 系统利用上面的关系给出了 Lasso 估计量，即先计算不考虑惩罚项的梯度迭代，再利用软阈值算子得到正则化估计量。这样的迭代计算方法通常被认为能够带来更好的稀疏性。更多有关 Lasso 估计量的介绍以及其他主流变量选择的方法可参见 Bühlmann 和 van de Geer (2011)。

由上述正交情况可知，Lasso 估计量仍然是有偏的。为了有效纠正有关估计的偏差，一些渐近无偏的变量选择方法也被提了出来，如 SCAD 方法 (Fan and Li, 2001) 以及 MCP 方法 (Zhang, 2010) 等。考虑 SCAD 方法，我们只需要将式 (7.4) 中的正则化项换成：

$$P_{\lambda,\gamma}(|\beta|) = \lambda|\beta|I(0 \leqslant |\beta| < \lambda) + \frac{\gamma\lambda|\beta| - (|\beta|^2 + \lambda^2)/2}{\gamma - 1}I(\lambda \leqslant |\beta| \leqslant \gamma\lambda)$$
$$+ \frac{(\gamma+1)\lambda^2}{2}I(|\beta| > \gamma\lambda)$$

其中，$\gamma > 2$，该方法不仅能有效选择显著变量，还可以渐近无偏地估计出相应的系数。更主要的是，Fan 和 Li (2001) 在文献中指出当 $p = o(n^{1/3})$ 时，SCAD 方法具有 Oracle 性质，比 Lasso 方法稳定性好，且计算上也容易实现。另一种渐近无偏估计量为基于 MCP 惩罚的正则化方法 (Zhang, 2010)，其具体形式为：

$$P_{\lambda,\gamma}(|\beta|) = \frac{\lambda|\beta| - |\beta|^2}{2\gamma}I(|\beta| \leqslant \gamma\lambda) + \frac{\gamma\lambda^2}{2}I(|\beta| > \gamma\lambda)$$

其中，$\gamma > 1$。

Spark 编程

Apache Spark 系统已经提供了一个 GradientDescent 类用于（随机）梯度下降算法的优化计算，在这个类中，我们需要通过类中的函数 Gradient 来设置梯度（自己编写，或者用 Spark 已经实现的一些方法提供的梯度）。

下面的程序实现了计算最小二乘法所需要的（随机）梯度下降算法。

```
package org.apache.spark.mllib.optimization
import org.apache.spark.annotation.DeveloperApi
import org.apache.spark.mllib.linalg.{DenseVector, Vector, Vectors}
import org.apache.spark.mllib.linalg.BLAS.{axpy, dot, scal}
import org.apache.spark.mllib.util.MLUtils

class LeastSquaresGradient extends Gradient {
        override def compute(data: Vector, label: Double, weights: Vector):
        (Vector, Double) = {
            val diff = dot(data, weights) - label
            val loss = diff * diff / 2.0
            val gradient = data.copy
```

```
            scal(diff, gradient)
            (gradient, loss)
        }

        override def compute(
            data: Vector,
            label: Double,
            weights: Vector,
            cumGradient: Vector): Double = {
            val diff = dot(data, weights) - label
            axpy(diff, data, cumGradient)
            diff * diff / 2.0
        }
    }
```

其中，输入参数中的 data 实际上是我们的某一个观察值中的解释变量 x，而 label 则是该观察值中的相应变量的取值 y，weights 则对应于解释变量的系数 β_0 估计；dot(data,weights) 实现了向量的乘法计算，实际上是 $x^\top \widehat{\beta}$；val gradient = data.copy 将 data 赋值给变量 gradient；scal(diff,gradient) 实现了计算 gradient=diff*gradient；axpy(diff,data,cumGradient) 实现计算 cumGradient=cumGradient+diff*data，用于求解点 $(x^\top, y)^\top$ 处的梯度。具体程序可查看在线文档（https://github.com/apache/spark/blob/master/mllib/src/main/scala/org/apache/spark/mllib/linalg/BLAS.scala）。

我们还需要设置 GradientDescent 类中的 Updater 函数来实现真正的梯度计算。Spark 内置了三种类的选择，即 SimpleUpdater、L1Updater 和 SquaredL2Updater。SimpleUpdater 类不考虑任何惩罚项，L1Updater 类考虑了 ℓ^1 范数惩罚项（即 Lasso 回归），而 SquaredL2Updater 类则考虑了 ℓ^2 范数惩罚项（即岭回归）。这三个 Updater 类的具体程序如下（来源：https://github.com/esjewett/spark-1/blob/master/mllib/src/main/scala/org/apache/spark/mllib/optimization/Updater.scala）：

```
package org.apache.spark.mllib.optimization
import scala.math._
import breeze.linalg.{axpy => brzAxpy, norm => brzNorm, Vector => BV}
import org.apache.spark.annotation.DeveloperApi
import org.apache.spark.mllib.linalg.{Vector, Vectors}
/**
 * :: DeveloperApi ::
 * Class used to perform steps (weight update) using Gradient Descent methods.
 *
 * For general minimization problems, or for regularized problems of the form
 *       min  L(w) + regParam * R(w),
 * the compute function performs the actual update step, when given some
```

```scala
 * (e.g. stochastic) gradient direction for the loss L(w),
 * and a desired step-size (learning rate).
 *
 * The updater is responsible to also perform the update coming from the
 * regularization term R(w) (if any regularization is used).
 */
@DeveloperApi
abstract class Updater extends Serializable {
    /**
     * Compute an updated value for weights given the gradient, stepSize, iteration
     * number and regularization parameter. Also returns the regularization value
     * regParam * R(w)
     * computed using the *updated* weights.
     *
     * @param weightsOld - Column matrix of size dx1 where d is the number of features.
     * @param gradient - Column matrix of size dx1 where d is the number of features.
     * @param stepSize - step size across iterations
     * @param iter - Iteration number
     * @param regParam - Regularization parameter
     *
     * @return A tuple of 2 elements. The first element is a column matrix containing
     * updated weights, and the second element is the regularization value computed
     * using updated weights.
     */
    def compute(
    weightsOld: Vector,
    gradient: Vector,
    stepSize: Double,
    iter: Int,
    regParam: Double): (Vector, Double)
}

//无惩罚的Updater函数
/**
 * :: DeveloperApi ::
 * A simple updater for gradient descent *without* any regularization.
 * Uses a step-size decreasing with the square root of the number of iterations.
 */
@DeveloperApi
class SimpleUpdater extends Updater {
    override def compute(
    weightsOld: Vector,
```

```scala
        gradient: Vector,
        stepSize: Double,
        iter: Int,
        regParam: Double): (Vector, Double) = {
            val thisIterStepSize = stepSize / math.sqrt(iter)
            val brzWeights: BV[Double] = weightsOld.toBreeze.toDenseVector
            brzAxpy(-thisIterStepSize, gradient.toBreeze, brzWeights)
            (Vectors.fromBreeze(brzWeights), 0)
        }
}

//L1惩罚的Updater函数
/**
* :: DeveloperApi ::
* Updater for L1 regularized problems.
*          R(w) = ||w||_1
* Uses a step-size decreasing with the square root of the number of iterations.
* Instead of subgradient of the regularizer, the proximal operator for the
* L1 regularization is applied after the gradient step. This is known to
* result in better sparsity of the intermediate solution.
*
* The corresponding proximal operator for the L1 norm is the soft-thresholding
* function. That is, each weight component is shrunk towards 0 by shrinkageVal.
*
* If w >  shrinkageVal, set weight component to w-shrinkageVal.
* If w < -shrinkageVal, set weight component to w+shrinkageVal.
* If -shrinkageVal < w < shrinkageVal, set weight component to 0.
*
* Equivalently, set weight component to signum(w) * max(0.0, abs(w) - shrinkageVal)
*/
@DeveloperApi
class L1Updater extends Updater {
    override def compute(
    weightsOld: Vector,
    gradient: Vector,
    stepSize: Double,
    iter: Int,
    regParam: Double): (Vector, Double) = {
        val thisIterStepSize = stepSize / math.sqrt(iter)
        // Take gradient step
        val brzWeights: BV[Double] = weightsOld.toBreeze.toDenseVector
        brzAxpy(-thisIterStepSize, gradient.toBreeze, brzWeights)
```

```
                // Apply proximal operator (soft thresholding)
                val shrinkageVal = regParam * thisIterStepSize
                var i = 0
                val len = brzWeights.length
                while (i < len) {
                    val wi = brzWeights(i)
                    brzWeights(i) = signum(wi) * max(0.0, abs(wi) - shrinkageVal)
                    i += 1
                }
                (Vectors.fromBreeze(brzWeights), brzNorm(brzWeights, 1.0) * regParam)
        }
}

//L2惩罚的Updater函数
/**
 * :: DeveloperApi ::
 * Updater for L2 regularized problems.
 *          R(w) = 1/2 ||w||^2
 * Uses a step-size decreasing with the square root of the number of iterations.
 */
@DeveloperApi
class SquaredL2Updater extends Updater {
    override def compute(
    weightsOld: Vector,
    gradient: Vector,
    stepSize: Double,
    iter: Int,
    regParam: Double): (Vector, Double) = {
        // add up both updates from the gradient of the loss (= step) as well as
        // the gradient of the regularizer (= regParam * weightsOld)
        // w' = w - thisIterStepSize * (gradient + regParam * w)
        // w' = (1 - thisIterStepSize * regParam) * w - thisIterStepSize * gradient
        val thisIterStepSize = stepSize / math.sqrt(iter)
        val brzWeights: BV[Double] = weightsOld.toBreeze.toDenseVector
        brzWeights :*= (1.0 - thisIterStepSize * regParam)
        brzAxpy(-thisIterStepSize, gradient.toBreeze, brzWeights)
        val norm = brzNorm(brzWeights, 2.0)
        (Vectors.fromBreeze(brzWeights), 0.5 * regParam * norm * norm)
    }
}
```

上面的程序用到了一些常用的程序包，如 Breeze。该程序包可以用来进行向量化的数据计算，与 R 语言、Matlab 语言的一些向量化运算的功能类似。

7.3.2 示例：SCAD、MCP 等正则化项的 Scala 代码实现

我们可以通过写出类似于上面程序的 Updator 类来实现不同的变量选择方法，如 SCAD (Fan and Li, 2001)、自适应 Lasso (Zou, 2006)、MCP (Zhang, 2010) 等。下面的代码是利用 Updater 类来实现 SCAD 惩罚和 MCP 惩罚。

```scala
/**
 * :: DeveloperApi ::
 * 用于SCAD惩罚的Updater函数
 * 采用与迭代次数平方根成比例的迭代步长
 */
@DeveloperApi
class SCADUpdater(lamda:Double,gamma:Double) extends
org.apache.spark.mllib.optimization.Updater {
    override def compute(
        weightsOld: Vector,
        gradient: Vector,
        stepSize: Double,
        iter: Int,
        regParam: Double): (Vector, Double) = {
    val thisIterStepSize = stepSize / math.sqrt(iter)
        val brzWeights: BDV[Double] = new BDV(weightsOld.toArray)
    brzWeights := brzWeights - thisIterStepSize * regParam * brzWeights.map(i =>
    {if(i>=0 && i<lamda) (lamda) else (if(lamda<=i &&
    i<=lamda*gamma)((gamma*lamda-i)/(gamma-1))else(0)}
    brzAxpy(-thisIterStepSize, new BDV(gradient.toArray), brzWeights)
        val penalty:Double=brzWeights.map({i=>if(i>=0 && i<lamda) (lamda*i) else
    (if(lamda<=i &&
    i<=lamda*gamma)((gamma*lamda*i-(i*i+lamda*lamda)/2)/(gamma-1))else((gamma+1)*lam
    da*lamda/2))}).reduce((x,y)=>x+y).apply(0)
        (new SDV(brzWeights.data), penalty)
    }
}

/**
 * :: DeveloperApi ::
 * 用于MCP惩罚的Updater函数
 * 采用与迭代次数平方根成比例的迭代步长
 */
@DeveloperApi
abstract class Updater extends Serializable {
```

```
def compute(
  weightsOld: Vector,
  gradient: Vector,
  stepSize: Double,
    iter: Int,
  regParam: Double): (Vector, Double)
}//定义用于拓展MCP类Updater函数的抽象类

@DeveloperApi
Class MCPUpdater(lamda:Double,gamma:Double) extends
org.apache.spark.mllib.optimization.Updater {
override def compute(
    weightsOld: Vector,
    gradient: Vector,
    stepSize: Double,
    iter: Int,
    regParam: Double): (Vector, Double) = {
    val thisIterStepSize = stepSize / math.sqrt(iter)
    val brzWeights: BDV[Double] = new BDV(weightsOld.toArray)
    brzWeights :*= (1.0 - thisIterStepSize * regParam)
    brzAxpy(-thisIterStepSize, new BDV(gradient.toArray), brzWeights)
    val median:Double=brzWeights.map({i=>
                        if(i<lamda*gamma) (lamda*i-i*i)/(2*gamma)
    else (gamma*lamda*lamda)/2}).reduce(_ + _).apply(0)
    (new SDV(brzWeights.data), median)
  }
}
```

Spark 允许我们通过类中的函数 miniBatchFraction 来设置（随机）梯度下降算法中所采用的随机抽取的样本比例，用于随机梯度的计算。参数 stepSize 和（随机）梯度下降算法的迭代公式中的参数 γ 相关，在 Spark 的 MLlib 程序库中，会使用 stepSize/math.sqrt(iter) 作为 $\gamma^{(t)}$ 的取值。参数 numIterations 用来控制最大的迭代次数，而参数 regParam 则用来设置惩罚项的权重和参数 λ。

下面的程序产生了一个样本量为 40 的数据集，在数据集中的解释变量的个数是 2000，我们的相应变量的取值为 1 或者 0。我们对该数据拟合逻辑回归，并通过（随机）梯度下降算法（用所有的数据，即设置 miniBatchFrac = 1.0）来估计参数。我们采用的是 Lasso 惩罚项，也可根据前文定义的 Updater 类换成不同的惩罚项。需要注意的是，在我们调用 runMiniBatchSGD() 时，输入的数据 points 需要是一个 RDD 格式数据，且数据中的每个记录需要为 Tuple 格式：(Double, Vector)。其中，Vector 是 MLlib 程序库里面对应的 Vector 格式数据；而输入变量 Vectors.dense(new Array[Double](p)) 是估计参数时的初始值。

```
import scala.collection.JavaConverters._
import scala.util.Random
import org.apache.spark.mllib.linalg.Vectors
import org.apache.spark.mllib.regression._
import org.apache.spark.mllib.optimization.{GradientDescent,
                LogisticGradient, SquaredL2Updater}

val gradient = new LogisticGradient()
val updater = new SquaredL1Updater()
val stepSize = 0.1
val numIterations = 10
val regParam = 1.0
val miniBatchFrac = 1.0

val n = 40
val p = 2000
val points = sc.parallelize(0 until n, 2).map {iter =>
val random = new Random()
val u = random.nextDouble()
val y = if(u>0.5)1.0 else 0.0
(y, Vectors.dense(Array.fill(p)(random.nextDouble())))
}

val (weights, loss) = GradientDescent.runMiniBatchSGD(
points,
gradient,
updater,
stepSize,
numIterations,
regParam,
miniBatchFrac,
Vectors.dense(new Array[Double](p)))
```

练习 7.3 编写弹性网（Elastic Net）惩罚 (Zou and Hastie, 2005) 所对应的 Updater 函数。在分析上述逻辑回归模型产生的数据时，将 Updater 类替换成弹性网惩罚所对应的 Updater 类并完成相关系数的估计。弹性网的惩罚函数表达式是：

$$P_{\alpha,\lambda}(u) = \alpha|u| + (1-\alpha)u^2/2$$

其中，α 是一个 0 到 1 之间的数。

7.3.3 主成分分析

主成分分析主要是用来分析若干个随机变量的方差-协方差矩阵的结构。假设我我们感兴趣的随机变量是 $X_1,\ldots,X_p$，其方差-协方差矩阵是 Σ。根据矩阵的谱分解（Spectral Decomposition）定理，我们知道存在唯一 $p\times p$ 正交矩阵 Q 以及 $p\times p$ 对角矩阵 Λ，其中 Λ 的对角元素 $\lambda_1,\ldots,\lambda_p$ 满足 $\lambda_1 \geqslant \lambda_2 \geqslant \ldots \geqslant \lambda_p \geqslant 0$，使得

$$\Sigma = Q\Lambda Q^\top$$

我们试图找到随机变量 $X_1,\ldots,X_p$ 的某些线性组合从而使得这些组合能够表达数据所带的主要信息，那么这些组合就可以被认为是主成分。根据 Johnson 和 Wichern (2003) 的结论 8.1，我们知道第 k 个主成分可以写成 $q_k^\top X$，其中 $X = (X_1,\ldots,X_p)^\top$，$q_k$ 是矩阵 Q 的第 k 个列向量。并且有

$$\mathrm{Var}(q_k^\top X) = q_k^\top \Sigma q_k = \lambda_k, \quad k=1,\ldots,p$$
$$\mathrm{Cov}(q_k^\top X, q_l^\top X) = q_k^\top \Sigma q_l = 0, \quad k \neq l$$

在实际数据分析中，Σ 通常未知，我们不得不通过实际观察值来估计样本方差-协方差矩阵，然后再求得样本主成分。

Apache Spark 系统已经实现了主成分分析，我们可以方便地通过程序库 MLlib 来创建矩阵对象，然后再求得样本主成分，如下面的程序所示：

```
import org.apache.spark.mllib.linalg.{Vector,Vectors,Matrix}
import org.apache.spark.mllib.linalg.distributed.RowMatrix
import java.util.concurrent.ThreadLocalRandom
//创建矩阵
val r = ThreadLocalRandom.current
val rows = sc.parallelize((1 to 100).map(i =>
Vectors.dense(r.nextGaussian,r.nextGaussian,r.nextGaussian)))
val mat: RowMatrix = new RowMatrix(rows)

// 得到最大的一个主成分
val pc: Matrix = mat.computePrincipalComponents(1)

// 将每一个观察值投影至一个主成分张成的空间
val projected: RowMatrix = mat.multiply(pc)
projected.rows.take(5)
```

7.3.4 奇异值分解

对于一个任意维数的矩阵，例如一个 $p\times q$ 矩阵 D，我们可以类似地考虑一种分解，即奇异值分解。具体来说，存在唯一 $p\times d$ 正交矩阵 U 和 $d\times q$ 正交矩阵 V 以及 $d\times d$ 对角矩阵 Λ，恰好使得下式成立：

$$D = U\Lambda V^\top$$

其中，Λ 的对角元素 $\lambda_1,\ldots,\lambda_d$ 满足 $\lambda_1 \geqslant \lambda_2 \geqslant \lambda_d \geqslant 0$，而 $d \leqslant \min\{p,q\}$。矩阵 U 和 V 的列向量分别被称作**左奇异向量**和**右奇异向量**，而 λ 则被称作**奇异值**。我们可以通

过奇异值分解来类似地判断所需的奇异值个数，从而达到数据降维的目的。

Apache Spark 也实现了奇异值分解，程序示例如下：

```
import org.apache.spark.mllib.linalg.{Vector,Vectors,Matrix}
import org.apache.spark.mllib.linalg.distributed.RowMatrix
import org.apache.spark.mllib.linalg.SingularValueDecomposition
import java.util.concurrent.ThreadLocalRandom
//创建矩阵
val r = ThreadLocalRandom.current
val rows = sc.parallelize((1 to 100).map(i =>
Vectors.dense(r.nextGaussian,r.nextGaussian,r.nextGaussian)))
val mat: RowMatrix = new RowMatrix(rows)
val svd: SingularValueDecomposition[RowMatrix, Matrix] =
                        mat.computeSVD(2, computeU = true)
val U: RowMatrix = svd.U // 左奇异向量U是一个分布式RowMatrix类型
val s: Vector = svd.s // 奇异值存储在一个密集向量中
val V: Matrix = svd.V // 右奇异向量存储在一个密集矩阵中
```

7.3.5 示例：基于分布式计算的主成分分析

在这一小节中，我们将通过一个具体的例子来实现数据降维。首先，我们需要下载一个数据集文件 "lfw-a.tgz"（http://vis-www.cs.umass.edu/lfw/）。这个数据集由姓氏为 A 开头的人的照片组成，总共有 1055 张。下载下来的数据是一个 tgz 格式的压缩文档，我们可以先上传至服务器，然后执行命令：

```
tar xfvz lfw-a.tgz
```

执行完成之后，就会出现一个目录 lfw，该目录下有若干个子目录，每个子目录保存了一个人的若干张照片。

我们需要通过执行下面的命令来将服务器硬盘上的目录 lfw 移至 Hadoop 分布式存储空间中去，否则 Spark 将无法读取该目录下的数据：

```
hadoop fs -put /PATH1/lfw /PATH2
```

其中，PATH1 是服务器的路径，而 PATH2 是 Hadoop 空间的目录。比如说，PATH1 是 home/xingdong，而 PATH2 是 user/xingdong。为了方便，我们下面将 PATH1 设置为 home/xingdong，而将 PATH2 设置为 user/xingdong。

然后，我们使用 Apache Spark 中的命令 wholeTextFiles 将这些图像当作文本一次性地读入。这样做的主要目的是得到所有文件的存储路径及其文件名。

```
val path = "/user/xingdong/lfw/*"
val rdd = sc.wholeTextFiles(path)
println(rdd.first)
```

其显示结果如下：

```
res9: (String, String) =
(hdfs://192.168.63.65:9000/user/xingdong/lfw/AJ_Cook/AJ_Cook_0001.jpg,
 ...
```

可以很明显地看到该 RDD 数据集由若干个关键值对（Key-Value Pairs）组成，其中的关键值就是文件存储路径及其文件名。我们可以通过以下语句来提取这 1055 张图片的存储路径及其文件名。

```
val files = rdd.map{case (filename, image) => filename }
```

读取图片　每一张彩色图片可以用一个三维矩阵来表达，其中，前两个维度分别表示一个像素在二维平面中的横坐标和纵坐标，第三个维度表示了三色法（RGB）中的取值。我们可以通过 Java 中的 imageio 类来读取图像并使用 awt 类来处理图像。此外，我们还需要调用一些 Hadoop 的类来支持 Java 系统能正确识别分布式存储系统中 lfw 目录中的图片存放位置。具体实现函数如下：

```
import java.awt.image.BufferedImage
import java.net.URI
import javax.imageio.ImageIO
import org.apache.hadoop.conf.Configuration
import org.apache.hadoop.fs.FSDataInputStream
import org.apache.hadoop.fs.FileSystem
import org.apache.hadoop.fs.Path

def loadImageFromFile(path: String): BufferedImage =
{val conf = new Configuration()
val fs = FileSystem.get(URI.create(path),conf)
val fileInputPath = new Path(path)
val fsInStream = fs.open(fileInputPath)
ImageIO.read(fsInStream)}
```

我们定义了一个函数 loadImageFromFile 来从图片文件中读取数据，输出的数据类型是 Java 中定义的 BufferedImage 类。在这个新定义的函数中，我们首先通过创建 Configuration 类来获取设置参数，然后通过 FileSystem 类来获取制定路径信息，接着我们创建了 Hadoop 路径（Path）对象 fileInputPath，再打开文件并使用 ImageIO 类的 read 函数读取图片数据。

处理图片　在该小节中，我们实现一个简单的任务。首先，在图片读入 Spark 系统之后，我们使用 java.awt.image 包来将彩色图片变成黑白图片。实现函数如下：

```
def processImage(image: BufferedImage, width: Int, height: Int):
BufferedImage =
{ val bwImage = new BufferedImage(width, height,
                          BufferedImage.TYPE_BYTE_GRAY)
val g = bwImage.getGraphics()
```

```
g.drawImage(image, 0, 0, width, height, null)
g.dispose()
bwImage}
```

在函数中，我们通过创建 BufferedImage 类的变量 bwImage，设置该图片的高度和宽度，并指定该图片是灰度表示的黑白照片。然后我们通过 getGraphics 函数来将原始图片写入新创建的图像对象中，接着使用 drawImage 函数来实现灰度转换。

我们可以通过以下程序尝试着将一幅图片加以转换。

```
val uriInput="hdfs://192.168.63.65:9000/user/xingdong/
              lfw/Aaron_Eckhart/Aaron_Eckhart_0001.jpg"
val aeImage = loadImageFromFile(uriInput)
val grayImage = processImage(aeImage, 100, 100)
```

一切顺利的话，我们将看到类似于下面的信息。

```
grayImage: java.awt.image.BufferedImage = BufferedImage@24910a3e:
type = 10 ColorModel:
#pixelBits = 8 numComponents = 1 color space =
java.awt.color.ICC_ColorSpace@49a23dd4
transparency = 1 has alpha = false isAlphaPre =
false ByteInterleavedRaster: width = 100
height = 100 #numDataElements 1 dataOff[0] = 0
```

存储图片　由于是在 Hadoop 系统中存储图片，因此需要建立相关路径对象，否则 Java 无法识别该路径。其实现函数如下：

```
import java.awt.image.BufferedImage
import java.net.URI
import javax.imageio.ImageIO
import org.apache.hadoop.conf.Configuration
import org.apache.hadoop.fs.FSDataOutputStream
import org.apache.hadoop.fs.FileSystem
import org.apache.hadoop.fs.Path

def outputImageToFile(path: String, imageType: String, image: BufferedImage)
{val conf = new Configuration();
val fs = FileSystem.get(URI.create(path),conf);
val fileOutputPath = new Path(path);
val fsOutStream = fs.create(fileOutputPath);
ImageIO.write(image, imageType, fsOutStream);
fsOutStream.flush()
fsOutStream.close()
}
```

上面存储图片的函数定义与读取图片的函数 loadImageFromFile 类似，主要的区别在于输出数据时，我们需要使用 ImageIO 类中的 write 函数替代 read 函数，并且在存储完成之后需要关闭与文件 fsOutStream 的连接，否则图片无法正确产生。

提取主成分向量 灰色阶图片在每一个像素点上只需要一个数值就可以表达，而不像彩色图片那样需要三个色道（红、蓝、绿）的数值来表达，因此每一张灰色阶图片都可以用一个矩阵来表示。在本小节中，我们将把每一张图片矩阵拉直成一个向量，然后将 1055 个向量合成一个矩阵，再对这个矩阵进行主成分分析来提取主成分。

将矩阵拉直成向量可以通过 BufferedImage 类中的一些现成函数加以实现，具体如下：

```
def getPixelsFromImage(image: BufferedImage): Array[Double] =
{val width = image.getWidth
val height = image.getHeight
val pixels = Array.ofDim[Double](width*height)
image.getData.getPixels(0, 0, width, height, pixels)
}
```

其中，BufferedImage 类中的函数 getWidth 和 getHeight 分别用来获取图片矩阵的宽度和高度，然后通过 BufferedImage 类中定义的 getData 类中的函数 getPixels 来将图片按列拉直。

下面我们定义一个集成函数来完成之前所介绍的读取、处理、输出和拉直图片等功能。

```
def extractPixels(path: String, width: Int, height: Int):
Array[Double] =
{
val raw = loadImageFromFile(path)
val processed = processImage(raw, width, height)
val uriOutput = path.replace(".jpg", "") + "_gray.jpg"
outputImageToFile(uriOutput, "jpg", processed);
getPixelsFromImage(processed)
}
```

接着我们可以通过 Spark 中的 map 函数来对 1055 张图片进行批量处理。

```
val pixels = files.map(x => extractPixels(x, 50, 50))
```

这个时候 pixels 将是由 1055 个向量组成的 RDD 数据集。

然而，在我们使用主成分分析法之前，需要将该向量格式转化成 Spark 系统中 MLlib 库所需要的 Vector 数据结构，即

```
import org.apache.spark.mllib.linalg.Vectors
val vectors = pixels.map(x => Vectors.dense(x))
vectors.setName("Images")
vectors.cache
```

其中，cache 的作用在于将生产的数据保留在缓存之中。

在使用主成分分析法之前，我们通常会对数据进行标准化处理以防有些数据量纲过大而影响相关分析。灰色阶图片的数据取值范围一致，因此我们无须再进行统一方差的处理。Spark 系统的 MLlib 库中的 StandardScaler 类可以实现标准化的功能，具体做法如下：

```
import org.apache.spark.mllib.linalg.Matrix
import org.apache.spark.mllib.linalg.distributed.RowMatrix
import org.apache.spark.mllib.feature.StandardScaler
val newScaler =
  new StandardScaler(withMean = true, withStd = false).fit(vectors)
val scaledVectors = vectors.map(x => newScaler.transform(x))
```

在完成上述一系列准备工作之后，我们可以正式对这些灰色阶图片实现主成分分析。其具体程序如下：

```
val matrix = new RowMatrix(scaledVectors)
val p = 10
val PrincipalComp = matrix.computePrincipalComponents(p)
val rows = PrincipalComp.numRows
val cols = PrincipalComp.numCols
println(rows, cols)
```

我们可以通过 Breeze 包中的 csvwrite 函数将这些主成分向量保存到一个 csv 文件之中。其具体程序如下：

```
import breeze.linalg.DenseMatrix
import breeze.linalg.csvwrite
import java.io.File
val pcMatrix = new DenseMatrix(rows, cols, PrincipalComp.toArray)
csvwrite(new File("/home/xingdong/pc.csv"), pcMatrix)
```

我们将该 csv 文件保存至服务器主机的硬盘目录"/home/xingdong/"里，而非 Hadoop 分布式系统中。这样做的好处是我们可以很方便地通过调用 Python 来用图像展现所捕捉到的 10 个最重要的主成分向量。

Python 软件具有强大的作图功能，而到目前为止，Scala 和 Spark 都没有太好的作图系统为之支撑，这确实是一个不小的遗憾。我们利用 Python 将输出的 10 个最重要的主成分向量展示如图7.7所示。

在我们得到这些主成分向量之后，可以按照需要来选取主成分的个数，比如说 10 个，来将原来 2500 维（50×50）的灰色阶图像数据降低至 10 维，从而实现数据降维的目的。其实现程序如下：

```
val projected = matrix.multiply(PrincipalComp)
println(projected.numRows, projected.numCols)
println(projected.rows.take(5).mkString("\n"))
```

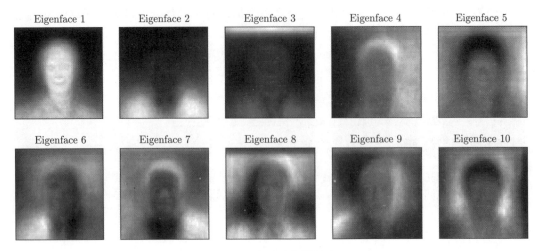

图 7.7 主成分向量展示

其显示结果为:

```
[926.99235513825,0.4027733106482355,1.2921332017012863,
0.6218401146461812,-0.2559933017229943,-1.1212372310473557,
2.007070085434371,-0.35410299732822725,0.9058926527101225,
-0.32721049506799593]
[919.334914524495,-0.5796585922091313,-0.6998591480369674,
-0.6766529305436655,1.0225674261229107,0.9384474297852798,
-1.904269290162992,0.589334585994425,-0.6913217557808384,
-0.13127177045495886]
[483.20908863066376,0.7354026490611912,-1.3500037200641155,
0.03160981028948022,-0.11804681800044724,0.09265108996987988,
-1.0752296175576554,0.2624181715342333,0.40422554345643436,
0.8559712342790005]
[483.06515827951773,-1.2019416387913613,0.9974114172957539,
-0.22095172277760083,0.19519866079243722,-0.0882134089376152,
0.7695978958026994,-0.3047550996779718,-0.2669803460419394,
-0.592503140863242]
[2650.6780987774728,-1.365377127684805,-0.7268426899742636,
0.8226907005993496,0.2717073307327831,2.1585164339020313,
2.4174928564061515,-0.7332430025885159,2.892210421385122,
3.2457411322126672]
```

总之，即使作图这一块仍然是 Apache Spark 的短板，但这并没有妨碍其成为迅速处理海量数据的利器。在大数据时代，结合不同的软件来处理数据也许是我们不得不面对的一个事实，毕竟开源才会带来大数据分析软件的强大生命力，而五花八门的开源软件往往又各自具有其鲜明特色。大数据的一个重要特点就是来源不同、数据类型不同，因此我们需要结合不同软件来处理大数据，当然这也给数据分析人员带来了很多挑战。

第 7 章 常用统计机器学习方法

下面我们也提供了基于 Python 代码的 PCA 算法和 SVD 算法比较实例。我们可以从 sklearn 包中导入人脸数据，总共拉取 40 张图片，每张图片有 50×37 像素。

```
from pyspark import SparkContext, SparkConf
from sklearn.datasets import fetch_lfw_people
import numpy as np
import matplotlib.pyplot as plt
from pyspark.mllib.linalg import Vectors
from pyspark.mllib.linalg import Matrix
from pyspark.mllib.linalg.distributed import RowMatrix
from pyspark.mllib.feature import StandardScaler
from pyspark.mllib.linalg.distributed import RowMatrix


conf = SparkConf().setMaster('local[4]').setAppName('image-vectors_app')
sc = SparkContext(conf=conf)

// 载入数据
lfw_people = fetch_lfw_people(min_faces_per_person=9, resize=0.4)
n_samples, h, w = lfw_people.images.shape


X = lfw_people.data
vectors = sc.parallelize([Vectors.dense(X[k]) for k in np.arange(len(X)) ])
vectors.cache()

// 数据标准化
scaler = StandardScaler(withMean = True, withStd = False).fit(vectors)
scaledVectors = scaler.transform(vectors)

//指定主成分个数
k = 10

//PCA
matrix = RowMatrix(scaledVectors)
pc = matrix.computePrincipalComponents(K)
rows = pc.numRows
cols = pc.numCols
print(rows, cols)

#OutPut: 1850 10
```

```
//SVD
svd = matrix.computeSVD(K, computeU = True)
print("U dimension: ({}, {})".format(svd.U.numRows(),svd.U.numCols()))
print("S dimension: ({},)".format(svd.s.size))
print("V dimension: ({}, {})".format(svd.V.numRows,svd.V.numCols))

#output: U dimension: (40, 10), S dimension: (10,), V dimension: (1850, 10)

//比较SVD分解出的V与PCA找出的主成分
def approxEqual(array1, array2,tolerance = 1e-6,nums = pc.numRows):
    bools = np.array([False
    if (np.abs(np.abs(array1[t])-np.abs(array2[t]))>tolerance)
    else True for t in np.arange(len(array2)) ])
    if sum(bools ==True) == nums:
        return True
    else:
        return False

print([approxEqual(svd.V.toArray().T[k], pc.toArray().T[k])
for k in np.arange(len(pc.toArray().T))])

# output: [True, True, True, True, True, True, True, True, True, True]

// 比较SVD分解出的U*S和数据在PCA主成分上的映射X*PCA

# 计算数据在PCA主成分上的映射projectedPCArows
projectedPCA = matrix.multiply(pc)
print(projectedPCA.numRows(), projectedPCA.numCols())
projectedPCArows = projectedPCA.rows

# 计算U*S
svdURows = svd.U.rows
svds_brad = sc.broadcast(svd.s)
projectedSVD = svdURows.map(lambda v:v*svds_brad.value)


def approxEqual_DenseVector(vector1,vector2,tolerance = 1e-6,nums =K):
    arr = np.abs(vector1) - np.abs(vector2)
    bools = np.array([ False if np.abs(arr[i]) > tolerance else True
                      for i in np.arange(len(arr)) ])
    if sum(bools == True) == nums:
        return True
```

```
    else:
        return False

def approxEqual_rdd(rdd1, rdd2,tolerance = 1e-6,nums = K):
    arr = rdd1.zip(rdd2)
    num_brad = sc.broadcast(nums)
    tol_brad = sc.broadcast(tolerance)
    bools= arr.map(lambda
     line:approxEqual_DenseVector(line[0],line[1],tolerance=tol_brad.value,
    nums=num_brad.value))
    return bools

# 比较projectedPCArows 和 projectedSVD
print(approxEqual_rdd(projectedPCArows,projectedSVD).collect())

#output: [True, True, True, True, True, True, True, True, True, True, True,
True, True, True,True, True, True, True, True, True, True, True, True,
True, True, True, True, True, True, True, True, True, True, True, True,
True, True, True]
```

7.4 集成学习方法

在有监督学习方法中，我们通常想要学习出一个在各个方面都表现稳定且较好的模型，但往往我们只能得到多个有偏好的模型，又称为弱监督模型。它们的特点是在某方面表现得比较好，但不一定在所有方面都有较好的表现。为了解决这一问题，我们可以采用集成学习（Ensemble Learning），集成学习就是组合这里的多个弱监督模型以期得到一个更好更全面的强监督模型。集成学习潜在的思想是即便某一个弱分类器得到了错误的预测，其他的弱分类器也可以将错误纠正回来。

目前集成学习方法主要可以分为以下两类。

1. **并行集成方法**。该方法中参与训练的基础学习器并行生成（如 Random Forest）。它的原理是利用基础学习器之间的独立性，通过平均可以显著减少错误。

2. **序列集成方法**。该方法中参与训练的基础学习器按照顺序生成（如 AdaBoost）。它的原理是利用基础学习器之间的依赖关系，通过对之前训练中错误标记的样本赋予较高的权重，可以优化整体的预测效果。

接下来我们将介绍几种具体的集成学习方法，按照以上分类可以总结为：基于 Bagging 算法和基于 Boosting 算法。

7.4.1 基于 Bagging 算法——以随机森林为例

Bagging（Bootstrap Aggregating）算法又称为套袋算法。Bagging 算法学习流程如

图7.8所示。它主要对样本训练集合进行随机抽样，通过反复的抽样训练新的模型，最终在这些模型的基础上取平均。

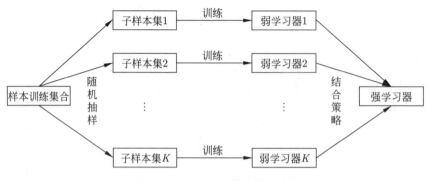

图 7.8　Bagging 算法学习流程

随机森林首先由 Breiman (2001) 提出，其尝试从原始训练样本集 N 中有放回地重复随机抽取 n 个样本生成新的训练样本集合，然后根据重抽样得到的样本并行生成 K 个分类树组成随机森林。新数据的预测结果按照多数投票的原则确定。

随机森林的实质是对决策树算法的一种改进。它将多个决策树合并在一起，每棵树的建立依赖于一组独立的重抽样样本，森林中的每棵树具有相同的分布，分类误差取决于每棵树的分类能力和它们之间的相关性。特征选择采用随机的方法去分裂每一个节点，然后比较不同情况下产生的误差。随机森林的具体算法可以归纳如下。

1. 采用自举法从训练集中抽取大小为 n 的 K 组样本 $\mathcal{Z}_b^* = \{(x_i^{*b}, y_i^{*b})\}_{i=1}^n (b = 1, \ldots, K)$。
2. 对每一组 $\mathcal{Z}_b^*$，不断地重复如下步骤。
    a. 从 p 个变量中随机抽取出 m 个变量（通常 $m = \sqrt{p}$）；
    b. 从上一步选中的 m 个变量中找到最优的拆分变量及节点；
    c. 将该节点拆分成两个子节点。
3. 得到一组树的集合 $\{T_b\}_{b=1}^K$，并利用下列公式完成预测。

针对回归：$\widehat{f}_{RF} = \dfrac{1}{K} \sum\limits_{b=1}^{B} T_b(x)$；

针对分类：$\widehat{f}_{RF} = $ 多数投票$\{\widehat{f}_b(x)\}_{b=1}^K$。

随机森林与决策树的区别主要有三点：首先，随机森林是利用自举样本训练得到树模型；其次，在每次拆分中，随机森林只考虑 m 个随机抽取的变量；最后，随机森林不需要修建，针对分类问题使用多数投票方法。针对每一个自举样本 $\mathcal{Z}^*$，使用不在 $\mathcal{Z}^*$ 中的原始样本来计算袋外误差（Out-of-Bag Error）。具体来讲，针对一个样本点，$z_i^* = (x_i^*, y_i^*)$，只使用那些训练集中不包含 z_i^* 所得到的树模型来计算在样本点 z_i^* 处的预测误差。上述过程与交叉验证相类似，可以很好地纠正有关过拟合的问题。它通过在袋外数据集中，随机替换一个变量，来探究改变该变量后是否对预测产生较大的影响。

图 7.9 介绍了有关袋外样本的构造流程以及袋外误差的计算方法。

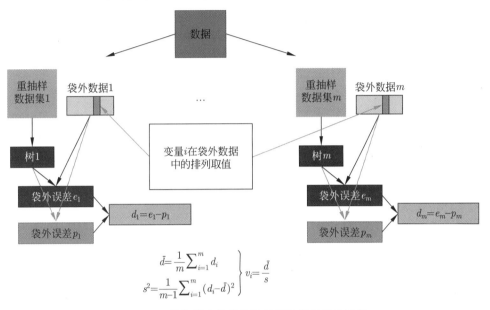

图 7.9　袋外样本的构造流程以及袋外误差计算

以分类问题为例，实现随机森林算法的 Scala 代码如下：

```scala
import org.apache.spark.mllib.tree.RandomForest
import org.apache.spark.mllib.tree.model.RandomForestModel
import org.apache.spark.mllib.util.MLUtils

//导入数据集并划分训练集与测试集
val data = MLUtils.loadLibSVMFile(sc, "data/mllib/sample_libsvm_data.txt")
val splits = data.randomSplit(Array(0.7, 0.3))
val (trainingData, testData) = (splits(0), splits(1))

//训练一个随机森林模型
val numClasses = 2
val categoricalFeaturesInfo = Map[Int, Int]()
val numTrees = 3 // 实际会使用更多树
val featureSubsetStrategy = "auto" // 自动选择子集策略
val impurity = "gini"
val maxDepth = 4
val maxBins = 32

val model = RandomForest.trainClassifier(trainingData, numClasses,
  categoricalFeaturesInfo, numTrees, featureSubsetStrategy, impurity,
```

```
                maxDepth, maxBins)

//模型评价并计算测试误差
val labelAndPreds = testData.map { point =>
  val prediction = model.predict(point.features)
  (point.label, prediction)
}
val testErr =
    labelAndPreds.filter(r => r._1!=r._2).count.toDouble/testData.count()
println(s"Test Error = $testErr")
println(s"Learned classification forest model:\n ${model.toDebugString}")

//保存和载入模型
model.save(sc, "target/tmp/my_RF_ClassificationModel")
val sameModel = RandomForestModel.load(sc, "target/tmp/my_RF_ClassificationModel")
```

基于 PySpark 的随机森林算法代码如下：

```
from pyspark.mllib.tree import RandomForest, RandomForestModel
from pyspark.mllib.util import MLUtils

//导入数据集并划分训练集与测试集
data = MLUtils.loadLibSVMFile(sc, 'data/mllib/sample_libsvm_data.txt')
(trainingData, testData) = data.randomSplit([0.7, 0.3])

//随机森林模型训练
model = RandomForest.trainClassifier(trainingData, numClasses=2,
                                     categoricalFeaturesInfo={},
                                     numTrees=3, featureSubsetStrategy="auto",
                                     impurity='gini', maxDepth=4, maxBins=32)

//模型评价并计算测试误差
predictions = model.predict(testData.map(lambda x: x.features))
labelsAndPredictions = testData.map(lambda lp: lp.label).zip(predictions)
testErr = labelsAndPredictions.filter(
    lambda lp: lp[0] != lp[1]).count() / float(testData.count())
print('Test Error = ' + str(testErr))
print('Learned classification forest model:')
print(model.toDebugString())

//保存和载入模型
model.save(sc, "target/tmp/my_RF_ClassificationModel")
sameModel = RandomForestModel.load(sc, "target/tmp/my_RF_ClassificationModel")
```

上述例子是基于 Scala 和 PySpark 的分类问题的随机森林模型，更多的模型参数介绍以及回归问题的例子可参见https://spark.apache.org/docs/latest/mllib-ensembles.html。

7.4.2 基于 Boosting 算法——以 AdaBoost 为例

提升（Boosting）算法是常用的统计学习算法，属于迭代算法。Boosting 算法学习流程如图7.10所示。它依次对有权样本拟合一系列的弱分类器，并通过加权多数投票准则进行预测，最终串行地构造一个较强的学习器。这个强学习器能够使目标函数值足够小。针对给定样本，找到一个弱分类器要比找到一个精确的分类器容易得多。

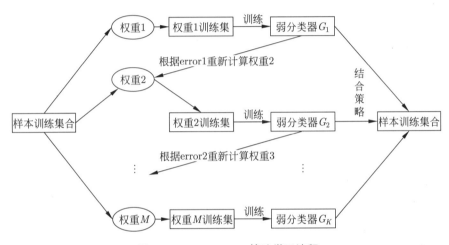

图 7.10 Boosting 算法学习流程

该方法的主要思想为汇聚许多个弱分类器的结果，产生一个强大的集成分类器，可以表示为：

$$G(x) = \text{sign}\left(\sum_{m=1}^{M} \alpha_m G_m(x)\right)$$

其中，α_m 为每个弱分类器的权重，G_m 为弱分类器。我们以针对二分类的自适应提升算法（AdaBoost）为例介绍算法的详细过程。

给定训练样本 $\{(\boldsymbol{x}_i, y_i)\}_{i=1}^{n}$，其中，$\boldsymbol{x}_i \in \mathbb{R}^p, y_i \in \{-1, 1\}$。假设初始化权重 $\omega_i^{(1)} = 1/n$；$i = 1, \ldots, n$，算法迭代次数为 M，从 $m=1$ 到 $m=M$：

1. 根据训练样本以及权重 $\omega_i^{(m)}$，拟合一个弱分类器 $G_m(x) : \mathbb{R}^p \to \{-1, 1\}$；
2. 计算有权重错分误差：

$$\text{err}_m = \sum_{i=1}^{n} \omega_i^{(m)} I(y_i \neq G_m(x_i))$$

3. 计算 $\alpha_m = \dfrac{1}{2} \log \dfrac{1 - \text{err}_m}{\text{err}_m}$；

4. 更新权重 $\omega_i^{(m+1)} = \dfrac{\omega_i^{(m)} \exp\big(-y_i \alpha_m G_m(x_i)\big)}{W^{(m)}}$。其中，$W^{(m)} = \sum\limits_{i=1}^{n} \omega_i^{(m)} \exp\big(-y_i \alpha_m G_m(x_i)\big)$。

最后输出结果 $f(x) = \sum\limits_{m=1}^{M} \alpha_m G_m(x)$ 以及 $G(x) = \text{sign}(f(x))$。

针对每个弱分类器所对应的系数，α_m 随着 err_m 的减小而增大，表明分类误差越小的弱分类器，在最终的分类器中的作用越大。我们还可以从有关权重的迭代中发现被分类器 G_m 分错的样本权重得以加大，而被正确分类的样本权重得以减小。

基于 Scala 我们可以实现 AdaBoost 算法的代码如下：

```scala
package com.strings.model.ensemble

import com.strings.utils.Utils
import scala.collection.mutable.ArrayBuffer

class DecisionStump(var featureIndex: Int = -1,
                    var threshold: Double = Double.PositiveInfinity,
                    var polarity:Int = 1,
                    var alpha:Double = 0.0){

  override def toString: String = {
    s"featureIndex:$featureIndex, threshold:$threshold, alpha:$alpha"
  }
}

class AdaBoost(val nEstimator:Int = 5) {
  private val trees: ArrayBuffer[DecisionStump] = new ArrayBuffer[DecisionStump]()

  def fit(X:Array[Array[Double]],y:Array[Double]):Unit = {
    val n_samples = X.length
    val n_features = X(0).length
    var w = Array.fill(n_samples)(1.0 / n_samples)
    for(_ <- 0 until nEstimator){
      val clf = new DecisionStump()
      var min_error = Double.PositiveInfinity
      for(feature_i <- 0 until n_features){
        val feauture_value = X.map(_(feature_i))
        val unique_values = feauture_value.distinct.toList
        for(threshold <- unique_values){
          var p = 1
          val prediction = Array.fill(y.length)(1.0)
```

```
            X.map(_(feature_i)).zipWithIndex.filter(_._1 < threshold).foreach{
              case(_,idx) =>
                prediction(idx) = -1.0
            }
            val diff_index =
                prediction.zip(y).zipWithIndex.filter(x => x._1._1!=x._1._2)
            .map(_._2)
            var error = 0.0
            diff_index.foreach{i =>
              error += w(i)
            }
            if(error > 0.5) {
              error = 1 - error
              p = -1
            }
            if(error < min_error) {
              clf.polarity = p
              clf.threshold = threshold
              clf.featureIndex = feature_i
              min_error = error
            }
          }
        }
        clf.alpha = 0.5 * math.log((1.0 - min_error) / (min_error + 1e-10))
        val predictions = Array.fill(y.length)(1.0)
        val negative_idx =
            X.map(_(clf.featureIndex)).zipWithIndex.filter(_._1 * clf.polarity
        < clf.polarity * clf.threshold).map(_._2)
        negative_idx.foreach(predictions(_) = -1.0)

        for(i <- 0 until n_samples){
          w(i) *= math.exp(clf.alpha*y(i)*predictions(i))
        }
        w = w.map(_/w.sum)
        trees.append(clf)
      }
    }

    def predict(X:Array[Array[Double]]):Array[Double] = {
      val n_samples = X.length
      val y_pred = Array.fill(n_samples)(0.0)
      for(clf <- trees){
```

```
        val predictions = Array.fill(n_samples)(1.0)
        val negative_idx =
         X.map(_.apply(clf.featureIndex)).zipWithIndex.filter(_._1 * clf.polarity
        < clf.polarity * clf.threshold).map(_._2)
        negative_idx.foreach(predictions(_) = -1.0)
        for(i <- 0 until n_samples){
          y_pred(i) += clf.alpha * predictions(i)
        }
      }
      y_pred.map(Utils.sign)
    }
}
```

我们可以将决策树模型与 AdaBoost 算法相结合，得到的新的算法叫作提升树。回顾决策树模型，一棵树 T 即是对特征空间 $\mathcal{X}$ 的一个划分，用 R_j $(j = 1,\ldots,J)$ 表示划分的 J 个区域，也代表了 J 个端点/叶节点。对任意样本 $\boldsymbol{x}$，其一定会落入某一区域 R_j，因而有

$$\boldsymbol{x} \in R_j \iff T(x) = w_j$$

其中，w_j 表示落入区域 R_j 的样本点被赋予的值。因而，一个树模型可以写为：

$$T(\boldsymbol{x}, \Theta) = \sum_{j=1}^{J} w_j I(\boldsymbol{x} \in R_j)$$

其中，待估计参数 $\Theta = \{R_j, w_j\}_{j=1}^{J}$。提升树模型可以写成决策树的加法模型：

$$f_M(x) = \sum_{m=1}^{M} T(x; \Theta_m)$$

其中，$T(x; \Theta_m)$ 表示决策树，Θ_m 表示决策树的参数，M 表示树的个数。以下给出针对回归问题的提升树算法：给定训练样本 $\mathcal{Z}^n = \{(\boldsymbol{x}_i, y_i)\}_{i=1}^{n}$，其中 $\boldsymbol{x}_i \in \mathcal{R}^p$ 以及 $y_i \in \mathcal{R}$，假设初始化 $f_0(\boldsymbol{x}) = 0$，算法迭代次数为 M，从 $m=1$ 到 $m=M$：

1. 计算残差 $r_{mi} = y_i - f_{m-1}(x_i)$ $(i = 1,\ldots,n)$；
2. 拟合残差 r_{mi} 得到回归树模型 $T(x; \Theta_m)$；
3. 更新 $f_m(x) = f_{m-1}(x) + T(x; \Theta_m)$。

最后输出结果 $f(x) = \sum_{m=1}^{M} T(x; \Theta_m)$。例如，用提升树预测某人的年龄（见图7.11），假设为 30 岁，我们可以将各个预测值相加得到最终预测值，即 $20 + 6 + 3 + 1 = 30$。

7.4.3 基于树的集成学习算法

这一小节我们主要介绍两种现代主流基于树的集成学习算法。第一种是梯度提升决策树（Gradient Boosting Decision Tree, GBDT）。GBDT 与提升树的区别就是提升树

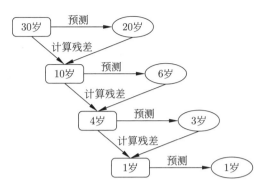

图 7.11　提升树预测年龄

采用的是均方损失函数，而 GBDT 采用的损失函数可以有很多形式，采用负梯度求解残差。第二种 XGBoosting 为极端梯度提升（Extreme Gradient Boosting）方法，它采用二阶梯度信息，并考虑对叶节点的 ℓ^1 与 ℓ^2 正则化惩罚项。

首先介绍梯度提升决策树（GDBT）。给定数据 $\mathcal{Z}^n = \{(x_i, y_i)\}_{i=1}^n$，考虑如下模型：

$$\mathcal{F}_M(\boldsymbol{x}) = \sum_{m=1}^M h_m(\boldsymbol{x})$$

其中，h_m 为弱分类器（这里其表示一棵简单的决策树，如 depth=1）。考虑如下优化问题的求解

$$\operatorname*{argmin}_{\mathcal{F}_M} \frac{1}{n} \sum_{i=1}^n \mathcal{L}\big(y_i, \mathcal{F}_M(\boldsymbol{x}_i)\big) = \operatorname*{argmin}_{h_1,\ldots,h_M} \frac{1}{n} \sum_{i=1}^n \mathcal{L}\Big(y_i, \sum_{m=1}^M h_m(\boldsymbol{x})\Big)$$

为了求解上式的 $h_m(m=1,\ldots,M)$，考虑向前逐步学习（Forward Stagewise）算法，并对前面已得到的分类器的不足进行改进。假设已经得到 $\mathcal{F}_{m-1} = \sum_{d=1}^{m-1} h_d$，可以求解如下问题得到 h_m：

$$h_m = \operatorname{argmin} \frac{1}{n} \sum_{i=1}^n \mathcal{L}\big(y_i, \mathcal{F}_{m-1}(\boldsymbol{x}_i) + h(\boldsymbol{x}_i)\big)$$

考虑一阶泰勒展开 $\frac{1}{n} \sum_{i=1}^n \big[\mathcal{L}\big(y_i, \mathcal{F}_{m-1}(\boldsymbol{x}_i) + h_m(\boldsymbol{x}_i)\big)\big] \approx \frac{1}{n} \sum_{i=1}^n \big[\mathcal{L}\big(y_i, \mathcal{F}_{m-1}(\boldsymbol{x}_i)\big) + g_i h_m(\boldsymbol{x}_i)\big]$，其中，$g_i = \frac{\partial \mathcal{L}(y_i, \mathcal{F}_{m-1}(x_i))}{\partial \mathcal{F}_{m-1}(x_i)}$。显然，一个使得目标函数显著下降的选择为：

$$h_m(\boldsymbol{x}_i) = -g_i = -\frac{\partial \mathcal{L}(y_i, \mathcal{F}_{m-1}(\boldsymbol{x}_i))}{\partial \mathcal{F}_{m-1}(x_i)}$$

即 h_m 应为负梯度。因而，对 $\{(-g_i, \boldsymbol{x}_i)\}_{i=1}^n$ 拟合树模型 h_m，并令 $\mathcal{F}_m(x) = \mathcal{F}_{m-1}(x) + h_m(\boldsymbol{x})$。由此可以看出提升树是 GBDT 在均方损失函数下的一种特殊形式。

以分类问题为例，基于 Scala 我们实现 GBDT 算法的代码如下：

```scala
import org.apache.spark.mllib.tree.GradientBoostedTrees
import org.apache.spark.mllib.tree.configuration.BoostingStrategy
import org.apache.spark.mllib.tree.model.GradientBoostedTreesModel
import org.apache.spark.mllib.util.MLUtils

//导入数据并划分为训练集和测试集
val data = MLUtils.loadLibSVMFile(sc, "data/mllib/sample_libsvm_data.txt")
val splits = data.randomSplit(Array(0.7, 0.3))
val (trainingData, testData) = (splits(0), splits(1))

//训练一个GBDT模型
val boostingStrategy = BoostingStrategy.defaultParams("Classification")
boostingStrategy.numIterations = 3 // 实际会使用更多迭代次数
boostingStrategy.treeStrategy.numClasses = 2
boostingStrategy.treeStrategy.maxDepth = 5
boostingStrategy.treeStrategy.categoricalFeaturesInfo = Map[Int, Int]()

val model = GradientBoostedTrees.train(trainingData, boostingStrategy)

//模型评价并计算测试误差
val labelAndPreds = testData.map { point =>
  val prediction = model.predict(point.features)
  (point.label, prediction)
}
val testErr =
    labelAndPreds.filter(r => r._1!=r._2).count.toDouble/testData.count()
println(s"Test Error = $testErr")
println(s"Learned classification GBT model:\n ${model.toDebugString}")

//保存和载入模型
model.save(sc, "target/tmp/my_GBDT_Model")
val sameModel = GradientBoostedTreesModel.load(sc, "target/tmp/my_GBDT_Model")
```

基于 PySpark 实现 GBDT 算法的代码如下：

```python
from pyspark.mllib.tree import GradientBoostedTrees, GradientBoostedTreesModel
from pyspark.mllib.util import MLUtils

//导入数据并划分训练集和测试集
data = MLUtils.loadLibSVMFile(sc, "data/mllib/sample_libsvm_data.txt")
(trainingData, testData) = data.randomSplit([0.7, 0.3])
```

```
//GBDT模型训练
model = GradientBoostedTrees.trainClassifier(trainingData,
                                categoricalFeaturesInfo={},
                                numIterations=3)

//模型评价并计算测试误差
predictions = model.predict(testData.map(lambda x: x.features))
labelsAndPredictions = testData.map(lambda lp: lp.label).zip(predictions)
testErr = labelsAndPredictions.filter(lambda lp: lp[0] != lp[1]).count() /
 float(testData.count())
print('Test Error = ' + str(testErr))
print('Learned classification GBT model:')
print(model.toDebugString())

//保存和载入模型
model.save(sc, "target/tmp/my_GBDT_Model")
sameModel = GradientBoostedTreesModel.load(sc, "target/tmp/my_GBDT_Model")
```

GBDT 采取逐步学习弱函数的方法对数据进行拟合，其所考虑的弱函数为简单的树模型，特点是计算高效迅速，能较好地处理实际数据，但其并没考虑有关过拟合的问题，并且只用到了一阶梯度的信息。

相较于 GBDT，XGBoosting 使用了一阶和二阶偏导，二阶导数有利于梯度下降得更快更准。XGBoosting 还考虑引入了有关正则化项来避免潜在的过拟合，在正则化项中，其考虑了有关树的大小（即叶节点个数），ℓ^2 以及 ℓ^1 范数。XGBoosting 在相同的优化问题上考虑二阶泰勒展开：

$$\frac{1}{n}\sum_{i=1}^{n}\mathcal{L}\big(y_i, \mathcal{F}_{m-1}(\boldsymbol{x}_i) + h_m(\boldsymbol{x}_i)\big)$$

$$\approx \frac{1}{n}\sum_{i=1}^{n}\left[\mathcal{L}\big(y_i, \mathcal{F}_{m-1}(\boldsymbol{x}_i)\big) + g_i h_m(\boldsymbol{x}_i) + \frac{1}{2}H_i h_m(x_i)^2\right]$$

其中，$g_i = \dfrac{\partial \mathcal{L}(y_i, \mathcal{F}_{m-1}(\boldsymbol{x}_i))}{\partial \mathcal{F}_{m-1}(\boldsymbol{x}_i)}$ 以及 $H_i = \dfrac{\partial^2 \mathcal{L}(y_i, \mathcal{F}_{m-1}(\boldsymbol{x}_i))}{\partial \mathcal{F}_{m-1}(x_i)^2}$。显然，求导并令其为 0，可得当 $h_m(x_i) = -\dfrac{g_i}{H_i}$ 时，上式取得最小值。类似于梯度提升决策树，考虑使用 $\left\{\left(-\dfrac{g_i}{H_i}, \boldsymbol{x}_i\right)\right\}_{i=1}^{n}$ 来拟合树模型 h_m。

如果添加正则化项来避免可能的过拟合，则问题变为：

$$\frac{1}{n}\sum_{i=1}^{n}\mathcal{L}\big(y_i, \mathcal{F}_{m-1}(\boldsymbol{x}_i) + h_m(\boldsymbol{x}_i)\big)$$

$$\propto \frac{1}{n}\sum_{i=1}^{n}\left[g_i h_m(\boldsymbol{x}_i) + \frac{1}{2}H_i h_m(\boldsymbol{x}_i)^2\right] + \Omega(h_m)$$

其中，$\Omega(h_m) = \gamma|h_m| + \dfrac{\lambda}{2}\|\boldsymbol{w^m}\|^2$。当考虑 h_m 为树模型时，有 $h_m(\boldsymbol{x}) = \sum\limits_{j=1}^{J} w_j^m I(\boldsymbol{x} \in \mathbb{R}_j^m)$，代入问题中得到：

$$\dfrac{1}{n}\sum_{i=1}^{n}\left[\mathcal{L}(y_i, \mathcal{F}_{m-1}(\boldsymbol{x}_i) + h_m(\boldsymbol{x}_i))\right]$$

$$\propto \dfrac{1}{n}\sum_{i=1}^{n}\left[g_i h_m(\boldsymbol{x}_i) + \dfrac{1}{2}H_i h_m(\boldsymbol{x}_i)^2\right] + \gamma|h_m| + \dfrac{\lambda}{2}\|\boldsymbol{w^m}\|^2$$

$$= \dfrac{1}{n}\sum_{i=1}^{n}\left[g_i \sum_{j=1}^{J} w_j^m I(\boldsymbol{x}_i \in \mathbb{R}_j^m) + \dfrac{1}{2}H_i\Big(\sum_{j=1}^{J} w_j^m I(\boldsymbol{x}_i \in \mathbb{R}_j^m)\Big)^2\right] + \gamma|h_m| + \dfrac{\lambda}{2}\sum_{j=1}^{J}(w_j^m)^2$$

$$= \dfrac{1}{n}\sum_{j=1}^{J}\left[\Big(\sum_{\boldsymbol{x}_i \in R_j^m} g_i\Big) w_j^m + \dfrac{1}{2}\Big(\sum_{\boldsymbol{x}_i \in R_j^m} H_i + \lambda\Big)(w_j^m)^2\right] + \gamma|h_m|$$

求解可得：

$$\widehat{w}_j = -\dfrac{\sum\limits_{\boldsymbol{x}_i \in \mathbb{R}_j^m} g_i}{\sum\limits_{\boldsymbol{x}_i \in \mathbb{R}_j^m} H_i + \lambda}, \quad j = 1, \ldots, J$$

将上面所求得的解代入目标函数，在已知一颗较好的树 $h_m(\boldsymbol{x}) = \sum\limits_{j=1}^{J} w_j^m I(\boldsymbol{x} \in \mathbb{R}_j^m)$ 的情况下，目标损失函数的最小值为：

$$-\sum_{j=1}^{J}\dfrac{\Big(\sum\limits_{\boldsymbol{x}_i \in R_j^m} g_i\Big)^2}{\sum\limits_{\boldsymbol{x}_i \in R_j^m} H_i + \lambda} + \gamma|h_m|$$

基于 Scala 的 XGBoosting 算法的实现代码如下：

```scala
package xgboost

import ml.dmlc.xgboost4j.scala.spark.XGBoostClassifier
import org.apache.log4j.{Level, Logger}
import org.apache.spark.ml.feature.{StringIndexer, VectorAssembler}
import scala.collection.mutable.ArrayBuffer
import org.apache.spark.sql.SparkSession
import org.apache.spark.sql.DataFrame

object SparkTraining {
    def processData(df_data: DataFrame): DataFrame = {
```

```scala
    var columns = df_data.columns.clone()
    var feature_columns = new ArrayBuffer[String]()
    for (i <- 1 until columns.length) {
      feature_columns += columns(i)
    }

    val stringIndexer = new StringIndexer()
      .setInputCol("_c0")
      .setOutputCol("class")
      .fit(df_data)

    val labelTransformed = stringIndexer.transform(df_data).drop("_c0")

    val train_vectorAssembler = new VectorAssembler()
      .setInputCols(feature_columns.toArray)
      .setOutputCol("features")

    val xgbData =
        train_vectorAssembler.transform(labelTransformed).select("features",
                                                                  "class")

    return xgbData
}

def main(args: Array[String]): Unit = {
  Logger.getLogger("org.apache.spark").setLevel(Level.ERROR)
  val spark = SparkSession.builder()
    //.master("local")
    .appName("xgboost_spark_demo")
    //.config("spark.memory.fraction", 0.3)
    //.config("spark.shuffle.memoryFraction", 0.5)
    .getOrCreate()

  //step 1: 读取 CSV 数据
  val df_train = spark.read.format("com.databricks.spark.csv")
    .option("header", "false")
    .option("inferSchema", true.toString)
    .load("/Users/pboc_train.csv")


  //step 2: 处理CSV 数据
  var xgbTrain = processData(df_train)
```

```
    val df_test = spark.read.format("com.databricks.spark.csv")
      .option("header", "false")
      .option("inferSchema", true.toString)
      .load("/Users/pboc_test.csv")

    var xgbTest = processData(df_test)

    val xgbParam = Map("eta" -> 0.1f,
      "objective" -> "binary:logistic",
      "num_round" -> 100,
      "num_workers" -> 4
    )
    val xgbClassifier = new XGBoostClassifier(xgbParam)
      .setEvalMetric("auc")
      .setMaxDepth(5)
      .setFeaturesCol("features")
      .setLabelCol("class")

    println("Start Trainning ......")
    val xgbClassificationModel = xgbClassifier.fit(xgbTrain)
    println("End Trainning ......")

    println("Predicting ...")
    val results = xgbClassificationModel.transform(xgbTest)
    results.show()
  }
}
```

关于 XGBoosting 的 Scala 编程实现的更多细节及解释可以参见 https://xgboost.readthedocs.io/en/stable/jvm/xgboost4j_spark_tutorial.html。

7.4.4 示例：航班延误预测分类

飞机是 20 世纪初最重大的发明之一，现今已成为人们日常旅行出差常用的交通工具。航班延误是指航班降落时间比计划降落时间延迟 15 分钟以上的情况，常见的飞机延误原因主要有恶劣天气、航空管制、机件故障等。若能对航班延误进行较为准确的预测，可以帮助航空公司和空管机构制订更完善的航班计划，以减少延误对于公民出行的影响。

本小节基于美国交通统计局公布的 2020 年 1 月美国所有航班信息，利用 Spark 平台分别使用随机森林和梯度提升树方法建立模型，对于航班是否延误进行预测，利用分类准确率、召回率和 AUC 进行模型评价。

7.4.4.1 数据预处理

我们的原始数据来源于美国交通统计局，包含了 2020 年 1 月 1 日至 2020 年 1 月 31 日美国所有航班信息，样本量在 60 万个左右，有日期、星期、出发机场、到达机场、出发所属时间段、飞行距离等 21 个特征。在数据预处理部分，我们作如下处理：

1. 将出发延迟与到达延迟合并为一个标签，原则是只要出发和到达中有一个延误就将此航班视为延误航班；

2. 删除取消航班和改道的航班，我们感兴趣的是成功出发的航班；

3. 删除与我们的分析不相关的特征，如出发机场编号、出发机场序列号、运载航线编号、飞机机尾编号等。最后剩余 10 个变量说明如表7.2所示。

表 7.2 建模数据变量说明

变量类型	变量名称	变量说明
分类变量（因变量）	航班是否延误	延误 =1，未延误 =0
分类变量（自变量）	航空公司代码	
	出发机场	
	到达机场	
	出发所属时间段	以小时为间隔
数值型变量（自变量）	日期	1~31
	星期	星期一到星期日分别对应 1~7
	实际出发时间	
	实际到达时间	
	飞行距离	单位为英里

4. 针对 4 个分类变量，还需将其转为 Index 格式才能用于建模分析，并将最终数据转为标记点形式，由 label 和 features 两列组成，如表7.3所示。

```
scala> finalData.show(8)
```

表 7.3 标记点数据

lable	features
1.0	[1.0, 3.0, 0.1306, 0.1...
1.0	[1.0, 3.0, 0.1554, 0.1...
1.0	[1.0, 3.0, 0.2032, 0.2...
1.0	[1.0, 3.0 0.1915, 0.2...
1.0	[1.0, 3.0, 0.1251, 0.2...
1.0	[1.0, 3.0, 0.850, 0.12...
1.0	[1.0, 3.0, 0.847, 0.93...

Spark SQL 是 Spark 的一个处理结构化数据的模块，提供了与 R 和 Pandas 类似的 DataFrame API，而 Spark 的 ML 库所有数据源均基于 DataFrame 结构，上述数据预处理过程代码实现如下：

```scala
import org.apache.spark.sql.{SQLContext, Row}
import org.apache.spark.sql.types._
import org.apache.spark.sql.functions._
import org.apache.spark.ml.linalg.Vectors
import sqlContext.implicits._

//导入数据，将RDD转换成DataFrame
val sqlContext = new SQLContext(sc)
val filepath = "D:\\Master\\Project\\Jan_2020_ontime.csv"
val rawdata = sc.textFile(filepath)
val header = rawdata.first()
val data = rawdata.filter(r => r!=header).map(s => s.split(",")).map{x => Row(x:_*)}
val fields = header.split(",").map(fieldName => StructField(fieldName, StringType,
                                                            nullable = true))
val schema = StructType(fields)
var dataDF = sqlContext.createDataFrame(data, schema)

//删除分析不相关列
dataDF = dataDF.drop("OP_CARRIER_AIRLINE_ID", "OP_CARRIER", "TAIL_NUM",
"OP_CARRIER_FL_NUM", "ORIGIN_AIRPORT_ID", "ORIGIN_AIRPORT_SEQ_ID",
"DEST_AIRPORT_ID", "DEST_AIRPORT_SEQ_ID")

//删除中转或取消航班
dataDF.registerTempTable("dataTempTab") //注册为临时表供筛选查询使用
val dataRDD = sqlContext.sql("select * from dataTempTab where CANCELLED = 0 and
DIVERTED = 0").rdd //共599268条
val schemaString = "DAY_OF_MONTH, DAY_OF_WEEK, AIRLINE_CODE, ORIGIN,
DEST, DEP_TIME, DEP_DEL15, DEP_TIME_BLK, ARR_TIME, ARR_DEL15,
CANCELLED, DIVERTED, DISTANCE"
val fields = schemaString.split(",").map(fieldName => StructField(fieldName,
                                                     StringType, nullable = true))
val schema = StructType(fields)
dataDF = sqlContext.createDataFrame(dataRDD, schema)

//将样本分为正负例方便添加标签列
dataDF.registerTempTable("dataDB")
val posRDD = sqlContext.sql("select * from dataDB where DEP_DEL15 = 1 or ARR_DEL15
 = 1").rdd //延误样本共102276条
```

```
val negRDD = sqlContext.sql("select * from dataDB where DEP_DEL15 = 0 and ARR_DEL15
= 0").rdd //共496992条
val negSample = negRDD.takeSample(false, 102276, seed=1L) //欠采样
val neg = sc.parallelize(negSample)
var posDF = sqlContext.createDataFrame(posRDD, schema)
var negDF = sqlContext.createDataFrame(neg, schema)
posDF = posDF.withColumn("label", lit(1)) //增加label列
negDF = negDF.withColumn("label", lit(0))

//合并为最终数据
var fulldata = posDF.union(negDF).toDF().drop("DEP_DEL15", "ARR_DEL15",
"CANCELLED", "DIVERTED")

//分类变量转化为Index
val catColumns = Array("AIRLINE_CODE", "ORIGIN", "DEST", "DEP_TIME_BLK")
for (cat <- catColumns) {
    val indexer = new StringIndexer().setInputCol(cat).setOutputCol(s"${cat}_Index")
    fulldata = indexer.fit(fulldata).transform(fulldata)
}

//最终建模数据
var finalDF = fulldata.select("DAY_OF_MONTH", "DAY_OF_WEEK", "DEP_TIME", "ARR_TIME",
 "DISTANCE", "AIRLINE_CODE_Index", "ORIGIN_Index", "DEST_Index",
 "DEP_TIME_BLK_Index", "label")
val str_column = "DAY_OF_MONTH, DAY_OF_WEEK, DEP_TIME, ARR_TIME, DISTANCE"
for (name <- str_column.split(",")) {
    finalDF = finalDF.withColumn(name, col(name).cast(DoubleType))
}

//转为建模所需标记点
val finalData = finalDF.rdd.map(row=>{LabeledPoint(row.toSeq.takeRight(1).head.
        toString.toDouble, Vectors.dense(row.toSeq.toArray.dropRight(1).map(s =>
        s.toString.toDouble)))
}).toDF()
```

7.4.4.2 随机森林 Spark 建模

在 Spark 平台上，由于数据是分布式存储的，传统单机形式下的随机森林需要进行相应的改进从而降低通信成本。其主要的优化策略如下。

切分点抽样统计

Spark 切分点抽样统计如图7.12所示。切分点抽样主要针对连续变量，在单机环境

下的决策树对连续变量进行切分点选择时，一般是通过对特征点进行排序，然后取相邻两个数之间的点作为切分点。在 Spark 场景下，一般 RDD 上的数据量级都很大，如果直接执行 Shuffle 这个操作，会带来大量的网络通信，是非常低效的。因此，为了避免排序操作，MLlib 会对各分区采用一定的子特征策略进行抽样，然后生成各个分区的统计数据，并最终得到切分点。从源代码看，是先对样本进行抽样，然后根据抽样样本值出现的次数进行排序，再进行切分。据 Spark 团队反馈，使用此策略虽然牺牲了部分精度，但是在实际运用过程中，并没有带来过多的影响，模型效果可以接受。

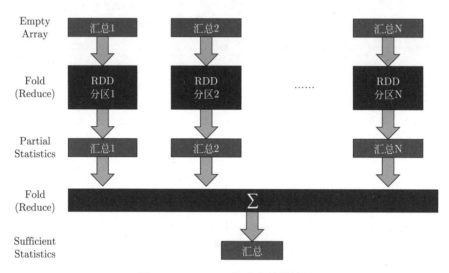

图 7.12　Spark 切分点抽样统计

特征装箱

决策树的构建过程就是对特征的取值不断进行划分的过程，对于离散的特征，如果有 M 个值，最多有 $2^{M-1}-1$ 个划分。如果值是有序的，那么最多有 $M-1$ 个划分。对于连续特征来说就是进行范围划分，箱子就是由相邻的样本切分点构成的区间，一般采用 30 个左右。

逐层训练

单机版本的决策树生成过程是通过递归调用（本质上是深度优先）的方式构造树，在构造树的同时，需要移动数据，将同一个子节点的数据移动到一起。在分布式环境下，Spark 采用的策略是逐层构建树节点（本质上是广度优先），访问所有数据的次数降为树的最大深度。在每次遍历完成后，根据节点的特征划分，决定是否切分，以及如何切分。

Spark 随机森林模型中的部分重要参数说明如表7.4所示，在实际建模时主要调整的是树的深度和数量，同时设置了随机种子（Seed），从而保证采样结果不变。

表 7.4 随机森林模型参数说明

参数名称	说明
setMaxDepth	最大树深度
setNumTrees	森林里的树数量
setMaxBins	最大装箱数
setMinInfoGain	最小信息增益
setImpurity	设置不纯度，有基尼系数、熵、方差三种形式
setFeatureSubsetStrategy	特征子集选取策略，默认为 auto

Spark ML 库中提供了 Pipeline 组件用于运行一系列算法的过程，具体实现过程如下：

```
import org.apache.spark.ml.classification.RandomForestClassificationModel
import org.apache.spark.ml.classification.RandomForestClassifier
import org.apache.spark.ml.Pipeline
import org.apache.spark.ml.feature._
import java.util.Date

//字符串转索引，字符串的列按照出现频率进行排序
val labelIndexer = new StringIndexer()
.setInputCol("label")
.setOutputCol("indexedLabel")
.fit(finalData)

//自动识别分类特征，并对其进行索引
//设置maxCategories，使具有>4个不同值的特征被视为连续的
val featureIndexer = new VectorIndexer()
.setInputCol("features")
.setOutputCol("indexedFeatures")
.setMaxCategories(4)
.fit(finalData)

//将数据分成训练集70%和测试集30%
val Array(trainingData, testData) =
                finalData.randomSplit(Array(0.7, 0.3), seed=2L)

//训练随机森林模型，树+深度可调
val rf = new RandomForestClassifier()
.setLabelCol("indexedLabel")
.setFeaturesCol("indexedFeatures")
.setSeed(3L)
```

```
.setNumTrees(20)
.setMaxDepth(10)

//利用管道训练模型并进行预测
val pipeline_rf = new Pipeline().setStages(Array(labelIndexer,
                                                 featureIndexer,
                                                 rf))
var start_time = new Date().getTime
val model_rf = pipeline_rf.fit(trainingData)
var end_time = new Date().getTime
println(s"Training time: ${(end_time-start_time)}")
```

在模型评价上，我们分别采用分类准确率、召回率和 AUC 这三个指标对该分类模型进行评估。分类准确率（Accuracy）是分类正确的样本数与总样本数之比，即 Accuracy=$\dfrac{TP+TN}{P+N}$。召回率（Recall），又称敏感度，是所有实际为阳性的样本被判断为阳性样本的概率，即 Recall = $\dfrac{TP}{TP+FN}$。而 AUC 则是 ROC 曲线下的面积，AUC 越大，分类效果越好。Spark 实现过程如下：

```
import org.apache.spark.ml.evaluation.BinaryClassificationEvaluator
import org.apache.spark.ml.evaluation.MulticlassClassificationEvaluator

val predict_rf = model_rf.transform(testData)

val evaluator = new MulticlassClassificationEvaluator()
.setLabelCol("indexedLabel")
.setPredictionCol("prediction")
.setMetricName("accuracy") //准确率

val accuracy = evaluator.evaluate(predict_rf)
println(s"Test Error Of 20 Trees = ${(1.0 - accuracy)}")

val evaluator = new MulticlassClassificationEvaluator()
.setLabelCol("indexedLabel")
.setPredictionCol("prediction")
.setMetricName("recall") //召回率

val recall = evaluator.evaluate(predict_rf)
println(s"Recall Rate Of 20 Trees = ${recall}")

val evaluator = new BinaryClassificationEvaluator()
.setLabelCol("indexedLabel")
```

```
.setPredictionCol("prediction")
.setMetricName("areaUnderROC") //AUC

val auc = evaluator.evaluate(predict_rf)
print(s"Test AUC: ${auc}")
```

随机森林模型预测结果如表7.5所示。从预测结果来看，树的数量从 20 增加到 50 和 100 对于分类的效果提升并不明显，因此针对 20 棵树的场景，我们逐步增加树的深度进行模型训练和拟合。在深度达到 13 时，AUC 已经达到 0.8394，预测结果较为理想。与此同时，在 20 棵树且深度不大于 10 时，增加树的深度对于随机森林模型训练时间几乎没有影响。而在深度相同时，树的数量对于训练时间的影响是正向的，树越多训练时间相对越长。

表 7.5　随机森林模型预测结果

树的数量	树的深度	分类准确率	召回率	AUC	模型训练时间
20	3	59.66%	59.65%	0.6459	23357ms
20	5	63.92%	63.92%	0.6911	25984ms
20	8	69.18%	69.17%	0.7579	26836ms
20	10	72.47%	72.46%	0.7977	27818ms
20	12	75.12%	75.10%	0.8288	41588ms
20	13	76.08%	76.05%	0.8394	45962ms
50	3	60.22%	60.21%	0.6527	21708ms
50	5	63.44%	63.43%	0.6897	24049ms
50	8	69.32%	69.32%	0.7603	31617ms
100	3	60.13%	60.12%	0.6501	23005ms
100	5	63.37%	63.37%	0.6906	27438ms
100	8	69.50%	69.50%	0.7593	43351ms

7.4.4.3　梯度提升决策树 Spark 建模

梯度提升决策树模型利用加法模型和前向分步算法实现学习的优化过程。当损失函数为平方损失函数和指数损失函数时，每一步的优化很容易实现，但对一般的损失函数而言，优化较为困难。Freidman 提出了梯度提升法（Gradient Boosting），利用损失函数的负梯度在当前模型的值作为回归问题提升树中残差的近似值来优化。

在所有主流的机器学习模型中，随机森林的模型结构特点决定了其可以完全进行数据并行的模型训练，而梯度提升决策树（GBDT）的结构特点则决定了树之间只能进行串行的训练。Spark 梯度提升决策树模型中的部分重要参数说明如表7.6所示，在实际建模时主要调整的是树的深度和迭代次数，同时设置了随机种子以保证采样结果不变。具体 Spark 实现的代码如下：

```
import org.apache.spark.ml.classification.{GBTClassificationModel,
                                           GBTClassifier}
val gbt = new GBTClassifier()
.setLabelCol("indexedLabel")
.setFeaturesCol("indexedFeatures")
.setMaxIter(3)
.setMaxDepth(15)
.setSeed(4L)
.setFeatureSubsetStrategy("auto")

val pipeline_gbt = new Pipeline().setStages(Array(labelIndexer,
                                                  featureIndexer,
                                                  gbt))
var start_time = new Date().getTime
val model_gbt = pipeline_gbt.fit(trainingData)
var end_time = new Date().getTime
println(s"Training time: ${(end_time-start_time)}")
```

表 7.6 梯度提升决策树模型参数说明

参数名称	说明
setMaxIter	最大迭代次数
setMaxDepth	最大树深度
stepSize	学习率
setMinInfoGain	最小信息增益
setLossType	分类问题损失函数为 logistic
setFeatureSubsetStrategy	特征子集选取策略，默认为 auto

在模型评价上，同随机森林一样，我们仍然采用分类准确率、召回率和 AUC 这三个指标对该分类模型进行评估。Spark 实现过程如下：

```
val predict_gbt = model_gbt.transform(testData)

val evaluator = new MulticlassClassificationEvaluator()
.setLabelCol("indexedLabel")
.setPredictionCol("prediction")
.setMetricName("accuracy")

val accuracy4 = evaluator.evaluate(predict_gbt)
println(s"Test Error = ${(1.0 - accuracy4)}")

val evaluator = new MulticlassClassificationEvaluator()
```

```
.setLabelCol("indexedLabel")
.setPredictionCol("prediction")
.setMetricName("recall") //召回

val recall = evaluator.evaluate(predict_gbt)
println(s"Recall Rate = ${recall}")

val evaluator = new BinaryClassificationEvaluator()
.setLabelCol("indexedLabel")
.setPredictionCol("prediction")
.setMetricName("areaUnderROC") //AUC

val auc = evaluator.evaluate(predict_gbt)
print(s"Test AUC: ${auc}")
```

表7.7为梯度提升决策树模型的预测结果。从表中可以看到，在迭代次数（即树的数量）增加时，GBDT 的整体预测效果是提升的，迭代次数不变，增加树的深度预测效果也在变好。当迭代次数为 8，树的深度为 10 时，AUC 已达 0.8491。

在模型训练时间上，迭代次数不变而树的深度增加时，训练时间随之增加但并非成倍数增长；在树的深度相同而迭代次数不同时，训练时间的差异更为明显，迭代次数从 6 次增至 8 次时，训练时间增加了 78%。

表 7.7　梯度提升决策树模型预测结果

迭代次数	树的深度	分类准确率	召回率	AUC	模型训练时间
3	3	61.35%	60.97%	0.6518	24377ms
3	5	63.75%	63.70%	0.7008	26739ms
3	10	74.02%	74.00%	0.8215	34490ms
3	15	75.93%	75.89%	0.8294	49304ms
5	3	62.49%	62.22%	0.6682	27428ms
5	5	65.15%	65.09%	0.7190	31228ms
5	10	75.84%	75.78%	0.8381	45305ms
6	10	76.19%	76.14%	0.8415	51810ms
6	12	76.43%	76.37%	0.8426	60328ms
8	10	76.43%	76.69%	0.8491	92455ms

尽管由于设备影响，在使用 Spark 平台训练上述两个模型时参数可能并未调整至最优，但从预测结果来看，两个模型对于航班延误的数据预测效果差异不大，分类准确率、召回率和 AUC 三个指标都较为接近。Bagging 和 Boosting 是集成学习的两种经典思想，就随机森林和梯度提升决策树的建模过程来看，虽然都是决策树的组合算法，但是两者的训练过程存在差异，主要表现在以下方面。

1. GBDT 每棵树的训练依赖于当前模型的结果，只能串行执行。而随机森林每棵树相互独立训练，可以并行执行。因此 GBDT 与随机森林相比，会需要更长的训练时间。

2. 相对于随机森林，GBDT 每个模型都是在当前模型的基础上更加拟合原数据，可以保证偏差，为了减小方差会选择深度较浅的决策树。

3. 随着树的个数增加，随机森林的预测结果会更加稳定，模型精度和方差都会降低，因此不容易出现过拟合。而 GBDT 则不同，一开始预测表现会随着树的数目增加而变好，但是达到一定程度之后，反而会随着树的数目增加而变差（过拟合）。

第8章

主流分布式算法简介

本章将介绍一些主流的分布式算法,如分治法(Divide and Conquer)、基于梯度更新的分布式计算算法和联邦学习算法。

8.1 分治法

在分布式计算中,分治法是一种十分重要的处理方法。所谓分治法,是指对海量数据"分而治之",也就是把一个复杂的原问题拆分成多个相同或相似的子问题,使得子问题可以被直接、简单地处理求解,并且原问题的解可由子问题的解的组合得到。

8.1.1 算法思想介绍

分治法的核心思想是指对于一个样本量为 n 的数据,由于 n 巨大以至于该样本无法存储在一台机器中或者传统的统计方法因为计算量的原因无法使用,所以我们可以尝试将该样本分解为 k 组互不相交的子样本,并且在每组子样本上采用原始统计方法得到每个子集对应的解,最后将这些解合并。

一般地,分治法所能解决的问题具有如下几个特征:
- 原始问题的规模缩小到一定程度就可以容易地解决。
- 原始问题能被分解为若干个规模较小的相同问题。
- 原始问题分解出的子问题的解可以合并为该问题的解。
- 原始问题所分解出的各个子问题是相互独立的,即子问题之间没有交集。

显然,我们可以将分治法拆分成下面三个主要的步骤。
1. **分解**:将原问题分解为若干个规模较小、相互独立、与原问题形式相同的子问题。
2. **解决**:直接求解子问题的解。
3. **合并**:将各个子问题的解合并为原问题的解。

8.1.2 分治法在统计学习中的应用

随着科学技术的不断发展,我们越来越容易收集到海量数据。不论是进行一次网上购物,还是观看各种视频,亦或是利用搜索网站搜索一些关键词,我们每个人在日常生活中都会产生海量的数据。以搜索引擎百度为例,它在全球有许许多多的服务站点,其中每个站点每天都可以收集到 TB 级别的数据。很显然,由于网络带宽以及单台服务器性能的限制,百度肯定无法将所有数据传输到一台服务器上进行统计分析。针对这种分布式存储的数据,我们可以设计一些以分治法为基础的分布式计算框架来进行统计分析,同时又能尽可能多地利用到全体数据中所蕴含的信息。具体来说,针对一个大规模的统计计算问题,如果我们可以把它分成一些可以同时进行的小任务,然后多台分布式计算机(分机)对它们分别进行处理,那么这样将会使原本无法计算的原问题变得可行并且也能大大减少计算时间。最后,我们将每台分机上的结果以某种方式合并,如进行加权平均等,并将其作为原始问题的最终结果。

下面,我们以一个统计模型参数估计问题为例,假设总共有 N 个观测样本 $Z_i = (x_i, y_i) \in \mathbb{R}^{p+1}$ $(i=1,\ldots,N)$,其中 $x_i \in \mathbb{R}^p$ 表示第 i 个样本的预测变量,而 $y_i \in \mathbb{R}$ 表示响应变量。我们进一步假设这 N 个样本都独立且同分布于 $\mathbb{P}_{\theta^*}$,其中 $\theta^* = (\theta_1^*, \ldots, \theta_p^*)^\top \in \Theta$ 表示真实参数。在分布式计算平台中,我们假设 N 个样本被随机平均分配到 K 台分机上,记作 $\mathcal{M}_k (1 \leqslant k \leqslant K)$,这样每台分机上都有 $n = N/K$ 个样本。我们定义 $\mathbb{S} = \{1, \ldots, N\}$ 为全体样本指标集合,$\mathcal{S}_k$ 为机器 $\mathcal{M}_k$ 上的样本指标集合,并且满足对于任意 $k_1 \neq k_2$, $\mathcal{S}_{k_1} \cap \mathcal{S}_{k_2} = \emptyset$。此外,主机(中心计算机)$\mathcal{M}_{\text{center}}$ 可和所有分机 $\mathcal{M}_k$ 相互连接和传递信息。

假设 $\mathcal{L} : \Theta \times \mathbb{R}^{p+1} \mapsto \mathbb{R}$ 为原始问题中所考虑的损失函数,我们可以进一步给出真实参数 θ^* 的定义如下:

$$\theta^* = \operatorname*{argmin}_{\theta \in \Theta} E[\mathcal{L}(\theta; Z)]$$

那么,在每一台分机 k 上,我们考虑基于局部样本 $\mathcal{M}_k$ 的损失函数为:

$$\mathcal{L}_k(\theta) = \frac{1}{n} \sum_{i \in \mathcal{S}_k} \mathcal{L}(\theta; Z_i)$$

并且,基于全部样本的损失函数可以写为:

$$\mathcal{L}(\theta) = \frac{1}{N} \sum_{i \in \mathbb{S}} \mathcal{L}(\theta; Z_i) = \frac{1}{K} \sum_{k=1}^{K} \mathcal{L}_k(\theta)$$

记上述基于全部样本的参数估计为 $\hat{\theta} = \operatorname{argmin}_{\theta \in \Theta} \mathcal{L}(\theta)$。当样本量 N 大到难以用一台机器存储数据时,$\hat{\theta}$ 则无法得到,此时可以采用分治法进行分布式估计,其步骤如下。

• **步骤 1**:对每台分机 $k \in \{1, \ldots, K\}$,利用分机 $\mathcal{M}_k$ 中的样本 $\mathcal{S}_k$ 求解最小化如下问题:

$$\widehat{\theta}_k = \operatorname*{argmin}_{\theta \in \Theta} \mathcal{L}_k(\theta) = \frac{1}{n} \sum_{i \in \mathcal{S}_k} \mathcal{L}(\theta; Z_i)$$

- **步骤 2**：将每台分机上所得到的估计 $\theta_k(k=1,2,\ldots,K)$ 传递汇总到主机 $\mathcal{M}_{center}$ 上。
- **步骤 3**：在主机 $\mathcal{M}_{center}$ 上，对所有分机上得到的估计量进行加权平均并得到最终的估计：

$$\bar{\theta} = \sum_{k=1}^{K} \omega_k \theta_k$$

其中，ω_k 表示第 k 台分机上的估计量的权重，当所有估计量权重相等时，$\omega_k = \dfrac{1}{K}$。

分治法分布式计算示意图如图8.1所示。很显然，分治法分布式计算策略是非常简单和直接的，因为它仅需要主机 $\mathcal{M}_{center}$ 和每一个分机 $\mathcal{M}_k$ 进行一轮的通信，所以通信成本为 $O(Kp)$，其中 p 为待估计参数的维度。

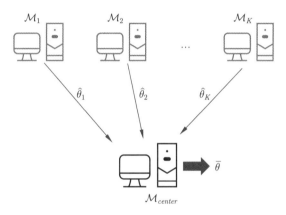

图 8.1 分治法分布式计算示意图

资料来源：Gao et al., 2021.

值得一提的是，采用分治法的分布式统计估计的理论性质也得到了充分的研究。例如，Zhang et al. (2013) 在一定理论条件下给出了估计量的均方误差（Mean Squared Error, MSE）的上界：

$$\mathbb{E}\left\|\bar{\boldsymbol{\theta}} - \boldsymbol{\theta}^*\right\|_2^2 \leqslant \frac{C_1}{N} + \frac{C_2}{n^2} + O\left(\frac{1}{Nn} + \frac{1}{n^3}\right)$$

从上述结果中我们注意到，相关理论收敛结果依赖于总样本量以及每台分机上的局部样本量。在传统的统计估计问题中，基于全样本的统计估计量 $\hat{\theta}$ 的 MSE 收敛速度一般为 $O(1/N)$。对比这两个收敛速度，我们可以发现当 $n^{-2} = o(N^{-1})$ 时，基于分治法的估计量 $\bar{\theta}$ 的 MSE 可以达到与 $\hat{\theta}$ 相同的收敛阶，因而可以认为二者具有近乎相同的理论性质。但同时我们也注意到，如果基于分治法的估计量 $\bar{\theta}$ 要想达到基于全样本估计量 $\hat{\theta}$ 的估计精度，我们所考虑的分机个数 K 不能超过局部样本量 n。这也意味着我们不能把全部样本分成过多的份数。

此外，除了使用加权平均方法来整合局部样本估计量以外，我们还可以采取一些其他的方式，比如采用 KL-散度 (Liu and Ihler, 2014) 等。具体来看，尝试基于 KL-散度的整合方法求解如下优化问题：

$$\hat{\boldsymbol{\theta}}_{KL} = \underset{\boldsymbol{\theta} \in \Theta}{\operatorname{argmin}} \sum_{k=1}^{K} KL(p(x \mid \hat{\boldsymbol{\theta}}_k) \| p(x \mid \boldsymbol{\theta}))$$

其中，$KL(p(x)\|q(x)) = \int_{\mathcal{X}} p(x) \log(p(x)/q(x)) \mathrm{d}\mu(x)$，$p(x \mid \boldsymbol{\theta})$ 是 $\mathbb{P}_\theta$ 表示在测度 μ 下的概率密度函数。更为重要的是当样本来自指数分布族时，可以证明基于 KL-散度的分布式估计量具有与基于全部样本的极大似然估计（MLE）相媲美的优良统计性质。有些时候，某些分机可能会由于异常值的影响算出精度较差的估计量。如果仍然使用简单加权平均的方式来整合基于局部样本的估计量，会严重降低最终估计量的有效性。因此，Minsker (2019) 提出了一种更加稳健的聚合方式：

$$\hat{\theta}_{\text{robust}} = \underset{\boldsymbol{\theta} \in \Theta}{\operatorname{argmin}} \sum_{k=1}^{K} \rho\left(|\theta - \hat{\theta}_k|\right)$$

其中，$\rho(\cdot)$ 表示一个稳健的损失函数，例如当 $\rho(u) = u$ 及 $p = 1$ 时，$\hat{\theta}_{robust}$ 就是 $\hat{\theta}_k$ 的中位数，这样所得到的最终估计量较加权均值更加稳健。在一些复杂的估计问题中，简单的分治法所得到的估计量的表现也可能会不太好。例如在高维收缩估计问题中，一般很难得到无偏估计量。此时，简单平均无法降低局部估计量的偏差至全局估计量的偏差水平。方法之一是先对局部估计量做纠偏处理，然后再进行整合。这方面的工作可以参考 Lee et al. (2017) 以及 Chang et al. (2017)。

8.1.3　示例：线性支持向量机

8.1.3.1　线性支持向量机

支持向量机（Support Vector Machine, SVM）是常用于分类问题处理的分类方法，其决策边界是基于样本所得到的最大边距分割超平面。我们考虑一组随机样本 (x_i, y_i) $(i = 1, \ldots, N)$ 其中 $y_i \in \{-1, 1\}$ 为相应两个类别，$x_i = (x_{i1}, \ldots, x_{ip})^\top$ 表示 p 维特征向量。线性支持向量机可解决如下优化问题：

$$\min_{\boldsymbol{\beta} \in \mathbb{R}^p} \frac{1}{N} \sum_{i=1}^{N} L\left(y_i, \boldsymbol{x}_i^\top \boldsymbol{\beta}\right) + P_\lambda(\boldsymbol{\beta})$$

其中，$L(y, t) = \max\{0, 1 - yt\}$ 表示铰链损失函数（Hinge Loss），$P_\lambda(\beta)$ 为惩罚函数。通常考虑的惩罚函数主要有 ℓ^2 范数惩罚函数 $P_\lambda(\beta) = \|\beta\|_2^2$ 和 ℓ^1 范数惩罚函数 $P_\lambda(\beta) = \|\beta\|_1$。

当样本数量 N 和特征数量 p 十分大时，附带 ℓ^2 惩罚函数的线性支持向量机的表现并没有附带 ℓ^1 惩罚的线性支持向量机表现好，因为可能会受到一些多余变量的影响。而 ℓ^1 惩罚线性支持向量机可以将一些不需要的变量所对应的系数减小到 0，这样就起到了一个变量选择的作用。

8.1.3.2 纠偏估计量

根据 Tibshirani (1996) 的研究，最小化带有 ℓ^1 惩罚的目标函数得到的估计量是有偏的，当我们运用分治法进行分布式计算时，最后的平均估计量只会减小估计量的方差，但会使偏差加大。所以在每台分机上对局部估计量进行纠偏处理是一个好的解决方式。我们首先引入非分布式情况下估计量的纠偏方法。

假设 $\boldsymbol{\beta}_0 = (\beta_{01},\ldots,\beta_{0p})^\top$ 为真实参数并且其具有稀疏性结构，我们进一步给出 $\mathcal{A} = \{1 \leqslant j \leqslant p : \beta_{0j} \neq 0\}$ 为参数的支撑集，$s = |\mathcal{A}|$ 为该集合中元素的个数。由此我们定义有关真实参数与估计参数如下：

$$\boldsymbol{\beta}_0 = \underset{\boldsymbol{\beta}}{\operatorname{argmin}} E\left[L\left(y, \boldsymbol{x}^\top \boldsymbol{\beta}\right)\right]$$

$$\hat{\boldsymbol{\beta}} = \underset{\boldsymbol{\beta} \in \mathbb{R}^p}{\operatorname{argmin}} \frac{1}{N} \sum_{i=1}^{N} L\left(y_i, \boldsymbol{x}_i^\top \boldsymbol{\beta}\right) + P_\lambda(\boldsymbol{\beta})$$

这里需要指出的是，$\hat{\boldsymbol{\beta}}$ 满足 KKT 条件：

$$\frac{1}{N} \sum_{i=1}^{N} \boldsymbol{x}_i \nabla L_t\left(y_i, \boldsymbol{x}_i^\top \hat{\boldsymbol{\beta}}\right) + \lambda \kappa = 0$$

其中，$\nabla L_t(y,t)$ 为 $L(y,t)$ 关于 t 的次梯度，$\kappa = (\kappa_1,\ldots,\kappa_p)^\top$，$\kappa_j \in [-1,1]$。根据 Lian 和 Fan (2017) 以及经验过程中的相关近似，我们对上述基于 KKT 条件的式子进行展开近似并最终得到：

$$\hat{\boldsymbol{\beta}} \approx \boldsymbol{\beta}_0 + \left[\boldsymbol{H}\left(\boldsymbol{\beta}_0\right)\right]^{-1} \frac{1}{N} \sum_{i=1}^{N} \boldsymbol{x}_i \nabla L_t\left(y_i, \boldsymbol{x}_i^\top \hat{\boldsymbol{\beta}}\right) - \left[\boldsymbol{H}\left(\boldsymbol{\beta}_0\right)\right]^{-1} \frac{1}{N} \sum_{i=1}^{N} \boldsymbol{x}_i \nabla L_t(y_i, \boldsymbol{x}_i^\top \boldsymbol{\beta}_0)$$

其中，$\boldsymbol{H}(\boldsymbol{\beta}_0)$ 为经验损失函数在 $\boldsymbol{\beta}_0$ 下的 Hessian 矩阵，而上式中右侧第三项均值为 0，在 $\hat{\boldsymbol{\beta}}$ 与 $\boldsymbol{\beta}_0$ 相接近的情况下，我们定义纠偏后的估计量为：

$$\tilde{\boldsymbol{\beta}} = \hat{\boldsymbol{\beta}} - [\hat{\boldsymbol{H}}(\hat{\boldsymbol{\beta}})]^{-1} \frac{1}{N} \sum_{i=1}^{N} \boldsymbol{x}_i \nabla L_t\left(y_i, \boldsymbol{x}_i^\top \hat{\boldsymbol{\beta}}\right)$$

8.1.3.3 分布式算法

在分布式环境下，上一小节介绍的纠偏估计量可以在各台分机上得到，最后传到中心机器上进行平均处理，具体步骤如下。

- **步骤 1**: 对于 $k \in \{1,\ldots,K\}$，分机 $\mathcal{M}_k$ 根据 $\mathcal{S}_k$ 最小化局部 ℓ^1 惩罚损失函数：

$$\hat{\boldsymbol{\beta}}_k = \underset{\boldsymbol{\beta} \in \Theta}{\operatorname{argmin}} \mathcal{L}_k(\boldsymbol{\beta}) = \underset{\boldsymbol{\beta} \in \Theta}{\operatorname{argmin}} \frac{1}{n} \sum_{i \in \mathcal{S}_k} L\left(y_i, \boldsymbol{x}_i^\top \boldsymbol{\beta}\right) + P_\lambda(\boldsymbol{\beta})$$

- **步骤 2**: 每台分机进行纠偏处理：

$$\tilde{\boldsymbol{\beta}}_k = \hat{\boldsymbol{\beta}}_k - [\hat{\boldsymbol{H}}(\hat{\boldsymbol{\beta}}_k)]^{-1} \frac{1}{N} \sum_{i=1}^{N} \boldsymbol{x}_i \nabla L_t\left(y_i, \boldsymbol{x}_i^\top \hat{\boldsymbol{\beta}}_k\right)$$

- **步骤 3**: 将每台分机上得到的估计 $\tilde{\boldsymbol{\beta}}_k(k=1,\ldots,K)$ 传到总机 $\mathcal{M}_{center}$ 上。
- **步骤 4**: 在总机 $\mathcal{M}_{center}$ 上对所有分机估计量平均得到最终的估计：

$$\tilde{\boldsymbol{\beta}} = \frac{1}{K}\sum_{k=1}^{K}\tilde{\boldsymbol{\beta}}_k$$

8.2 基于梯度更新的分布式算法

在上一节中，我们介绍了基于分治法的一些分布式算法，这些分布式算法均较为简单且便于实现。但为了保证最后所得到的估计量达到和利用全部样本估计量同阶的收敛速度，分机上必须要有足够的样本数量（比如说 $n \gg \sqrt{N}$）。此外，这一类基于分治法的分布式算法在一些非线性和高维问题上的表现也会受到较多的限制，可能会出现较大的估计偏差。因此，统计学家们开始考虑一些基于多次迭代的迭代型分布式算法，打破了分治法对机器及子样本数的限制。迭代型分布式算法，顾名思义，就是指算法需要在主机与单机间进行多轮迭代，也意味着分机与主机间会有多轮通信。值得注意的是，不同的迭代型分布式算法之间可能有较大的方法层面的差异，但它们的具体实现大都基于梯度更新的方法。

8.2.1 算法介绍

基于梯度更新的分布式算法有很多，基本遵循以下迭代步骤，如图8.2所示。这里我们考虑与分治法相同的损失函数 $\mathcal{L}(\theta)$ 并假设当前迭代是在第 t 轮。

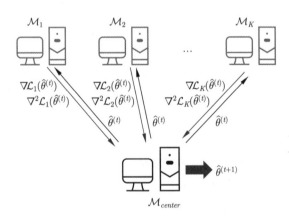

图 8.2 基于梯度更新的分布式算法的迭代步骤

资料来源：Gao et al., 2021.

- **步骤 1**: 对于每台分机 $k \in \{1,\ldots,K\}$，利用分机 $\mathcal{M}_k$ 中所存储的部分数据 $\mathcal{S}_k$ 计算局部损失函数的梯度 $\nabla \mathcal{L}_k(\theta^{(t-1)})$ 或 Hessian 矩阵 $\nabla^2 \mathcal{L}_k(\theta^{(t-1)})$，并将相关向量或矩阵传递至主机中。

- **步骤 2**: 在主机 $\mathcal{M}_{center}$ 中，将这些利用局部数据得到的统计量进行汇总，计算相关参数的估计值 θ_t 并将其返回给每台分机 $\mathcal{M}_k$。
- **步骤 3**: 每台分机 $\mathcal{M}_k$ 根据更新后的参数估计值 θ_t，重新计算相应的统计量，并发送给总机 $\mathcal{M}_{center}$。
- **步骤 4**: 重复以上步骤直到参数收敛。

值得注意的是，在上节中提到的分治法是一个 $\sqrt{N}$ 相合估计量，但它的渐近方差往往并不是最优的。也就是说，相关基于分治法的分布式估计量无法充分利用样本所蕴含的信息。在统计学中，有一种可以进一步提高相合估计量有效性的方法，称为"一步法"（One-shot Approach）。这里的"一步"指的是在现有的相合估计量基础上，利用似然函数（或损失函数）再做一步牛顿迭代。Huang 和 Huo (2019) 提出了一种针对分治平均估计量的一步估计法，即

- **步骤 1**: 主机 $\mathcal{M}_{center}$ 将分治法所得到的加权估计量 $\bar{\theta}$ 传递给各个分机 $\mathcal{M}_k$。
- **步骤 2**: 每台分机根据 $\bar{\theta}$ 计算局部损失函数的梯度 $\nabla \mathcal{L}_k(\bar{\theta})$ 以及 Hessian 矩阵 $\nabla^2 \mathcal{L}_k(\bar{\theta})$，并返回给主机 $\mathcal{M}_{center}$。
- **步骤 3**: 主机 $\mathcal{M}_{center}$ 利用这些梯度和 Hessian 矩阵计算一步估计量：

$$\hat{\theta}^{(1)} = \bar{\theta} - \left[\nabla^2 \mathcal{L}(\bar{\theta})\right]^{-1} \nabla \mathcal{L}(\bar{\theta})$$

进一步地，Huang 和 Huo (2019) 研究了上述估计所能取得的均方误差（MSE）上界，并证明了当分机中的样本数量满足 $n^{-4} = o(N^{-1})$ 时可达到近似全局估计量的收敛速度。此外，Huang 和 Huo (2019) 也证明了该估计量与全局极大似然估计（MLE）拥有相同的渐近分布，表明了一步估计量的有效性。如果将一步估计法做更多步迭代，即用 $\hat{\theta}^{(t)}$ 替换 $\bar{\theta}$ 来计算得到 $\hat{\theta}^{(t+1)}$，就可得到多步估计法，相应的估计量更加接近全局估计量的估计精度。但是可以看到，由于算法需要传输梯度和 Hessian 矩阵，每迭代一轮的通信量为 $O(Kp^2)$。如果待估参数的维数 p 过高，整个算法的通信成本将会非常高。

在多步估计法的基础上，Michael et al. (2018) 提出用一个机器上的 Hessian 矩阵（如 $\mathcal{M}_{center}$）代替平均 Hessian 矩阵，这样分机只需向主机发送梯度信息即可。因此，每轮迭代的通信成本降低为 $O(Kp)$，这与分治法一致。也就是

$$\hat{\theta}^{(t+1)} = \hat{\theta}^{(t)} - \left[\nabla^2 \mathcal{L}_{\text{center}}\left(\hat{\theta}^{(t)}\right)\right]^{-1} \nabla \mathcal{L}\left(\hat{\theta}^{(t)}\right)$$

并且 Michael et al. (2018) 证明了在一定条件下，每迭代一轮，当前估计量与全局估计量之间的差距可以缩小为原来的 $C/\sqrt{n}$。因此，迭代较少的步数便可以得到和利用全体数据估计量 $\hat{\theta}$ 统计性质相匹配的分布式估计量。但是，当各台机器上的样本存在异质性时，总机本地的 Hesssian 矩阵可能无法很好地代表每个单机样本下的损失函数的二阶信息。此时，该方法可能无法得到很好的估计量。Shamir et al. (2014) 和 Fan et al. (2021) 借鉴近似点算法，提出一种在损失函数中加入正则项的方法，在更一般的情况下，证明了估计量的收敛性质。

8.2.2 示例：基于近端梯度算法的 Lasso 问题求解

我们考虑如下经典的带有 Lasso 惩罚项的回归问题：

$$\widehat{\boldsymbol{\beta}} = \mathrm{argmin} \sum_{i=1}^{n}(y_i - \boldsymbol{x}_i^\top \boldsymbol{\beta})^2 + \lambda_n \|\boldsymbol{\beta}\|_1$$

由第 5 章中有关近端梯度算法内容可知，求解该问题的每一步的迭代步骤为：

$$(\boldsymbol{\beta}^{t+1})_k = \left(1 - \frac{\lambda_n \mu_t}{|\tilde{\beta}_k^t|}\right)_+ \tilde{\beta}_k^t, \quad k = 1, \ldots, p$$

其中，$\tilde{\boldsymbol{\beta}}^t = \boldsymbol{\beta}^t - 2\mu_t \sum_{i=1}^{n} \boldsymbol{x}_i^\top(y_i - (\boldsymbol{\beta}^t)^\top \boldsymbol{x}_i)$，对 p 维向量 $\boldsymbol{u} = (u_1, \ldots, u_p)^\top \in \mathcal{R}^p$。

$$(\boldsymbol{u})_+ = \left(\max\{u_1, 0\}, \ldots, \max\{u_p, 0\}\right)^\top$$

我们注意到在上述算法中，需要反复计算如下的迭代：

$$\tilde{\boldsymbol{\beta}}^t = \boldsymbol{\beta}^t - 2\mu_t \sum_{i=1}^{n} \boldsymbol{x}_i^\top(y_i - (\boldsymbol{\beta}^t)^\top \boldsymbol{x}_i)$$

更为重要的是，在上述迭代的过程中，我们只需要在单机中分别计算每台单机中所保存样本对应的梯度信息并将其传递至主机。

因而，在分布式算法中，假设当前迭代步数为 t，只需用主机传递 $\boldsymbol{\beta}^t$，在每台单机中计算相应梯度并汇总加和，即迭代如下步骤直至算法收敛：

步骤 1: 给定 $\boldsymbol{\beta}^t$，针对每台单机 $(j = 1, \ldots, m)$：

- 计算 $\sum\limits_{x_i \in \mathcal{S}_j} x_i^\top(y_i - (\boldsymbol{\beta}^t)^\top x_i)$。
- 传递至主机。

步骤 2: 在主机上汇总：

$$\sum_{j=1}^{m} \sum_{x_i \in \mathcal{S}_j} \boldsymbol{x}_i^\top(y_i - (\boldsymbol{\beta}^t)^\top \boldsymbol{x}_i)$$

并得到 $\tilde{\boldsymbol{\beta}}^t$ 以及 $\boldsymbol{\beta}^{t+1}$。

显然，我们可以通过上述基于梯度更新的算法，充分利用全部样本信息对有关具有稀疏性结构的参数进行估计。

8.2.3 示例：非参数岭回归

8.2.3.1 可再生核希尔伯特空间

可再生核希尔伯特空间（Reproducing Kernel Hilbert Space，RKHS），$\mathcal{H}_K$ 也叫作再生核希尔伯特空间，基于该空间的岭回归是被广泛使用的一种非参数估计方法。对于任意一个正定对称的核函数 $K: \mathcal{X} \times \mathcal{X} \to \mathbb{R}$，其定义了一个可再生核希尔伯特空间 $\mathcal{H}_K$，根据 Mercer 定理，一个核函数对应无穷个特征值 $\{\lambda_i\}_{i=1}^{\infty}$ 和无穷个特征方程 $\{\psi_i\}_{i=1}^{\infty}$，并且

$$K(\boldsymbol{x}, \boldsymbol{y}) = \sum_{i=0}^{\infty} \lambda_i \psi_i(\boldsymbol{x}) \psi_i(\boldsymbol{y})$$

其中，$\{\psi\}_{i=1}^{\infty}$ 是原空间的一组正交基。将 $\{\sqrt{\lambda_i} \psi_i\}_{i=1}^{\infty}$ 作为一组正交基构建一个希尔伯特空间 $\mathcal{H}$，那么这个空间中的任何一个函数都可以表示为这组基的线性组合。显然，有

$$K_{\boldsymbol{x}}(\cdot) := K(\boldsymbol{x}, \cdot) = \sum_{i=0}^{\infty} \lambda_i \psi_i(\boldsymbol{x}) \psi_i(\cdot)$$

并且，通过简单计算可得

$$\langle K_{\boldsymbol{x}}(\cdot), K_{\boldsymbol{y}}(\cdot) \rangle_{\mathcal{H}_K} = \sum_{i=0}^{\infty} \lambda_i \psi_i(\boldsymbol{x}) \psi_i(\boldsymbol{y}) = K(\boldsymbol{x}, \boldsymbol{y})$$

值得注意的是，对于任意 $f \in \mathcal{H}_K$，有

$$\langle f, K_{\boldsymbol{x}}(\cdot) \rangle_{\mathcal{H}_K} = f(\boldsymbol{x}); \quad \|f\|_K := \sqrt{\langle f, f \rangle_{\mathcal{H}_K}}$$

上述性质也称为核的可再生性（Reproducing Property）。

8.2.3.2 核岭回归

在非参数回归中，假设有来自某个联合分布 $\mathbb{P}$ 的 N 个样本 $\{(\boldsymbol{x}_i, y_i)\}_{i=1}^{N}$，其中 $\boldsymbol{x}_i \in \mathcal{X} \subset \mathbb{R}^p$ 为协变量，$y_i \in \mathbb{R}$ 为响应变量。我们的目标是估计一个函数 $\hat{f}: \mathcal{X} \to \mathbb{R}$ 使得均方误差 $E[Y - \hat{f}(\boldsymbol{X})]^2$ 最小，显然理论最优函数为条件期望 $f^*(\boldsymbol{x}) = E(Y|\boldsymbol{X} = \boldsymbol{x})$，$\hat{f}$ 为 f^* 的一个基于样本的估计。

为了估计 f^*，我们考虑最小化如下损失函数：

$$\hat{f} := \underset{f \in \mathcal{H}_K}{\operatorname{argmin}} \left\{ \frac{1}{N} \sum_{i=1}^{N} [f(\boldsymbol{x}_i) - y_i]^2 + \lambda \|f\|_K^2 \right\}$$

其中，f 定义在 RKHS $\mathcal{H}_K$ 中，λ 为正则化参数，防止过拟合。这样的估计方法也称为核岭回归法（Kernel Ridge Regression，KRR），是普通线性岭回归在非参数下的一种推广。

根据 RKHS 中解的表示定理（Representer Theorem），上述优化问题有显式解为：

$$\hat{f}(\boldsymbol{x}) = \sum_{i=1}^{N} \beta_i K(\boldsymbol{x}, \boldsymbol{x}_i)$$

其中，$\beta_1, \ldots, \beta_N \in \mathbb{R}$，因此上述优化问题的求解过程可以转化为估计一组向量 $\hat{\boldsymbol{\beta}} = \left(\hat{\beta}_1, \ldots, \hat{\beta}_N\right)^{\top}$ 使得下式成立：

$$\hat{\boldsymbol{\beta}} = \underset{\boldsymbol{\beta} \in \mathbb{R}^N}{\operatorname{argmin}} \left\{ \frac{1}{N} \left(\boldsymbol{Y} - \boldsymbol{\beta}^\top \boldsymbol{K} \right)^\top \left(\boldsymbol{Y} - \boldsymbol{\beta}^\top \boldsymbol{K} \right) + \lambda \boldsymbol{\beta}^\top \boldsymbol{K} \boldsymbol{\beta} \right\}$$

其中，$\boldsymbol{Y} = (y_1, \ldots, y_N)^\top$，$\boldsymbol{K} = [K(\boldsymbol{x}_i, \boldsymbol{x}_j)]_{i,j=1,\ldots,N}$，所以 $\hat{\boldsymbol{\beta}} = (\boldsymbol{K} + N\lambda \boldsymbol{I}_N)^{-1} \boldsymbol{Y}$。

8.2.3.3 分布式核岭回归

当数据量 n 很大时，上述估计的过程会受到较大的限制，比如对核矩阵 $\boldsymbol{K}$ 求逆有 $\mathcal{O}(N^3)$ 的计算复杂度以及 $\mathcal{O}(N^2)$ 的存储空间的限制。在这种情况下，我们可以考虑基于牛顿下降法的分布式核岭回归方法 (Lin et al., 2020)，其主要思想是在每台分机上根据各自的数据计算梯度及 Hessian 矩阵，然后分别传递到主机上，在主机上进行一步牛顿下降，然后将新的参数传递回各个分机，直至收敛。相较于分治法，该方法具备多轮交流的特点，可以在一定程度上解决分治法在分机数量上的限制，并且达到最优收敛速度。

假设 m 为分机数量，$D_j = \{(\boldsymbol{x}_{i,j}, y_{i,j})\}_{i=1}^{|D_j|}$ 为存储在第 j 台分机上的数据，其中 $\{D_j\}_{j=1}^m$ 之间互不相交，$\mathcal{D} = \bigcup_{j=1}^m D_j$，且 $|D_j|$ 为数据量。

在介绍具体算法前，我们先引入一些概念。定义样本算子 $S_\mathcal{D} : \mathcal{H}_K \to \mathbb{R}^{|\mathcal{D}|}$ 为：

$$S_\mathcal{D} f := (f(\boldsymbol{x}))_{(\boldsymbol{x},y) \in \mathcal{D}}$$

以及 $S_\mathcal{D}^T : \mathbb{R}^{|\mathcal{D}|} \to \mathcal{H}_K$ 为：

$$S_\mathcal{D}^\top \boldsymbol{c} := \frac{1}{|\mathcal{D}|} \sum_{i=1}^{|\mathcal{D}|} c_i K_{\boldsymbol{x}_i}, \quad \boldsymbol{c} := (c_1, c_2, \ldots, c_{|\mathcal{D}|})^\top \in \mathbb{R}^{|\mathcal{D}|}$$

其中，$K_{\boldsymbol{x}} := K(\boldsymbol{x}, \cdot)$。进一步，我们定义

$$L_{K,\mathcal{D}} f := S_\mathcal{D}^\top S_\mathcal{D} f = \frac{1}{|\mathcal{D}|} \sum_{(\boldsymbol{x},y) \in \mathcal{D}} f(x) K_{\boldsymbol{x}}$$

假设

$$f_{\mathcal{D},\lambda} = \underset{f \in \mathcal{H}_K}{\operatorname{argmin}} \left\{ \frac{1}{|\mathcal{D}|} \sum_{(\boldsymbol{x},y) \in \mathcal{D}} (f(\boldsymbol{x}) - y)^2 + \lambda \|f\|_K^2 \right\}$$

则

$$f_{\mathcal{D},\lambda} = (L_{K,\mathcal{D}} + \lambda \boldsymbol{I})^{-1} S_\mathcal{D}^\top y_\mathcal{D}$$

其中，$y_\mathcal{D} := (y_1, \ldots, y_{|\mathcal{D}|})^\top$。对于任意 $f \in \mathcal{H}_K$，有：

$$f_{\mathcal{D},\lambda} = f - (L_{K,\mathcal{D}} + \lambda \boldsymbol{I})^{-1} \left[(L_{K,\mathcal{D}} + \lambda \boldsymbol{I}) f - S_\mathcal{D}^\top y_\mathcal{D} \right]$$

根据 Lin et al. (2020) 的研究，有关 f 的样本梯度可以计算为：

$$G_{\mathcal{D},\lambda,f} = \frac{1}{|\mathcal{D}|} \sum_{(\boldsymbol{x},y) \in \mathcal{D}} (f(\boldsymbol{x}) - y) K_x + \lambda f = (L_{K,\mathcal{D}} + \lambda \boldsymbol{I}) f - S_\mathcal{D}^\top y_\mathcal{D}$$

所对应的样本 Hessian 矩阵为：

$$H_{\mathcal{D},\lambda} = \frac{1}{|\mathcal{D}|} \sum_{(\boldsymbol{x},y) \in \mathcal{D}} \langle \cdot, K_{\boldsymbol{x}} \rangle_K K_x + \lambda \boldsymbol{I} = L_{K,\mathcal{D}} + \lambda \boldsymbol{I}$$

接下来，我们给出基于梯度更新的分布式的基于再生核希尔伯特空间的岭回归方法，该方法是一种多轮交流的迭代方法。对于 $\ell = 1,\ldots,L$，我们依次进行如下迭代步骤：

- **步骤 1**: 主机传递上一步得到的全局估计量 $\bar{f}_{\mathcal{D},\lambda}^{\ell-1}$ 到各台分机上，并且在每台分机上计算基于部分数据的梯度 $G_{D_j,\lambda,\ell} := G_{D_j,\lambda,\bar{f}_{\mathcal{D},\lambda}^{\ell-1}}$；

- **步骤 2**: 将 $\{G_{D_j,\lambda,\ell} : j = 1,\ldots,m\}$ 传递给主机，并且在主机上计算全局梯度 $G_{\mathcal{D},\lambda,\ell} := \sum_{j=1}^{m} \frac{|D_j|}{|\mathcal{D}|} G_{D_j,\lambda,\ell}$；

- **步骤 3**: 将全局梯度 $G_{\mathcal{D},\lambda,\ell}$ 传递到各台分机上，并且生成梯度数据 $G_{j,\ell} = \{(\boldsymbol{x}, G_{\mathcal{D},\lambda,\ell}(\boldsymbol{x}))\}$，其中 $\boldsymbol{x} \in D_j(x)$。然后各台分机根据数据 $G_{j,\ell}$ 做一次基于再生核希尔伯特空间的岭回归：

$$g_{D_j,\lambda,\ell} := \underset{f \in \mathcal{H}_K}{\operatorname{argmin}} \left\{ \frac{1}{|D_j|} \sum_{(\boldsymbol{x},y) \in G_{j,\ell}} (f(\boldsymbol{x}) - y)^2 + \lambda \|f\|_K^2 \right\}, \quad j = 1,\ldots,m$$

- **步骤 4**: 再次将 $g_{D_j,\lambda,\ell}$ 传递给总机，并且在总机上计算得到新一轮估计量：

$$\bar{f}_{\mathcal{D},\lambda}^{\ell} = \bar{f}_{\mathcal{D},\lambda}^{\ell-1} - \frac{1}{\lambda} \left(G_{\mathcal{D},\lambda,\ell} - \sum_{j=1}^{m} \frac{|D_j|}{|\mathcal{D}|} g_{D_j,\lambda,\ell} \right)$$

由此可见，上述算法能够高效地完成海量数据下的非参数估计问题。

8.3 联邦学习算法简介

随着科技的不断发展，人们逐渐意识到数据所有权的重要性，即什么人或者组织能拥有和使用数据发展人工智能技术应用的权力。人们对于用户隐私和数据安全的关注度不断提高，用户开始更加关注他们的隐私信息是否未经自己许可，便被他人出于商业目的等而利用。同时，大多数行业数据存在数据孤岛现象，如何在满足用户隐私保护、数据安全和政府法规要求的前提下，进行跨组织的数据合作是困扰人工智能从业者的一大难题。人们开始寻求一种方法，不必将所有数据集中到一个中心存储点就能够训练机器学习模型。一种可行的办法是由每一个拥有数据源的组织训练一个模型，之后再让每个组织在各自的模型上彼此交流沟通，最终通过模型聚合得到一个全局模型。为了确保用户隐私和数据安全，各个组织交换模型信息的过程会被精心设计，使得没有组织能够猜测到其他任何组织的隐私数据内容。同时，在构建全局模型时，各数据源仿佛已被整合在一起，这便是联邦学习（Federated Learning）算法的核心思想。

8.3.1 算法分类

联邦学习算法的分类体系包括以下三种。

1. 横向联邦学习（按样本划分的联邦学习，如图8.3所示）。它是指两个数据集的客户特征（$X_1, X_2, \ldots$）重叠部分较大，而客户（$U_1, U_2, \ldots$）重叠部分较小。

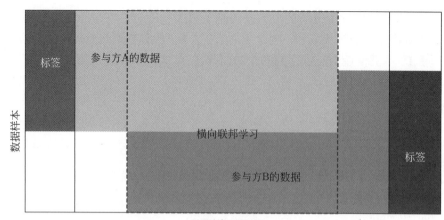

图 8.3　横向联邦学习

资料来源：Yang et al., 2019.

2. 纵向联邦学习（按特征划分的联邦学习，如图8.4所示）它是指两个数据集的客户（$U_1, U_2, \ldots$）重叠部分较大，而客户特征（$X_1, X_2, \ldots$）重叠部分较小。

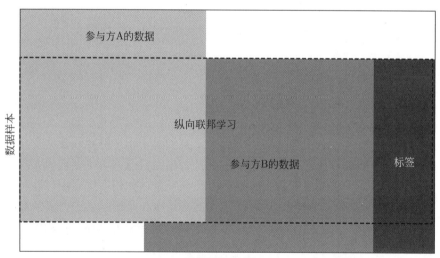

图 8.4　纵向联邦学习

资料来源：Yang et al., 2019.

3. 联邦迁移学习。它是指通过联邦学习和迁移学习，解决两个数据集的客户（$U_1, U_2, \ldots$）与客户特征重叠（$X_1, X_2, \ldots$）部分都比较小的问题。

8.3.2　联邦平均算法介绍

联邦学习中的优化问题称为联邦优化，它与传统分布式优化问题的主要区别在于以下几点。

1. 数据集的非独立同分布（Non-IID）：不同客户端数据分布非独立同分布，比如数据分布差异大等。

2. 不平衡的数据集（Unbalanced Datasets）：不同客户端通常拥有不同规模的训练数据集。

3. 数量很大的参与方（Massively Distributed）：联邦学习的应用可能涉及许多参与方，尤其是使用移动设备的参与方。

4. 慢速且不稳定的通信连接（Limited Communication）：客户和服务器之间的通信依赖于现有网络，通信情况不同且质量难以保证。

联邦平均算法（FedAvg）是一种用于横向联邦学习模型训练的算法，为减少传输开销提供了可行的解决方案，并且实验发现，即便在数据 Non-IID 的情况下，性能依旧可以做得很好。

算法 1 联邦平均算法

输入：参与方数量 K，局部批量数量 M，每轮各个参与方训练步骤数 S，每轮进行计算的参与方占比 ρ，学习率 η

输出：模型参数 w

1　在协调方执行：初始化模型参数 w_0，并将该参数传递给所有参与方
2　**for** 每一全局模型更新轮次 $t = 1, 2, \ldots$ **do**
3　　协调方随机选出 $\max(K\rho, 1)$ 个参与方的集合 $\mathcal{C}_t$
4　　**for** 每个参与方 $k \in \mathcal{C}_t$ 并行地 **do**
5　　　本地更新模型参数：$w_{t+1}^{(k)} \leftarrow$ 参与方更新 $(k, \bar{w}_t)$（见本算法第 9 行）
6　　　将更新后的模型参数 $w_{t+1}^{(k)}$ 发送给协调方
7　　协调方将收到的参数进行加权平均：$\bar{w}_{t+1} \leftarrow \sum_{k=1}^{K} \frac{n_k}{n} w_{t+1}^{(k)}$
8　　若参数收敛，则停止训练；若参数收敛，协调方将参数 $\bar{w}_{t+1}$ 传递给所有参与方
9　在参与方更新 $(k, \bar{w}_t)$
10　从协调方获取最新的参数，并设 $w_{1,1}^{(k)} = \bar{w}_t$
11　　**for** 每一次本地模型更新轮次 $i = 1, 2, \ldots, S$ **do**
12　　　随机从本地数据集 $\mathcal{D}_k$ 中抽出大小为 M 的批量数据集
13　　　从上一轮迭代中获取本地模型参数，即设 $w_{1,i}^{(k)} = w_{B,i-1}^{(k)}$
14　　　**for** 每一批量序号 $b = 1, 2, \ldots, B = \frac{n_k}{M}$ **do**
15　　　　计算批量梯度 $g_k^{(b)}$
16　　　　本地更新参数：$w_{b+1,i}^{(k)} \leftarrow w_{b,i}^{(k)} - \eta g_k^{(b)}$
17　获取本地参数更新 $w_{t+1}^{(k)} = w_{B,S}^{(k)}$，并将其发送给协调方

联邦平均算法在每一个全局模型训练轮次中，每一个参与方都需要给服务器发送完整的模型参数更新。现代 DNN 模型通常有数百万个参数，通信成本非常高。我们可以通过以下两个方法提升通信效率。

1. 压缩的模型参数更新（Sketched Updates）：参与方正常计算模型更新，之后进

行本地压缩。压缩的模型参数更新通常是真正更新的无偏估计值,这意味着它们在平均之后是相同的。

2. 结构化的模型参数更新(Structured Updates):在联邦模型训练过程中,模型参数更新被限制为允许有效压缩操作的形式。例如,模型参数可能被强制要求是稀疏的或者是低阶的。

此外,资源检查和时间评估等方法可以用来选择参与方,从而降低联邦学习系统的通信开销和每一轮全局联邦模型训练所需的时间。

8.3.3 安全联邦线性回归

安全联邦线性回归是一种用于横向联邦学习模型训练的算法,利用同态加密方法,在联邦线性回归模型的训练过程中保护属于每一个参与方的本地数据。

为了使用梯度下降方法训练一个线性回归模型,我们需要用一种安全的方法来计算模型损失和梯度。给定学习率 η、正则化参数 λ,数据集 $\{x_i^A\}_{i\in\mathcal{D}_A}$ 与 $\{x_i^B, y_i\}_{i\in\mathcal{D}_B}$,与其特征空间 x_i^A, x_i^B 相关的模型参数分别为 Θ_A 与 Θ_B,则训练目标可以表示为:

$$\min_{\Theta_A,\Theta_B} \sum_i \|\Theta_A x_i^A + \Theta_B x_i^B - y_i\|^2 + \frac{\lambda}{2}\left(\|\Theta_A\|^2 + \|\Theta_B\|^2\right)$$

设 $u_i^A = \Theta_A x_i^A, u_i^B = \Theta_B x_i^B$,则加密损失如下,其中 $[[\cdot]]$ 表示加法同态加密:

$$[[L]] = \left[\left[\sum_i \left(u_i^A + u_i^B - y_i\right)^2 + \frac{\lambda}{2}\left(\|\Theta_A\|^2 + \|\Theta_B\|^2\right)\right]\right]$$

设

$$[[L_A]] = \left[\left[\sum_i \left(u_i^A\right)^2 + \frac{\lambda}{2}\|\Theta_A\|^2\right]\right], [[L_B]] = \left[\left[\sum_i \left(u_i^B - y_i\right)^2 + \frac{\lambda}{2}\|\Theta_B\|^2\right]\right]$$

$$[[L_{AB}]] = 2\sum_i \left[\left[u_i^A \left(u_i^B - y_i\right)\right]\right]$$

则有:

$$[[L]] = [[L_A]] + [[L_B]] + [[L_{AB}]]$$

类似地,设 $[[d_i]] = [[u_i^A]] + [[u_i^B - y_i]]$,则关于 A 和 B 两方的模型参数的损失函数的梯度为(就是求偏导,更新参数的时候用):

$$\left[\left[\frac{\partial L}{\partial \Theta_A}\right]\right] = 2\sum_i [[d_i]] x_i^A + [[\lambda\Theta_A]]$$

$$\left[\left[\frac{\partial L}{\partial \Theta_B}\right]\right] = 2\sum_i [[d_i]] x_i^B + [[\lambda\Theta_B]]$$

通过公式我们可以看到,u_i^A, u_i^B 可以由 A 方或 B 方独立计算,而如果想要计算梯度,因为 d_i 两方都需要,所以需要两方共同来进行计算。

具体的训练过程如下，其中 R_A, R_B 分别是 A 方和 B 方的随机掩码，主要用于保证 C 方（信息汇总方，用于协调和评估训练过程）无法还原真实准确的梯度信息。

1. 初始化 + 秘钥分发：
   - A 方：初始化 Θ_A；
   - B 方：初始化 Θ_B；
   - C 方：创建加密密钥对，并将公钥发送给 A 方和 B 方。
2. 计算损失：
   - A 方：计算 $[[u_i^A]], [[L_A]]$ 并发送给 B 方（用于计算 $[[d_i]]$）；
   - B 方：收到 A 方传输过来的结果后，计算 $[[u_i^B]], [[d_i]], [[L]]$。
3. 汇总损失并求解梯度：
   - A 方：初始化 R_A，计算 $\left[\left[\frac{\partial L}{\partial \Theta_A}\right]\right] + [[R_A]]$，并发送给 C 方；
   - B 方：初始化 R_B，计算 $\left[\left[\frac{\partial L}{\partial \Theta_B}\right]\right] + [[R_B]]$，并发送给 C 方；
   - C 方：解密 $[[L]], \left[\left[\frac{\partial L}{\partial \Theta_A}\right]\right] + [[R_A]], \left[\left[\frac{\partial L}{\partial \Theta_B}\right]\right] + [[R_B]]$，并将 $\frac{\partial L}{\partial \Theta_A} + R_A$ 发给 A 方，将 $\frac{\partial L}{\partial \Theta_B} + R_B$ 发给 B 方。
4. 更新模型参数：
   - A 方：利用梯度信息更新 Θ_A；
   - B 方：利用梯度信息更新 Θ_B。

预测时 A 方和 B 方需要协作计算结果，具体过程如下。

1. ID 对齐：
   - C 方：将用户 ID i 发送给 A 方和 B 方。
2. 计算结果：
   - A 方：计算 u_i^A 并发送给 C 方；
   - B 方：计算 u_i^B 并发送给 C 方；
   - C 方：计算 $u_i^A + u_i^B$ 的结果，即为最终的预估值。

从安全联邦线性回归模型的训练步骤可以看出，在实体对齐和模型训练期间，A 方和 B 方所拥有的数据存储在本地，并且模型训练中的交互不会导致数据隐私泄露。需要注意的是，由于 C 方是受信任的，所以 C 方的潜在信息泄露可能会或可能不会被认为是隐私侵犯。为了进一步防止 C 方从 A 方或 B 方学习到相关信息，A 方和 B 方可以将它们的梯度信息加上加密随机掩码。

第9章

案例集

在本章中，我们提供了四个比较完整的案例来展现如何采用分布式计算的方式分析一些经典统计学问题。在前三个案例中，我们推导了不同混合分布条件下的 EM 算法；在第四个案例中，我们考虑了逻辑回归问题，并在该模型框架下比较了几种常用的优化算法。

9.1 案例一：基于 MM 算法和 EM 算法的负二项分布参数估计

9.1.1 负二项分布

负二项分布（Negative Binomial Distribution）又称为帕斯卡分布或玻利耶分布，是概率统计学中一种非常重要且应用广泛的离散概率分布。它常在医学、生物学、生态学和农学中用于计数数据的分析，例如，某流行病的患病人数、某昆虫种群在地区内的数量、某种细菌在空间内的个数等。有关负二项分布的定义如下，假设有一组独立的伯努利实验，每次实验相互独立且有两种结果，即"成功"和"失败"，假设每次实验成功的概率是 p，而失败的概率是 $1-p$，当结果是"失败"的实验次数达到 r 次，那么结果为"成功"的次数 X 会服从负二项分布 $NB(r,p)$：

$$P(X=x) = f(x;r,p) = C_{x+r-1}^{r-1} p^x (1-p)^r$$

其中，r 为正整数，且 $0<p<1$。对于 $NB(r,p)$ 中参数的传统估计方法主要有矩方法、极大似然估计法或者假设 r 为常数来计算 p 的估计等方法。这几种传统方法对于参数 (r,p) 的估计在应用中都有其不足之处，例如，采用矩方法进行参数估计时，由于是双参数指数分布族，所以矩方法的效果往往劣于极大似然估计法；采用极大似然估计法进行参数估计时，对数似然函数分别对两个参数进行求导来求解估计量，该过程中的计算往往比较复杂，直接求解比较困难；若假设 r 为常数来计算 p 的估计值，实际中 r 的值并不能确定，因此不能判断常数值是否正确，会造成估计值产生较大的偏差。

因此，针对传统参数估计方法所存在的缺陷，本案例考虑采用 MM 算法和 EM 算法交替对参数 r 与 p 进行估计，其中 MM 算法是一种迭代优化方法，它利用函数的凸性来找到它们的最大值或最小值，EM 算法可以被视为 MM 算法的特殊情况，通过求解含有隐变量的极大似然问题来得到估计结果，这两种算法在统计分析中具有广泛的应用。

9.1.2 MM 算法的负二项分布参数估计求解

9.1.2.1 MM 算法简介

对于目标函数最大化问题，可以使用 MM（Majorize-Minimization）算法即最小最大算法。该算法的中心思想是"优化转移"，核心在于构造一个易于优化的替代函数 $Q(\theta)$，当目标函数 $\ell(\theta)$ 对于所要估计的参数 θ 较难优化求解时，算法对替代函数求解。该替代函数 $Q(\theta)$ 的最优解能够逼近目标函数 $\ell(\theta)$ 的最优解，从而将求解复杂的目标函数的极值问题转变为求解具有优良性质的替代函数的极值问题。

MM 算法中的最小化思想是对于观测到的样本 X_{obs}，首先用 $\ell(\theta \mid X_{obs})$ 表示对数似然函数，想要得到关于参数 θ 的一个有效估计，假设当前对 θ 的估计为 $\theta^{(t)}$，想找到一个具有如下性质的替代函数 $Q\left(\theta \mid \theta^{(t)}\right)$：

$$\begin{cases} Q\left(\theta \mid \theta^{(t)}\right) \leqslant \ell\left(\theta \mid X_{obs}\right), & \forall \theta \in \Theta \\ Q\left(\theta^{(t)} \mid \theta^{(t)}\right) = \ell\left(\theta^{(t)} \mid X_{obs}\right) \end{cases}$$

通过求解 $\max_{\theta \in \Theta} Q\left(\theta \mid \theta^{(t)}\right)$ 来对参数进行迭代，而不是直接求解 $\max_{\theta \in \Theta} l\left(\theta \mid X_{obs}\right)$。具体来看，对参数 θ 进行迭代，即求解 $\theta^{(t+1)} = \mathrm{argmax}_{\theta \in \Theta} Q\left(\theta \mid \theta^{(t)}\right)$ 并计算相邻两步迭代的参数变化幅度。当参数变化的幅度小于事先指定的阈值 ϵ 时，即 $\left|\theta^{(t+1)} - \theta^{(t)}\right| \leqslant \epsilon$，我们认为有关算法收敛，停止迭代并令最终迭代结果为最终的估计值 $\hat{\theta}$。

9.1.2.2 MM 算法的推导过程

考虑采用 MM 算法得到负二项分布 $X \sim NB(r, p)$ 中参数的估计。假设有 n 个观测值 $X_{obs} = \{x_i\}_{i=1}^n$，由负二项分布的概率密度函数可以得到似然函数：

$$L(r, p; X_{obs}) = \prod_{i=1}^{n} C_{x_i+r-1}^{r-1}(1-p)^{x_i} p^r \propto (1-p)^{n\bar{x}} p^{nr} \prod_{i=1}^{n} \Gamma(x_i + r) / \Gamma(r)$$

其中，$\bar{x} = \sum_{i=1}^{n} x_i / n$，$\Gamma$ 表示伽马函数。进一步，求解对数似然函数可得：

$$\ell(r, p; X_{obs}) = c + nr\log(p) + n\bar{x}\log(1-p) + \sum_{i=1}^{n} \log\left[\Gamma(x_i + r)\right] - n\log[\Gamma(r)]$$

其中，c 为与 r、p 无关的常数（这里 p 为失败的概率）。

对于给定的 $r^{(t)}$，由 p 的条件对数似然函数可求导得到失败概率 p 的迭代公式：

$$\frac{\partial \ell\left(r^{(t)}, p; X_{obs}\right)}{\partial p} = 0 \Rightarrow \frac{nr^{(t)}}{p} - \frac{n\bar{x}}{1-p} = 0 \Rightarrow p^{(t)} = \frac{r^{(t)}}{r^{(t)} + \bar{x}}$$

给定 $p^{(t)}$，可得到 r 的条件对数似然函数：

$$\ell\left(r \mid X_{obs}, p^{(t)}\right) = c^r - nr\left[\log\left(r^{(t)} + \bar{x}\right) - \log\left(r^{(t)}\right)\right] + \sum_{i=1}^{n} \log\left[\Gamma\left(x_i + r\right)/\Gamma(r)\right]$$

其中，c^r 为与 r 无关的常数。令 $\ell_1 = \sum_{i=1}^{n} \log\left[\Gamma\left(x_i + r\right)/\Gamma(r)\right]$。由于 ℓ_1 中包含 digamma 函数，上式求解比较难，因此使用 MM 算法对 r 进行求解：

$$\ell_1 = \sum_{i=1}^{n} \log\left[\Gamma\left(x_i + r\right)/\Gamma(r)\right] = \sum_{j=1}^{s} n_j \log[r + j - 1]$$

其中，$n_j = \sum_{k=j}^{s} m_k$，m_k 为 $x = k$ 的频数，s 为观测到的 x 的最大值，因此有：

$$\ell_1 \geqslant \left(n_1 + r^{(t)} \sum_{j=2}^{s} \frac{n_j}{r^{(t)} + j - 1}\right) \log(r) + \sum_{j=2}^{s} c_j$$

其中，c_j 为与 r 无关的常数。

$$\ell\left(r \mid X_{obs}, p^{(t)}\right) \geqslant c^r + \sum_{j=2}^{s} c_j - nr\left[\log\left(r^{(t)} + \bar{x}\right) - \log\left(r^{(t)}\right)\right]$$
$$+ \left(n_1 + r^{(t)} \sum_{j=2}^{s} \frac{n_j}{r^{(t)} + j - 1}\right) \log(r)$$

显然，我们可以得到 Q 函数如下：

$$Q\left(r \mid X_{obs}, r^{(t)}\right) = -nr\left[\log\left(r^{(t)} + \bar{x}\right) - \log\left(r^{(t)}\right)\right] + \left(n_1 + r^{(t)} \sum_{j=2}^{s} \frac{n_j}{r^{(t)} + j - 1}\right) \log(r)$$

由 $\partial Q\left(r \mid X_{obs}, r^{(t)}\right)/\partial r = 0$，可得到 r 的迭代表达式为：

$$r^{(t+1)} = \frac{n_1 + r^{(t)} \sum_{j=2}^{s} \dfrac{n_j}{r^{(t)} + j - 1}}{n\left[\log\left(r^{(t)} + \bar{x}\right) - \log\left(r^{(t)}\right)\right]}$$

给定阈值 $\epsilon > 0$，当参数 r 和 p 的更新幅度都小于阈值即 $\left|r^{(t+1)} - r^{(t)}\right| \leqslant \epsilon$ 且 $\left|p^{(t+1)} - p^{(t)}\right| \leqslant \epsilon$ 时，参数收敛，迭代停止，得到最终的迭代估计结果 $\hat{r}$ 和 $\hat{p}$。

9.1.3 EM 算法的负二项分布参数估计求解

考虑采用 EM 算法求解负二项分布中有关参数的估计，Adamidis (1999) 对具体计算细节进行了描述。首先引入一对独立的随机变量 Y, Z。Y 服从参数为 (α, θ) 的对数级数分布：
$$P(Y=y) = f(y;\theta) = \frac{\alpha \theta^y}{y}, \ y \in \mathbb{N}$$

其中，$\alpha = \dfrac{1}{\log(1-\theta)}$，$\theta \in (0,1)$。$Z$ 服从参数为 $\dfrac{1}{\alpha}$ 以及取值范围为 $(0,1)$ 的指数分布：
$$f(z;\theta) = \frac{1}{\alpha}\frac{(1-\theta)^z}{\theta}$$

由 Y, Z 独立，得到联合分布的概率密度函数表达式为：
$$f(y,z;\theta) = \frac{(1-\theta)^z \theta^{y-1}}{y}$$

然后，我们考虑负二项分布的另一种定义：
$$X = \sum_{i=1}^{M} Y_i$$

其中，Y_i 服从独立同分布的参数为 (α, θ) 的对数级数分布，M 与 Y_i 独立，且服从参数为 λ 的泊松分布：
$$P(M=m) = \frac{\lambda^m}{m!}\mathrm{e}^{-\lambda}, \quad m \in \mathbb{N}_+$$

参数 $(\alpha, \theta, \lambda)$ 对应 (r, p) 的关系为 $r = \alpha \lambda$，$p = \theta$。

则 Y_i, Z_j, M 的联合分布概率密度函数为：
$$f(y_j, z_j, m; \theta, \lambda) = \frac{\mathrm{e}^{-\lambda} \lambda^m (1-\theta)^{(\sum z_j)} \theta^{(\sum y_j - m)}}{m! \Pi y_j}$$

考虑具有 n 个观测的数据 $y_{ij}, z_{ij}, m_i, i=1,\ldots,n, \ j=1,\ldots,m_i$ 的完全数据对数似然函数为：
$$\ell(\theta, \lambda) \propto -n\lambda + \log\theta \left[\sum_{i=1}^{n}\left(\sum_{j=1}^{M_i} Y_{ij} - M_i\right)\right] - \frac{1}{\alpha}\sum_{i=1}^{n}\sum_{j=1}^{M_i} Z_{ij} + \log\lambda \sum_{i=1}^{n} M_i$$

显然，有
$$E\left(\sum_{j=1}^{M} Y_j \mid X, \theta, \lambda\right) = X$$

由 Z_j 和 X, M 独立可得：
$$E\left(\sum_{j=1}^{M} Z_j \mid X, \theta, \lambda\right) = E(M \mid X, \theta, \lambda) E(Z_j \mid \theta)$$

其中：

$$E(Z_j, \theta) = -\left(\frac{1-\theta}{\theta} - \alpha\right)$$

由 $M \mid X, \theta, \lambda$ 的分布服从第一类斯特林分布可得，$M \mid X, \theta, \lambda$ 的分布为：

$$p(M \mid X, \theta, \lambda) = \frac{(\alpha\lambda)^m S_x^m}{(\alpha\lambda)_x}$$

其中，$(\alpha\lambda)_x = \dfrac{\Gamma(\alpha\lambda + x)}{\Gamma(\alpha\lambda)}$，$S_x^m$ 为第一类斯特林数，满足下列条件：

$$\sum_{m=1}^{x} (\alpha\lambda)^m S_x^m = (\alpha\lambda)_x$$

根据 $M \mid X, \theta, \lambda$ 的分布函数求得 $E(M \mid X, \theta, \lambda)$。通过上述推导过程得到 EM 算法的 E 步和 M 步如下：

E 步：求期望。

$$E(M_i \mid X, \theta, \lambda) = \sum_{k=1}^{x_i} \frac{\alpha\lambda}{\alpha\lambda + k - 1}$$

M 步：计算参数估计值。

$$\theta^{(t+1)} = \frac{\sum_{i=1}^{n} \left[x_i - E\left(M_i \mid X, \theta^{(t)}, \lambda^{(t)}\right)\right]}{\sum_{i=1}^{n} \left[x_i + E\left(\sum_{j=1}^{M_i} Z_{ij} \mid X, \theta^{(t)}, \lambda^{(t)}\right) - E\left(M_i \mid X, \theta^{(t)}, \lambda^{(t)}\right)\right]}$$

$$\lambda^{(t+1)} = \frac{\sum_{i=1}^{n} E\left(M_i \mid X, \theta^{(t+1)}, \lambda^{(t)}\right)}{n}$$

$$\alpha^{(t+1)} = -1/\log\left(1 - \theta^{(t+1)}\right)$$

其中，$E\left(\sum_{j=1}^{M_i} Z_{ij} \mid X, \theta, \lambda\right) = \left(\dfrac{\theta - 1}{\theta} + \alpha\right) E(M_i \mid X, \theta, \lambda)$。

给定阈值 $\epsilon > 0$，当参数 θ, λ 和 α 的更新幅度都小于该值，即 $\left|\theta^{(t+1)} - \theta^{(t)}\right| \leqslant \epsilon$，$\left|\lambda^{(t+1)} - \lambda^{(t)}\right| \leqslant \epsilon, \left|\alpha^{(t+1)} - \alpha^{(t)}\right| \leqslant \epsilon$ 时，参数收敛，迭代停止，得到最终的迭代结果为估计值 $\hat{\theta}, \hat{\lambda}$ 和 $\hat{\alpha}$，再由公式计算负二项分布参数 N 和 p 的估计值为 $\hat{r} = \hat{\alpha}\hat{\lambda}$，$\hat{p} = \hat{\theta}$。

9.1.4 数值模拟

9.1.4.1 实验设计

为了比较 MM 算法和 EM 算法在负二项分布参数估计上的效果，我们基于 Scala 语言针对上述两种算法实现分布式计算，通过设计数值模拟实验比较相关的估计结果。

实验的主要思路：选择不同的参数对 (r,p) 以及样本数 n，基于每一组参数产生多组服从负二项分布的模拟数据样本，使用 Scala 语言分别实现 MM 算法和 EM 算法的参数估计过程的分布式计算，在每组样本的迭代过程中，当两次迭代的差值小于阈值 $\epsilon = 10^{-6}$ 时，认为参数收敛，结束迭代，记录参数估计的结果和迭代次数，比较两者的结果。

数值模拟实验中每一组参数设置的具体实验步骤如下。

1. 根据给定的参数对和样本数产生一组模拟数据样本。
2. 将模拟数据分布到每一台单机上，分别使用 MM 算法和 EM 算法迭代，在主机和分机上进行相应的计算。
3. 迭代收敛，得到两种算法的参数估计结果和迭代次数。
4. 重复前三步 k 次，得到 k 组估计结果和迭代次数。
5. 将 k 组估计结果和迭代次数的均值作为该参数设置下的最终求解结果，并求出参数估计的标准差。

9.1.4.2 分布式计算实现

我们基于 Spark 分布式平台，通过 Scala 实现基于 MM 算法和 EM 算法的分布式计算。

在 MM 算法中，参数估计的迭代公式为 $r^{(t+1)} = \dfrac{n_1 + r^{(t)} \sum\limits_{j=2}^{s} \dfrac{n_j}{r^{(t)} + j - 1}}{n\left[\log\left(r^{(t)} + \bar{x}\right) - \log\left(r^{(t)}\right)\right]}$，其中在计算观测 X_{obs} 的均值 $\bar{x}$ 和频数 n_j 时采用如下分布式思想。

1. 均值。将每台分机上的数据求和后，汇总到主机，再除以观测样本数得到均值 $\bar{x}$。
2. 频数。
- 先求出所有观测的最大值 s，再将所有观测数据分到单机上。
- 对于每台单机上的每个观测 x，生成一个 $s+1$ 维的向量，用于表示这一条观测的取值情况，若 $x = i\ (i \leqslant s)$，则向量的第 $i+1$ 个位置为 1，其余都为 0，即 $(0, \ldots, 0, 1, 0, \ldots, 0)$。
- 将每台分机上的向量求和后传递到主机，再求和即得到所有观测值出现的频数表。

得到均值 $\bar{x}$ 和频数表后，再在主机上利用迭代公式计算参数的估计结果并记录。

在 EM 算法中，计算 $\theta^{(t+1)}$、$\lambda^{(t+1)}$ 的迭代值时采用分布式思想，即在每一台分机上分别计算所对应的数值：

$$\begin{cases} \sum\limits_{i=1}^{n} \left[x_i - E\left(M_i \mid X, \theta^{(t)}, \lambda^{(t)}\right)\right] \\ \sum\limits_{i=1}^{n} \left[x_i + E\left(\sum\limits_{j=1}^{M_i} Z_{ij} \mid X, \theta^{(t)}, \lambda^{(t)}\right) - E\left(M_i \mid X, \theta^{(t)}, \lambda^{(t)}\right)\right] \\ \sum\limits_{i=1}^{n} E\left(M_i \mid X, \theta^{(t)}, \lambda^{(t)}\right) \end{cases}$$

再将每一台分机中的求和结果传递至主机，之后根据迭代公式更新参数 $\theta^{(t+1)}$、$\lambda^{(t+1)}$ 和 $\alpha^{(t+1)}$。详细计算细节及理论结果请参见 Adamidis (1999)。

实验结果

选取样本量 n 为 $100, 500, 1000$，以及参数 r 为 $2, 5$，p 为 $0.2, 0.4$ 之后，我们产生服从负二项分布的模拟数据进行实验。在每组参数设置下进行 50 次重复实验，分别得到每次实验在 MM 算法和 EM 算法下的参数估计值 $\hat{r}$ 和 $\hat{p}$ 后，算出每组参数对应的均值和标准差，以及迭代次数均值，结果如表9.1所示。

表 9.1 不同 (r, p, n) 组合下的参数估计和迭代结果

		$r=2, p=0.2$			$r=2, p=0.4$			$r=5, p=0.2$			$r=5, p=0.4$		
		$\hat{r}$	$\hat{p}$	iter	$\hat{r}$	$\hat{p}$	iter	$\hat{r}$	$\hat{p}$	iter	$\hat{r}$	$\hat{p}$	iter
$n=100$	MM Mean	3.187	0.216	432	2.268	0.398	215	6.517	0.217	624	6.929	0.378	495
	Std	3.712	0.114		0.971	0.087		5.431	0.089		6.891	0.107	
	EM Mean	3.971	0.215	65	2.267	0.398	43	7.238	0.216	111	11.43	0.377	125
	Std	6.504	0.116		0.971	0.087		7.943	0.091		37.75	0.111	
$n=500$	MM Mean	2.127	0.208	359	2.054	0.396	184	5.536	0.196	695	5.230	0.393	425
	Std	0.837	0.054		0.388	0.041		2.109	0.050		0.921	0.040	
	EM Mean	2.128	0.208	39	2.054	0.396	39	5.543	0.196	88	5.230	0.393	96
	Std	0.837	0.054		0.388	0.041		2.127	0.051		0.921	0.393	
$n=1000$	MM Mean	2.256	0.194	389	2.040	0.397	181	5.491	0.194	727	5.320	0.387	434
	Std	0.814	0.049		0.316	0.034		1.680	0.041		0.727	0.033	
	EM Mean	2.256	0.194	39	2.040	0.397	40	5.498	0.194	89	5.320	0.387	97
	Std	0.814	0.049		0.316	0.034		1.706	0.041		0.727	0.033	

由以上数值模拟实验的结果可得到如下结论。

1. 在每一组参数设置下，EM 算法的参数估计迭代次数明显少于 MM 算法。

2. 随着样本量 n 增加，MM 算法和 EM 算法的参数估计结果趋于相同，且较为接近参数真实值。

3. 当样本量 n、参数 r 和 p 较小时，可能会导致 EM 算法的计算过程中出现 NaN，MM 算法不收敛的情况，且两种算法的估计均不准确，这种情况下两种算法都不适用。

4. 在样本量足够大的情况下，EM 算法参数估计的总体效果优于 MM 算法。

9.1.5 实证分析

血吸虫病是血吸虫寄生于门静脉系统所引起的疾病，是一种流行广、发病率高、人畜共患的慢性寄生虫病，容易引起血吸虫性肝硬化、巨脾、腹水、侏儒等症状，造成劳动力丧失、死亡等严重后果。负二项分布在医学中主要用于聚集性疾病的研究，我们用负二项分布对湖北省 2001 年血吸虫病抽样调查的患病人数分布进行拟合，基于数据模拟实验的结果，通过 EM 算法对患病人数分布的模拟来讨论血吸虫病的家庭聚集情况。

本案例的数据来自 2001 年湖北省血吸虫病的抽样调查数据。该抽样调查研究以行政村为抽样单位，采取分层整群抽样的方法抽取样本，将抽取到的行政村中 3~60 岁常住人口作为调查对象，经粪检确诊的病例即为血吸虫病患者。该研究在该次抽样调查中，共调查了 2210 户家庭，其中有 539 个粪检确诊病例，分布在 470 户家庭。在血吸虫病患病调查的 2210 户家庭中，1 人患病有 406 户、2 人患病有 60 户、3 人患病有 3 户、4 人患病有 1 户，其余 1740 户没有人患病。该研究共有血吸虫病患者 539 人，家庭中有 2 人或 2 人以上患病者均在血吸虫病未控制地区（即居民粪检阳性率 ⩾ 5% 的地区），观测数据如表9.2所示。

表 9.2　湖北省 2001 年血吸虫病抽样调查数据

每户患病人数	实际户数
0	1740
1	406
2	60
3	3
4	1
合计	2210

根据 EM 算法的原理，我们用负二项分布来拟合血吸虫病的抽样调查观测数据的分布，参数估计结果如表9.3所示。

表 9.3　负二项分布拟合血吸虫病患病人数的 EM 算法参数估计结果

参数	估计结果
$Iter$	115
$\hat{\lambda}$	0.240
$\hat{\alpha}$	28.892
$\hat{\theta}$	0.034
$\hat{r}$	6.925
$\hat{p}$	0.034
合计	2210

根据 EM 算法估计出的负二项分布参数值 $(\hat{r}, \hat{p})$，我们计算出血吸虫病患病人数每个值的理论户数如表9.4所示。

为了验证该参数估计的负二项分布拟合血吸虫病患病人数结果的准确性，我们对表 9.4 中的实际户数和理论户数进行卡方检验，通过卡方检验公式：

$$\chi^2 = \sum \frac{(\text{理论户数} - \text{实际户数})^2}{\text{理论户数}} \sim \chi_1^2$$

求出相应的卡方值 $\chi^2 = 0.579$，$p = 0.749 > 0.05$，无法拒绝血吸虫病病患病人数数据服从负二项分布 $NB(7, 0.03)$ 的原假设，说明血吸虫病具有家庭聚集性。

表 9.4　负二项分布拟合血吸虫病患病人数实际户数与理论户数结果比较

每户患病人数	实际户数	理论户数
0	1740	1738.978
1	406	409.693
2	60	55.229
3	3	5.590
4	1	0.472
>4	0	0.038
合计	2210	2210

研究结果说明由 EM 算法拟合得到的负二项分布（$\hat{r}=7$, $\hat{p}=0.03$）所给出的血吸虫病患病人数的理论户数具有较高的准确性和精确性。

9.1.6　结论

本案例基于 MM 算法和 EM 算法，给出了负二项分布参数极大似然估计的两种求解方法。我们通过 Scala 语言实现了两种算法的分布式计算，并设计数值模拟实验对两种算法的估计效果进行比较，最后针对湖北省血吸虫病的实际抽样调查进行了实证分析，采用效率更高的 EM 算法进行拟合，得到了较好的拟合结果。本案例使用的两种算法各有优劣，其中，MM 算法的推导过程较为简单易懂，但迭代次数多；而 EM 算法的推导过程相对比较复杂，但迭代次数显著少于 MM 算法；当数据量足够多时，两种算法的结果几乎相同，此时采用 EM 算法能够提升迭代速度。但是这两种算法也存在共同的缺陷：对于样本量不足的情况，两者都无法提供较好的估计结果。通过数值模拟实验可以发现，当样本量不足时，算法的估计与真实值相差较大，甚至会出现不收敛、迭代过程中分母为 0 的情况，此时两种算法在该问题的求解上都不适用，可以考虑使用适当的过采样方法扩充样本后再进行估计。

9.1.7　源码附录

9.1.7.1　数值模拟实验代码

```
import org.apache.spark.SparkContext
import org.apache.spark.SparkConf
import org.apache.log4j.{Level, Logger}
import breeze.linalg._
import breeze.stats.distributions._
import breeze.stats.{stddev}
object final1
{
```

```scala
def main(args: Array[String]): Unit = {
val conf = new SparkConf().setAppName("run").setMaster("local[2]")
Logger.getLogger("org.apache.spark").setLevel(Level.WARN)
Logger.getLogger("org.eclipse.jetty.server").setLevel(Level.OFF)
val sc = new SparkContext(conf)

val N = Array(100,500,1000)
val R = Array(2,5)
val P = Array(0.2,0.4)
for (i<-0 to 1){
  for (j<-0 to 1){
    for (kk<-0 to 2){
      val i1 = DenseVector.zeros[Int](50)//MM迭代次数
      val i2 = DenseVector.zeros[Int](50)//EM迭代次数
      val phat1 = DenseVector.zeros[Double](50)//MM参数
      val rhat1 = DenseVector.zeros[Double](50)
      val phat2 = DenseVector.zeros[Double](50)//EM参数
      val rhat2 = DenseVector.zeros[Double](50)
      val n= N(kk)
      val r = R(i)
      val p = P(j)
      for(t<-0 until 50){
        val gen = for {
          lambda <- Gamma(r, p / (1 - p))
          u <- Poisson(lambda)
        } yield u
        val x = Array.ofDim[Int](n)
        for (j <- 0 until n){
          x(j) = gen.draw()
          //println(x(j))
        }
        val a = max(x)
        //println(a)
        val NumOfSlaves = 5
        val data = sc.parallelize(x.map(s=>s.toDouble), NumOfSlaves)
        var x_mean = 0.0
        x_mean = data.reduce((x,y)=>x+y)/n

        val count = data.map(line=>{
          val y = DenseVector.zeros[Double](a+1)
          for (l <- 0 until a+1 ){
            if(line == l){ y(l) = 1}
```

```scala
    }
    y
}).reduce((x, y) => x+y)

//println("============频数表==============\n观测值    频数")
//val m  =  DenseVector.rangeD(0,a+1,1)
//val freq = DenseMatrix.zeros[Double](2,a+1)
//freq(0,::).t :=m
//freq(1,::).t :=count
// println(freq.t)

val count_acc = DenseVector.zeros[Double](a+1)
for (l <- 0 until a+1){
  count_acc(l) = sum(count(l to -1))
}
//println(count_acc)

//MM算法
var phat = 0.5
var rhat = 1.0
var oldphat = 0.0
var oldrhat = 0.0
var diff1 = 0.0
var ii1 = 0
val eps = 0.000001
//EM算法迭代
do {
  ii1 += 1
  oldphat = phat
  oldrhat = rhat

  var num = 0.0
  for (l<- 1 to a){
    num += rhat*count_acc(l)/(rhat+l-1)
  }
  //println(num)
  rhat = num / (n*(math.log(rhat+x_mean)-math.log(rhat)))
  phat = 1-rhat/(rhat+x_mean)
  //println("111phat="+phat)
  //println("111rhat="+rhat)
  //记录参数估计更新的变化以判断是否终止循环
  diff1 = math.abs(phat - oldphat) + math.abs(rhat-oldrhat)
```

```
} while (diff1 > eps & ii1<1000)
i1(t) = ii1
phat1(t) = phat
rhat1(t) = rhat

//EM算法
var e_m = 0.0
var e_z = 1.0
var e_mz = 0.0
var lambda = 1.0
var alpha = 1.0
var theta = 0.1
var oldlambda = 0.0
var oldalpha = 0.0
var oldtheta = 0.0
var ii2 = 0
var diff2 = 0.0
do{
  ii2+=1
  //theta步
  //第一个是分子，第二个是分母
  oldalpha = alpha
  oldlambda = lambda
  oldtheta = theta
  val SufficientStatistics = data.map(x => {
    //算E(M)
    e_m = 0.0
    var k = 1
    while(k<=x){
      e_m += math.pow(alpha * lambda + k - 1, -1)
      k+=1
    }
    e_m *= alpha * lambda
    //算E(MZ)
    e_mz = e_m * e_z
    (x - e_m, x + e_mz - e_m,e_m)
  })
  //分子求和，分母求和，result应该是（分子，分母）
  val Results = SufficientStatistics.reduce((x, y) =>
    (x._1 + y._1, x._2 + y._2, x._3 + y._3))
  theta = Results._1 /Results._2
  //lambda步
```

```
                    alpha = - math.pow( math.log(1-theta) ,-1)
                    e_z = -1 * ((1-theta)*math.pow(theta,-1) - alpha)
                    lambda = Results._3 * math.pow(n, -1)
                    diff2 = math.abs(oldalpha-alpha)+math.abs(oldlambda-lambda)+
                          math.abs(oldtheta-theta)
                }while(diff2>eps & ii2<1000)
                i2(t) = ii2
                val phat_em = theta
                phat2(t) = phat_em
                val rhat_em = lambda*alpha
                rhat2(t) = rhat_em

            }
            println("-----------------------------------------------------------")
            print("n="+n)
            print("    r="+r)
            println("   p="+p)
            println("============MM算法=============")
            println("迭代次数:"+sum(i1)/50)
            println("phat="+sum(phat1)/50)
            println("phat_std ="+stddev(phat1))
            println("rhat="+sum(rhat1)/50)
            println("rhat_std ="+stddev(rhat1))
            println(i1)
            println(phat1)
            println(rhat1)


            println("============EM算法=============")
            println("迭代次数:"+sum(i2)/50)
            println("phat="+sum(phat2)/50)
            println("phat_std ="+stddev(phat2))
            println("rhat="+sum(rhat2)/50)
            println("rhat_std ="+stddev(rhat2))
            println(i2)
            println(phat2)
            println(rhat2)
          }
        }
      }
    }
}
```

9.1.7.2 实证分析代码

```scala
import org.apache.spark.SparkContext
import org.apache.spark.SparkConf
import org.apache.log4j.{Level, Logger}
import breeze.linalg._

object project {
  def main(args: Array[String]): Unit={
    val conf = new SparkConf().setAppName ("Logistic").setMaster ("local[2]")
    Logger.getLogger ("org.apache.spark").setLevel (Level.WARN)
    Logger.getLogger ("org.eclipse.jetty.server").setLevel (Level.OFF)
    val sc = new SparkContext (conf)

    //实际数据
    //数据目录
    val dataDir = "C://Users//zhezhe//Desktop//data.csv"
    val data1 = sc.textFile(dataDir)
    val q1 = data1.map(line => line.split(",").map(_.toDouble)).collect

    val x = q1(0)
    val n = x.length
    val a = max(x).toInt
    println(a)
    val NumOfSlaves = 5
    val data = sc.parallelize(x, NumOfSlaves)
    var x_mean = 0.0
    x_mean = data.reduce((x,y)=>x+y)/n

    val count = data.map(line=>{
      val y = DenseVector.zeros[Double](a+1)
      for (k <- 0 until a+1 ){
        if(line == k){ y(k) = 1}
      }
      y
    }).reduce((x, y) => x+y)

    println("============频数表==============\n观测值   频数")
    val m =  DenseVector.rangeD(0,a+1,1)
    val freq = DenseMatrix.zeros[Double](2,a+1)
    freq(0,::).t :=m
    freq(1,::).t :=count
    println(freq.t)
```

```
val count_acc = DenseVector.zeros[Double](a+1)
for (i <- 0 until a+1){
  count_acc(i) = sum(count(i to -1))
}
//println(count_acc)

//MM算法
var phat = 0.5
var rhat = 2.0
var oldphat = 0.0
var oldrhat = 0.0
var diff1 = 0.0
var ii1 = 0
val eps = 0.000001
//EM算法迭代
do {
  ii1 += 1
  oldphat = phat
  oldrhat = rhat

  var num = 0.0
  for (i<- 1 to a){
    num += rhat*count_acc(i)/(rhat+i-1)
  }
  //println(num)
  rhat = num / (n*(math.log(rhat+x_mean)-math.log(rhat)))
  phat = 1-rhat/(rhat+x_mean)
  //println("111phat="+phat)
  //println("111rhat="+rhat)
  //记录参数估计更新的变化以判断是否终止循环
  diff1 = math.abs(phat - oldphat) + math.abs(rhat-oldrhat)
} while (diff1 > eps & ii1<5000)
println("============MM算法=============")
println("迭代次数:"+ii1)
println("phat="+phat)
println("rhat="+rhat)
println(diff1)
//EM算法
var e_m = 0.0
var e_z = 1.0
var e_mz = 0.0
var lambda = 1.0
```

```
var alpha = 1.0
var theta = 0.1
var oldlambda = 0.0
var oldalpha = 0.0
var oldtheta = 0.0
var ii2 = 0
var diff2 = 0.0
do{
  ii2+=1
  //theta步
  //第一个是分子，第二个是分母
  oldalpha = alpha
  oldlambda = lambda
  oldtheta = theta
  val SufficientStatistics = data.map(x => {
    //算E(M)
    e_m = 0.0
    var k = 1
    while(k<=x){
      e_m += math.pow(alpha * lambda + k - 1, -1)
      k+=1
    }
    e_m *= alpha * lambda
    //算E(MZ)
    e_mz = e_m * e_z
    (x - e_m, x + e_mz - e_m, e_m)
  })
  //分子求和，分母求和 result应该是（分子，分母）
  val Results = SufficientStatistics.reduce((x, y) =>
    (x._1 + y._1, x._2 + y._2, x._3 + y._3))
  theta = Results._1 /Results._2
  //lambda步
  alpha = - math.pow( math.log(1-theta) ,-1)
  e_z = -1 * ((1-theta)*math.pow(theta,-1) - alpha)
  lambda = Results._3 * math.pow(n, -1)
  diff2=math.abs(oldalpha-alpha)+math.abs(oldlambda-lambda)+
        math.abs(oldtheta-theta)
}while(diff2>eps & ii2<1000)
println("============EM算法============")
println("迭代次数:"+ii2)
println("lambdahat="+lambda)
println("alphahat="+alpha)
println("thetahat="+theta)
```

```
//println("diff:"+diff)
val phat_em = theta
println("phat="+phat_em)
val rhat_em = lambda*alpha
println("rhat="+rhat_em)
//根据估计的参数值，计算理论频数
val prob_mm = DenseVector.zeros[Double](a+1)
val prob_em = DenseVector.zeros[Double](a+1)

val freq_est = DenseMatrix.zeros[Double](4,a+1)
def mul(n: Double): Double ={
  if(n <= 1.0)
    return 1.0
  return n * mul(n-1)
}
//MM算法结果
for(i <- 0 to a){
  prob_mm(i) = mul(m(i)+rhat-1)/(mul(m(i))*mul(rhat-1))
            *math.pow(phat,m(i))*math.pow(1-phat,rhat)*n
}
//EM算法结果
for(i <- 0 to a){
  prob_em(i) = mul(m(i)+rhat_em-1)/(mul(m(i))*mul(rhat_em-1))
         *math.pow(phat_em, m(i))*math.pow(1-phat_em,rhat_em)*n
}
println("==========理论频数表==========\n
观测值 实际频数        mm理论频数            em理论频数")
freq_est(0,::).t :=m
freq_est(1,::).t :=count
freq_est(2,::).t :=prob_mm
freq_est(3,::).t :=prob_em
println(freq_est.t)
  }
}
```

9.2 案例二：基于 EM 算法的混合指数分布参数估计

9.2.1 混合指数分布简介

标准指数分布的密度函数为：

$$f(x;\lambda) = \frac{1}{\lambda}e^{-\frac{x}{\lambda}}, \quad x \geqslant 0, \ \lambda > 0$$

其中，分布的均值为 λ，方差为 λ^2。整个分布为右偏，不同 λ 下对应的密度函数如图9.1所示。

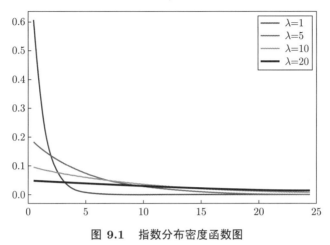

图 9.1　指数分布密度函数图

若随机变量 $\boldsymbol{X}$ 服从多元混合指数分布，则其密度函数为：

$$f(X;p,\lambda) = \sum_{k=1}^{K} \frac{p_k}{\lambda_k} \mathrm{e}^{-\frac{x}{\lambda_k}}, \quad x \geqslant 0$$

其中，$p=(p_1,\ldots,p_K), \lambda=(\lambda_1,\ldots,\lambda_K)$ 且 $\lambda_k > 0$，$0 < p_k < 1$ 且 $\sum_{k=1}^{K} p_k = 1$。显然，整个分布一共有 $2K-1$ 个参数，下面我们尝试通过 EM 算法来估计这些参数。

9.2.2　EM 算法

9.2.2.1　EM 算法简介

EM 算法是由 Dempster et al. (1977) 提出的一种求解带有缺失数据模型的极大似然估计（MLE）的迭代算法。它可以根据非完整数据集对参数进行 MLE 估计，是一种非常实用的算法。假设数据由观测数据 X 和缺失数据 Z 组成，(X,Z) 的完全数据似然函数为 $f(x,z|\boldsymbol{\theta})$。因而，我们可以定义 Q 函数如下：

$$Q\left(\boldsymbol{\theta} \mid \boldsymbol{\theta}^{(k)}\right) = E\left[\log(f(x,z|\boldsymbol{\theta})) \mid x, \boldsymbol{\theta}^{(k)}\right]$$

那么，EM 算法的具体步骤如下。
1. E 步：计算 $Q\left(\boldsymbol{\theta} \mid \boldsymbol{\theta}^{(k)}\right)$；
2. M 步：得到 $\boldsymbol{\theta}^{(k+1)} = \mathrm{argmax}_{\boldsymbol{\theta} \in \Theta} Q\left(\boldsymbol{\theta} \mid \boldsymbol{\theta}^{(k)}\right)$；
3. 重复执行以上步骤，直到某些给定标准被满足。

9.2.2.2　EM 算法加速

EM 算法实现简单，数值计算稳定，存储量小，并具有良好的全局收敛性。但是，

EM 的迭代通过求解 $\boldsymbol{\theta}^{(k+1)} = \mathrm{argmax}_{\boldsymbol{\theta}}\, Q\left(\boldsymbol{\theta} \mid \boldsymbol{\theta}^{(k)}\right)$ 实现，因此算法收敛速度比较慢，只是次线性的收敛速度。因此我们将尝试用 Wynn 提出的 ε-加速算法来对 EM 算法的收敛进行加速 (Gekeler, 1972)。

ε-加速算法的主要思想是由原始序列 $\boldsymbol{\theta}^{(k)}$ 产生新的迭代序列，并使新的迭代序列收敛极限与原序列一致，但收敛速度比原序列更快。此处不对具体的证明进行阐述，只阐述该算法的具体实现步骤。定义一个向量 x 的标准化公式为：

$$[\boldsymbol{x}]^{-1} = \frac{\boldsymbol{x}}{\|\boldsymbol{x}\|^2}$$

则 ε-加速算法的步骤如下。

(1) 通过 $\boldsymbol{\theta}^{(k+1)} = \mathrm{argmax}_{\boldsymbol{\theta}}\, Q\left(\boldsymbol{\theta} \mid \boldsymbol{\theta}^{(k)}\right)$ 更新 EM 算法产生的参数序列 $\boldsymbol{\theta}^{(k+1)}$；

(2) 根据公式 $\hat{\boldsymbol{\theta}}^{(k-1)} = \boldsymbol{\theta}^{(k)} + \left[(\boldsymbol{\theta}^{(k-1)} - \boldsymbol{\theta}^{(k)})^{-1} + (\boldsymbol{\theta}^{(k+1)} - \boldsymbol{\theta}^{(k)})^{-1}\right]^{-1}$ 产生一个新的序列 $\hat{\boldsymbol{\theta}}^{(k-1)}$；

(3) 重复执行以上步骤，直到某些给定标准被满足。Traub (1982) 已经证明，新的迭代序列 $\hat{\boldsymbol{\theta}}^{(k-1)}$ 的收敛极限与原序列 $\boldsymbol{\theta}^{(k+1)}$ 一致，但是收敛速度比原序列更快。

9.2.2.3 完全数据情形下参数的 EM 算法估计

记 K 维混合指数分布的密度函数为：

$$f(x; \boldsymbol{\theta}) = \sum_{k=1}^{K} \frac{p_k}{\lambda_k} \mathrm{e}^{-\frac{x}{\lambda_k}},\ x \geqslant 0$$

其中，$\boldsymbol{\theta} = (p_1, \ldots, p_K, \lambda_1, \ldots, \lambda_K)$，$0 < p_k < 1$，$\sum_{k=1}^{K} p_k = 1$，$0 < \lambda_1 < \ldots < \lambda_K$。假设 $\boldsymbol{X} = (x_1, \ldots, x_N)$ 是来自该分布的 N 个独立样本，下面我们尝试用 EM 算法对相关参数进行估计。记

$$g_k(x_i) = \frac{1}{\lambda_k} \mathrm{e}^{-\frac{x_i}{\lambda_k}}$$

$$g(x_i) = \sum_{k=1}^{K} p_k g_{ik} = \sum_{k=1}^{K} \frac{p_k}{\lambda_k} \mathrm{e}^{-\frac{x_i}{\lambda_k}}$$

引入示性变量 $\boldsymbol{I}_i$，$i = 1, 2, \ldots, N$，其中 $\boldsymbol{I}_i = (I_{i1}, \ldots, I_{iK})^\top$ 以及 $I_{ik} \in \{0, 1\}$ 与 $\sum_{k=1}^{K} I_{ik} = 1$。这里 $I_{ik} = 1$ 表示样本 x_i 是来自第 k 个指数分布的样本。因此，关于 $(x_i, \boldsymbol{I}_i)$ 的完全数据似然函数为：

$$f(x_i, \boldsymbol{I}_i | \boldsymbol{\theta}) = \prod_{k=1}^{K} (p_k g_k(x_i))^{I_{ik}}$$

并且，在给定 x_i 和 $\boldsymbol{\theta}$ 后，我们可知：

$$P(I_{ik}=1 \mid x_i, \boldsymbol{\theta}) = \frac{p_k g_k(x_i)}{g(x_i)}, \quad k=1,\ldots,K$$

下面给出 EM 算法具体的迭代步骤。

（1）E 步：

$$Q\left(\boldsymbol{\theta} \mid \boldsymbol{\theta}^{(t-1)}\right) = \sum_{i=1}^{N}\sum_{k=1}^{K} \frac{p_k^{(t-1)} g_k^{(t-1)}(x_i)}{g^{(t-1)}(x_i)} \log\left(p_k g_k(x_i)\right) = \sum_{i=1}^{N}\sum_{k=1}^{K} c_{ik}^{(t-1)} \log\left(p_k g_k(x_i)\right)$$

其中：

$$c_{ik}^{(t-1)} = \frac{p_k^{(t-1)} g_k^{(t-1)}(x_i)}{g^{(t-1)}(x_i)}$$

$$\log\left(p_k g_k(x_i)\right) = \log p_k - \log \lambda_k - \frac{x_i}{\lambda_k}$$

（2）M 步：

$$Q\left(\boldsymbol{\theta} \mid \boldsymbol{\theta}^{(t-1)}\right) = \sum_{i=1}^{N}\sum_{k=1}^{K} c_{ik}^{(t-1)} \left(\log p_k - \log \lambda_k - \frac{x_i}{\lambda_k}\right)$$

$$= \underbrace{\sum_{k=1}^{K}\sum_{i=1}^{N} c_{ik}^{(t-1)} \left(-\log \lambda_k - \frac{x_i}{\lambda_k}\right)}_{G(\lambda)} + \underbrace{\sum_{k=1}^{K} \log p_k \left(\sum_{i=1}^{N} c_{ik}^{(t-1)}\right)}_{H(p)}$$

进一步，令

$$\frac{\partial Q}{\partial \lambda_k} = \frac{\partial G(\lambda)}{\partial \lambda_k} = 0$$

可得

$$\lambda_k^{(t)} = \frac{\sum_{i=1}^{N} c_{ik}^{(t-1)} x_i}{\sum_{i=1}^{N} c_{ik}^{(t-1)}}$$

对于求解 p_k，因为存在约束 $\sum_{k=1}^{K} p_k = 1$，所以可通过对函数 $H(p)$ 使用拉格朗日乘子法求解，最终的结果为：

$$p_k^{(t)} = \frac{\sum_{i=1}^{N} c_{ik}^{(t-1)}}{N}$$

9.2.2.4 定数截尾情形下参数的 EM 算法估计

前面我们给出了完全数据情况下的混合指数分布的 EM 算法的参数估计。但是在实际问题中，我们可能会面对不完全的截尾样本。比如一个工厂对某个器件做寿命分析时，考虑时间成本问题，工厂不会等所有器件都失灵后才让实验结束。它们可能会采用定数截尾或者定时结尾的方式，获得截断数据，再用这些数据对参数进行估计。

定数截尾不用等所有器件都失灵才结束实验，而是设置一个阈值，只要失灵的器件个数达到这个阈值，就结束实验。假设 $X = (x_1, \ldots, x_r, x_{r+1}, \ldots, x_N)$ 是来自混合指数分布的 N 个独立样本，其中 $x_1 \leqslant \ldots \leqslant x_r$ 为未截尾样本，$x_{r+1}, \ldots, x_N$ 为定数截尾样本。下面我们尝试用 EM 算法对参数进行估计。

记

$$g_k(x_i) = \frac{1}{\lambda_k} e^{-\frac{x_i}{\lambda_k}}$$

$$g(x_i) = \sum_{k=1}^{K} p_k g_k(x_i) = \sum_{k=1}^{K} \frac{p_k}{\lambda_k} e^{-\frac{x_i}{\lambda_k}}$$

进一步引入生存函数：

$$s(x) = 1 - F(x) = e^{-\frac{x}{\lambda}}$$

并且记

$$s_{ik} = e^{-\frac{x_i}{\lambda_k}}$$

$$s_i = \sum_{k=1}^{K} p_k e^{-\frac{x_i}{\lambda_k}} = \sum_{k=1}^{K} p_k s_{ik}$$

引入示性变量 $I_i (i = 1, 2, \ldots, N)$，其中 $I_i = (I_{i1}, \ldots, I_{iK})^\top, I_{ik} \in \{0, 1\}$ 且 $\sum_{k=1}^{K} I_{ik} = 1$。$I_{ik} = 1$ 表示样本 x_i 是来自第 k 个指数分布的样本。

对于截尾的样本，(X, I) 的完全数据似然函数为：

$$g(X, I | \theta) = \prod_{k=1}^{K} (p_k s_{ik})^{I_{ik}}$$

在给定 X 和 θ 后，得到：

$$P(I_{ik} = 1 | X, \theta) = \frac{p_k s_{ik}}{s_i}, \quad k = 1, \ldots, K$$

下面我们给出 EM 算法具体的迭代步骤。

(1) E 步：

$$Q\left(\theta | \theta^{(t-1)}\right) = \sum_{i=1}^{r} \sum_{k=1}^{K} \frac{p_k^{(t-1)} g_k^{(t-1)}(x_i)}{g^{(t-1)}(x_i)} \log(p_k f_{ik}) + \sum_{i=r+1}^{N} \sum_{k=1}^{K} \frac{p_k^{(t-1)} s_{ik}^{(t-1)}}{s_i^{(t-1)}} \log(p_k s_{ik})$$

$$= \underbrace{\sum_{k=1}^{K} \left[\sum_{i=1}^{r} c_{ik}^{(t-1)} \left(\log \lambda_k + \frac{x_i}{\lambda_k} \right) + \sum_{i=r+1}^{N} d_{ik}^{(t-1)} \frac{x_r}{\lambda_k} \right]}_{G(\lambda)}$$

$$+ \underbrace{\sum_{k=1}^{K} \log p_k \left(\sum_{i=1}^{r} c_{ik}^{(t-1)} + \sum_{i=r+1}^{N} d_{ik}^{(t-1)} \right)}_{H(p)}$$

其中：
$$\begin{cases} c_{ik}^{(t-1)} = \dfrac{p_k^{(t-1)} g_k^{(t-1)}(x_i)}{g^{(t-1)}(x_i)} \\ d_{ik}^{(t-1)} = \dfrac{p_k^{(t-1)} s_{ik}^{(t-1)}}{s_i^{(t-1)}} \end{cases}$$

（2）M 步：

令
$$\frac{\partial Q}{\partial \lambda_k} = \frac{\partial G(\lambda)}{\partial \lambda_k} = 0$$

解得
$$\lambda_k^{(t)} = \frac{\sum_{i=1}^{r} c_{ik}^{(t-1)} x_i + \sum_{i=r+1}^{N} d_{ik}^{(t-1)} x_r}{\sum_{i=1}^{N} c_{ik}^{(t-1)}}$$

类似地，对于求解 p_k，因为存在约束 $\sum_{k=1}^{K} p_k = 1$，所以可通过对函数 $H(p)$ 使用拉格朗日乘子法求解，最终的结果为：

$$p_k^{(t)} = \frac{\sum_{i=1}^{r} c_{ik}^{(t-1)} + \sum_{i=r+1}^{N} d_{ik}^{(t-1)}}{\sum_{k=1}^{K} \left(\sum_{i=1}^{r} c_{ik}^{(t-1)} + \sum_{i=r+1}^{N} d_{ik}^{(t-1)} \right)}$$

9.2.2.5 定时截尾情形下参数的 EM 算法估计

与定数截尾不同，定时截尾则是首先设定一个截尾时间点 t_0，只要实验达到这个时间点，不管有多少器件还未失灵，都会停止实验。

假设 $X = (x_1, \ldots, x_r, x_{r+1}, \ldots, x_N)$ 是来自该分布的 N 个独立样本，其中 $x_1 \leqslant \ldots, \leqslant x_r \leqslant t_0$ 为未截尾样本，$x_{r+1}, \ldots, x_N$ 为定时截尾样本，参数 EM 算法估计的推导过程与定数截尾类似，这里直接给出最终迭代公式：

$$\begin{cases} \lambda_k^{(t)} = \dfrac{\sum_{i=1}^{r} c_{ik}^{(t-1)} x_i + \sum_{i=r+1}^{N} d_{ik}^{(t-1)} t_0}{\sum_{i=1}^{N} c_{ik}^{(t-1)}} \\ p_k^{(t)} = \dfrac{\sum_{i=1}^{r} c_{ik}^{(t-1)} + \sum_{i=r+1}^{N} d_{ik}^{(t-1)}}{\sum_{k=1}^{K} \left(\sum_{i=1}^{r} c_{ik}^{(t-1)} + \sum_{i=r+1}^{N} d_{ik}^{(t-1)} \right)} \end{cases}$$

9.2.3 Spark 实现

从前面 EM 算法的迭代公式中可以看出，求解结果都是一些求和项的最终比值。因此当样本量非常大时，可以采用分布式的思想去完成这个算法。下面，我们尝试用 Spark 实现二维指数混合分布分别在完全数据情形和定数截尾情形下的 EM 算法估计。

9.2.3.1 随机数的生成

指数分布 $f(x) = \frac{1}{\lambda} \mathrm{e}^{-\frac{x}{\lambda}}, x \geqslant 0, \lambda > 0$ 的分布函数及其逆函数分别为：

$$F(x) = \begin{cases} 1 - \mathrm{e}^{-\frac{x}{\lambda}}, & x \geqslant 0 \\ 0, & x < 0 \end{cases}$$

$$F^{-1}(x) = -\lambda \log(1 - x),\ 0 \leqslant x < 1$$

所以对于完全数据情形，生成单个指数分布随机数的方法如下。

1. 产生均匀分布随机数 $u \sim U(0, 1)$；
2. 计算 $x = -\lambda \log(1 - u)$。

在生成单个指数分布的随机数后，每次依概率选择其中的一个数，作为混合指数分布的随机数。而对于定数截尾情形，我们将先产生 N 个混合指数分布的随机数，然后选取某一个上分位数（比如 90%），然后将大于这个分位数的所有随机数的值全部设为该分位数。具体的 Spark 代码如下所示：

```
def generateData(true_p : Double, true_lam1 : Double, true_lam2 : Double,
            N : Int) :
  (org.apache.spark.rdd.RDD[Double] , org.apache.spark.rdd.RDD[Double])= {
    val data = Array.ofDim[Double](N)
    val random = ThreadLocalRandom.current
    for (i <- 0 until N) {
      val p = random.nextDouble
      if (p <= true_p) {
        data(i) = -1.0 * true_lam1 * math.log(1 - random.nextDouble)
      }
      else {
        data(i) = -1.0 * true_lam2 * math.log(1 - random.nextDouble)
      }
    }
    var pardata = sc. parallelize (data, 5)
    val pardatastr = pardata.map("%.10f" format _)
    pardata = pardatastr.map(_.toDouble)
    //完全数据和定数截尾
    val cut_point = computePercentile(pardata, 90)
```

```
    val complete_data = pardata.filter(_ <= cut_point)
    val k = pardata.count() - complete_data.count()
    val num = k.toInt
    val cut_data = Array.ofDim[Double](num)
    for (i <- 0 until num) {
        cut_data(i) = cut_point
    }
    var cut_pardata = sc.parallelize(cut_data, 5)
    val cut_pardatastr = cut_pardata.map("%.10f' format_)
    cut_pardata = cut_pardatastr.map(_.toDouble)
    return (complete_data^ cut_pardata)
}
```

9.2.3.2 参数初始值的设定

一般来说，由于 EM 算法的收敛性质，无论是完全数据情形还是定数截尾情形，初始值即使随机产生，算法最终也会收敛。但是初始值的不同设定可能会影响算法收敛的速度且收敛至不同的点，所以针对完全数据情形，我们可以尝试 K 组中心法来产生初始值。对于完全数据情形下的二维混合指数分布，此方法的具体步骤如下。

（1）取 $K = 2$，采用 K 组中心法将产生的所有随机数聚为两类；

（2）计算每一类的聚类中心，将每一个中心分别设为一个 λ 的初始值；

（3）计算其中一类的总样本数，并将此结果除以样本总数的值作为 p 的初始值。

具体的 Spark 代码如下所示：

```
def kmeanslnit(data : org.apache.spark.rdd.RDD[Double], numClusters : Int,
    numiterations : Int) : Array[Double] = {
    val newData = data.map(line => Vectors.dense(line)).cache()
    val clusters = KMeans.train(newData, numClusters, numiterations)
    val res = clusters.predict(newData)
    var init_lam1 = clusters.clusterCenters(0)(0)
    var init_lam2 = clusters.clusterCenters(1)(0)
    var init_p = res.sum() / newData.count()
    if (init_lam1 > init_lam2) {
        val temp = init_lam1
        init_lam1 = init_lam2
        init_lam2 = temp
        init_p = 1.0 - init_p
    }
    val ret = Array[Double](init_p, init_lam1, init_lam2)
    return ret
}
```

9.2.3.3　EM 算法迭代

EM 算法迭代的 Spark 代码实现如下。每次通过 RDD 的 map 操作更新相关的充分统计量，然后通过 reduce 行动操作更新参数估计。算法一开始设定了迭代次数，从而方便我们对比不同迭代次数下的参数估计效果。我们也可设定一个很小的阈值，当参数更新的幅度小于这个阈值时就停止迭代。

```
do ( i += 1 //更新迭代次数
  old_p = new_p // 更新参数
  old_lam1 = new_lam1
  old__lam2 = new__lam2
  var sufficient = pardata.map(// E步
    x => {
      val f1 = 1.0 / old_lam1 * math.exp(- x / old_lam1)
      val f2 = 1.0 / old_lam2 * math.exp(- x / old_lam2)
      val f = old_p * f1 + (1.0 - old_p) * f2
      val c1 = old_p * f1 / f
      val c2 = (1 - old_p) * f2 / f
      val c1x = c1 * x
      val c2x = c2 * x
      (c1, c2, c1x, c2x) // 充分统计量
    }
  )
  val res = sufficient.reduce((x, y) => (x._1 + y._1, x._2 + y._2,
                                          x._3 + y._3, x._4 + y._4))
  new_p = res._1 / (res._1 + res._2) // M步
  new_lam1 = res._3 / (res,_1)
  new_lam2 = res._4 / (res._2)
  em_seq(i) = Array(new_p, new_lam1, new_lam2)
  // Epsilon-EM
  if (i >= 2) {
    val arr1 = standardize(arrSub(em_seq(i-2), em_seq(i-1), 3), 3)
    val arr2 = standardize(arrSub(em_seq(i), em_seq(i-1), 3), 3)
    val arr3 = standardize(arrSum(arr1, arr2, 3), 3)
    epsilon_seq(i - 2) = arrSum(em_seq(i-1), arr3, 3)
  }
}while (i < iteration)
```

9.2.4　效果评估

为了验证 EM 算法在估计混合指数分布参数时的效率，我们取 $\boldsymbol{\theta} = (p, \lambda_1, \lambda_2) = (0.4, 5, 10)$ 作为二元混合指数分布的参数真值，分别在样本量为 $100, 1000, 10000, 50000,$

100000 的时候各重复 50 次实验，通过 K 组中心法确定初始值，并经过 1000 次迭代得到最终的收敛结果。记第 i 次实验得到的估计为 $\hat{\boldsymbol{\theta}}^i = \left(\hat{p}^i, \hat{\lambda}_1^i, \hat{\lambda}_2^i\right)$，则

$$\hat{\boldsymbol{\theta}} = \frac{1}{50} \sum_{i=1}^{50} \hat{\boldsymbol{\theta}}^i$$

$$\text{MSE} = \frac{1}{50} \sum_{i=1}^{50} \left\| \hat{\boldsymbol{\theta}}^i - \boldsymbol{\theta}_{\text{True}} \right\|^2$$

表9.5和表9.6分别给出了完全数据和定数截尾情形下的参数估计结果。可以看出：不管是完全数据情形还是定数截尾情形，随着样本数的增加，参数估计都越来越逼近真值，并且估计值越来越稳定。另外，在不同情形下，定数截尾的参数估计的效果的稳定性都不如完全数据。截尾的比例越大，参数估计的效果和稳定性越差。由于截尾情况越严重，信息缺失就越多，因此这样的结果并不让人意外。

表 9.5 完全数据的参数估计结果（迭代次数：1000）

样本数	$\hat{p}$		$\hat{\lambda}_1$		$\hat{\lambda}_2$	
	MEAN	MSE	MEAN	MSE	MEAN	MSE
100	0.288	0.103	4.126	7.18	10.83	39.34
1000	0.35	0.04	4.26	2.76	10.23	5.87
5000	0.365	0.013	4.687	0.68	9.9	0.376
10000	0.356	0.006	4.684	0.26	9.84	0.15
50000	0.354	0.004	4.76	0.11	9.76	0.1
100000	0.365	0.001	4.81	0.05	9.83	0.04

表 9.6 定数截尾的参数估计结果（截尾比例：10%，迭代次数：1000）

样本数	$\hat{p}$		$\hat{\lambda}_1$		$\hat{\lambda}_2$	
	MEAN	MSE	MEAN	MSE	MEAN	MSE
100	0.235	0.211	4.019	8.25	8.96	42.11
1000	0.342	0.101	4.157	5.43	9.42	7.89
5000	0.357	0.059	4.489	4.28	9.68	2.56
10000	0.352	0.032	4.572	2.05	9.37	1.84
50000	0.349	0.025	4.631	1.56	9.42	1.02
100000	0.355	0.009	4.79	0.88	0.55	0.77

为了比较 EM 算法与 ε-加速算法的收敛速度，我们将算法停止迭代的条件设为 $\|\hat{\boldsymbol{\theta}}^{(i+1)} - \hat{\boldsymbol{\theta}}^{(i)}\| \leqslant 10^{-5}$。在完全数据情形下，设定相同的收敛条件来比较各算法收敛时的迭代次数。由表9.7可以看出，ε-加速算法的迭代次数不到 EM 算法的一半。

表 9.7 ε-加速算法迭代次数比较（样本:10000，重复次数:50）

样本数	迭代次数	$\hat{p}$		$\hat{\lambda}_1$		$\hat{\lambda}_2$	
		MEAN	MSE	MEAN	MSE	MEAN	MSE
EM	2525.2	0.3849	0.01183	4.83291	0.2827	10.0187	0.4042
ACEM	952.9	0.3851	0.01186	4.8294	0.2837	10.0202	0.4062

9.2.5 源码附录

```
Import java.util.concurrent.ThreadLocalRandom
Import org.apache.spark.mllib.clustering.{KMeans, KMeansModel}
Import org.apache.spark.mllib.linalg.Vectors
Import scala.util.control._
Class mixedExpEm{
  def generateData(true_p: Double, true_lam1: Double,
  true_lam2: Double, N: Int): org.apache.spark.rdd.RDD[Double]={
    val data = Array.ofDim[Double](N)
    val random = ThreadLocalRandom.current
    for (i <- 0 untilN) {
      val p = random.nextDouble
      if (p <= true_p) {
        data(i) = -1.0 * true_lam1 * math.log(1 - random.nextDouble)
      }
      else {
        data(i) = -1.0 * true_lam2 * math.log(1 - random.nextDouble)
      }
    }
    var pardata = sc.parallelize(data, 5)
    val pardatastr = pardata.map("%.10f" format _)
    pardata = pardatastr.map(_.toDouble)
    return pardata
  }
  def kmeansInit(data: org.apache.spark.rdd.RDD[Double], numClusters: Int,
  numIterations: Int): Array[Double] = {
    val newData = data.map(line => Vectors.dense(line)).cache()
    val clusters = KMeans.train(newData, numClusters, numIterations)
    val res = clusters.predict(newData)
    var init_lam1 = clusters.clusterCenters(0)(0)
    var init_lam2 = clusters.clusterCenters(1)(0)
    var init_p = res.sum() / newData.count()
    if (init_lam1 > init_lam2) {
      val temp = init_lam1
```

```scala
        init_lam1 = init_lam2
        init_lam2 = temp
        init_p = 1.0 - init_p
    }
    val ret = Array[Double](init_p, init_lam1, init_lam2)
    return ret
    }
def standardize(arr: Array[Double], n: Int): Array[Double] = {
    val inner_product = arr.map(x=>x * x).sum
    val res = Array.ofDim[Double](n)
    for (i <- 0 until n) res(i) = arr(i) / inner_product
    return res
}
def arrSub(arr1: Array[Double], arr2: Array[Double], n: Int): Array[Double]
    = {
    val res = Array.ofDim[Double](n)
    for (i<-0 until n) res(i) = arr1(i) - arr2(i)
    return res
}
def arrSum(arr1: Array[Double], arr2: Array[Double], n: Int): Array[Double]
    = {
    val res = Array.ofDim[Double](n)
    for (I <- 0 until n) res(i) = arr1(i) + arr2(i)
    return res
}
def twoExpEm(pardata: org.apache.spark.rdd.RDD[Double], p_init: Double,
lam1_init: Double, lam2_init: Double, iteration: Int,
retType: Int): Map[String,Double] = {
    var old_p = 0.0
    var old_lam1 = 0.0
    var old_lam2 = 0.0
    var new_p = p_init
    var new_lam1 = lam1_init
    var new_lam2 = lam2_init
    var I = 0
    val eps = 1e-5
    var em_seq = Array.ofDim[Double](iteration+10, 3)
    em_seq(0) = Array(p_init, lam1_init, lam2_init)
    var epsilon_seq = Array.ofDim[Double](iteration+10, 3)
    var diff_em = 1000.0
    var diff_eps = 1000.0
    val loop = newBreaks
    loop.breakable{
```

```
do{
    //更新迭代次数
    i += 1
    //更新参数
    old_p = new_p
    old_lam1 = new_lam1
    old_lam2 = new_lam2
    //E步
    var sufficient = pardata.map(
        x => {
            val f1 = 1.0 / old_lam1 * math.exp(-x / old_lam1)
            val f2 = 1.0 / old_lam2 * math.exp(-x / old_lam2)
            val f = old_p * f1 + (1.0 - old_p) * f2
            val c1 = old_p * f1 / f
            val c2 = (1 - old_p) * f2 / f
            val c1x = c1 * x
            val c2x = c2 * x
            //充分统计量
            (c1, c2, c1x, c2x)
        }
    )
    val res = sufficient.reduce((x,y) => (x._1 + y._1, x._2 + y._2, x._3 + y._3, x._4 + y._4))
    //M步
    new_p = res._1 / (res._1 + res._2)
    new_lam1 = res._3 / (res._1)
    new_lam2 = res._4 / (res._2)
    em_seq(i) = Array(new_p, new_lam1, new_lam2)
    diff_em = math.abs(new_p - old_p) + math.abs(new_lam1 -old_lam1) +
              math.abs(new_lam2 - old_lam2)
    if(retype == 0 && diff_em < eps){
        loop.break
    }
    //Epsilon-EM
    if(retype == 1&& I >= 2){
        val arr1 = standardize(arrSub(em_seq(i-2), em_seq(i-1), 3), 3)
        val arr2 = standardize(arrSub(em_seq(i), em_seq(i-1), 3), 3)
        val arr3 = standardize(arrSum(arr1, arr2, 3), 3)
        epsilon_seq(i-2) = arrSum(em_seq(i-1), arr3, 3)
        if(I >= 3){
            val temp = arrSub(epsilon_seq(i-2), epsilon_seq(i-3), 3)
            diff_eps = math.abs(temp(0)) + math.abs(temp(1)) +
                                           math.abs(temp(2))
```

```
                if(diff_eps < eps){
                loop.break
                }
            }
        }
    }while(I < iteration)
}
//retype = 0 : NormalEM
val ans = Map("p" -> new_p, "lam1" -> new_lam1, "lam2" -> new_lam2,
            "iter" -> i.toDouble)
//retype = 1 : AcceleratedEM
val ret = Map("p" -> epsilon_seq(i-2)(0),
"lam1" -> epsilon_seq(i-2)(1), "lam2" -> epsilon_seq(i-2)(2), "iter" -> i.toDouble)
if(retype == 0)return ans
return ret
    }
}
```

9.3 案例三：基于 EM 算法的有限混合泊松分布的参数估计

9.3.1 有限混合泊松分布简介

9.3.1.1 泊松分布

泊松分布适合描述单位时间（或空间）内随机事件发生的次数, 例如某个地区单位时间内的患病人数通常服从泊松分布, 其分布为：

$$f(y,\lambda) = \mathrm{e}^{-\lambda}\lambda^y/y!$$

然而在一个较大地区, 受其他因素的影响, 不同局部地区的患病次数会呈现不同的特性, 单一参数的泊松分布无法准确地描述观测到的数据。因此, 通常使用有限混合泊松分布对这类数据进行拟合。

9.3.1.2 有限混合泊松分布

假定观测数据来自一个含有 k 个（已知参数）分量的混合泊松分布, 即其概率密度函数为 $f(y,\boldsymbol{\theta}) = \sum_{j=1}^{k} q_j f(y,\lambda_j)$。该混合分布分量的权重为 $q_1,\ldots,q_k$, 对应各分量的强度为 $\lambda_1,\ldots,\lambda_k$。将该分布的未知参数表示为 $\boldsymbol{\theta} = \begin{pmatrix} \lambda_1 & \cdots & \lambda_k \\ q_1 & \cdots & q_k \end{pmatrix}$。假定样本 $y_1,\ldots,y_N$ 来自参数为 $\boldsymbol{\theta}$ 的有限混合泊松分布, 则样本的对数似然函数为：

$$l(\boldsymbol{\theta}) = \sum_{i=1}^{N} \log\left[\sum_{j=1}^{k} q_j f(y_i, \lambda_j)\right]$$

我们并不知道数据到底来自混合分布中的哪一种泊松分布，因此，选择使用 EM 算法来得到参数的估计。

9.3.2 参数估计的 EM 算法

9.3.2.1 有限混合泊松分布的 EM 算法

有限混合泊松分布下，假定样本 $y_1, \ldots, y_N$ 来自参数为 $\boldsymbol{\theta}$ 的有限混合泊松分布，其中 $\boldsymbol{\theta} = \begin{pmatrix} \lambda_1 & \cdots & \lambda_k \\ q_1 & \cdots & q_k \end{pmatrix}$，则完全数据的对数似然函数为：

$$\ell_{CD}(\boldsymbol{\theta}) = \sum_{i=1}^{N}\sum_{j=1}^{k} z_{ij}\left[\log q_j + \log f(y_i, \lambda_j)\right]$$

其中，z_{ij} 表示示性变量，当样本 y_i 来自第 j 个分量时为 1，否则为 0；由于泊松分布取值为离散整数，因此上式可以优化为：

$$\ell_{CD}(\boldsymbol{\theta}) = \sum_{i=1}^{m} n_i \sum_{j=1}^{k} z_{ij}\left[\log q_j + \log f(y_i, \lambda_j)\right]$$

其中，n_i $(i=1,2,\ldots,m)$ 为整数 i 在样本中出现的次数。参数估计的 EM 算法流程如下。

1. E 步：求 Q 函数，即对完全数据的对数似然函数取条件期望，针对 z_{ij} 用其条件期望 e_{ij} 替换：

$$e_{ij} = E(z_{ij} \mid n_{ij} f_i q_j, \lambda_j) = P(z_{ij} = 1 \mid n_{ij} f_i q_j, \lambda_j) = \frac{q_j f(y_i, \lambda_j)}{\sum_{l=1}^{k} q_l f(y_i, \lambda_l)}$$

2. M 步：极大化 Q 函数，在约束 $\sum_{j=1}^{k} q_j = 1$ 下使用拉格朗日乘子法更新参数：

$$\hat{q}_j = \frac{1}{n}\sum_{i=1}^{m} n_i e_{ij}, \quad j = 1, 2, \ldots, k$$

$$\hat{\lambda}_j = \frac{\sum_{i=1}^{m} i n_i e_{ij}}{\sum_{i=1}^{m} n_i e_{ij}}, \quad j = 1, 2, \ldots, k$$

3. 重复 E 步与 M 步，直到满足收敛条件。

9.3.2.2 零截断的有限混合泊松分布的 EM 算法

虽然泊松分布适合描述单位时间（空间）内随机事件发生的次数，但在某些场景下，事件发生的次数通常大于 0，例如，考虑在超市结账顾客的购物篮中物品数量的分布，一般最小购买量为 1。对于这种分布的建模，使用零截断的有限混合泊松分布能更好地拟合数据。零截断的有限混合泊松分布为：

$$f_+(y, \boldsymbol{\theta}) = \sum_{j=1}^{k} q_j f_+(y, \lambda_j), \quad y = 1, 2, \ldots$$

其中，$f_+(y, \lambda_j) = f(y, \lambda_j) / [1 - f(0, \lambda_j)]$。与有限混合泊松分布类似，零截断的有限混合泊松分布的 EM 算法流程如下。

1. E 步：与有限混合泊松分布的 EM 算法类似，求 Q 函数。
2. M 步：极大化 Q 函数，在约束 $\sum_{j=1}^{k} q_j = 1$ 下使用拉格朗日乘子法更新参数：

$$\hat{q}_j = \frac{1}{n} \sum_{i=1}^{m} n_i e_{ij}, \quad j = 1, 2, \ldots, k$$

$$\hat{\lambda}_j = \frac{\sum_{i=1}^{m} i n_i e_{ij}}{\sum_{i=1}^{m} n_i e_{ij}} \left[1 - f\left(0, \hat{\lambda}_{j-1}\right)\right], \quad j = 1, 2, \ldots, k$$

3. 重复 E 步与 M 步，直到满足收敛条件。

9.3.3 EM 加速算法——均方外推算法

9.3.3.1 均方外推算法思想

EM 算法使用广泛，实现简单，且在实际应用中通常能以较快的速度收敛到驻点附近，但 EM 算法达到最终的收敛条件往往很慢，因此需要加快 EM 算法的收敛速度。基于此，Varadhan 和 Roland (2004) 提出的均方外推算法（Squared Extrapolation Methods，SQUAREM）能有效地加快 EM 算法的收敛速度，并且保证算法的收敛性与稳定性。SQUAREM 加速算法的主要思想是对 EM 算法迭代的原始序列 $\theta^{(k)}$ 应用变换 T，产生新的变换序列 $\hat{\theta}^{(k)}$，使得新的变换序列与原始序列收敛到相同值，但收敛速度更快。

9.3.3.2 均方外推算法流程

设 $\theta^{(k)}$ 为 SQUAREM 第 k 轮迭代值，$\theta^{(0)}$ 表示参数的初始值。采用下面的步骤进行迭代：

- 步骤 1：令 $\theta_1 = \theta^{(k)}$，以 θ_1 为初始值进行两次 EM 算法迭代，$\theta_2 = \mathrm{EM}(\theta_1), \theta_3 = \mathrm{EM}(\theta_2)$。
- 步骤 2：对 $\theta_1, \theta_2, \theta_3$ 应用变换 T，$\theta^{(k+1)} = T(\theta_1, \theta_2, \theta_3) = \theta_1 + 2\alpha(\theta_2 - \theta_1) + \alpha^2(\theta_3 - 2\theta_2 + \theta_1)$，其中：

$$\alpha = \frac{\langle \theta_2 - \theta_1, \theta_3 - 2\theta_2 + \theta_1 \rangle}{\langle \theta_3 - 2\theta_2 + \theta_1, \theta_3 - 2\theta_2 + \theta_1 \rangle}$$

- 步骤 3：如果新的估计值满足收敛条件，算法结束，否则 $k = k + 1$，返回步骤 1。

9.3.4 实验设计

本实验将使用 Spark 框架，基于 PySpark 通过模拟数据分别在混合泊松分布和零截断的混合泊松分布假设下使用 EM 算法进行参数估计，并比较 SQUAREM 加速算法与传统 EM 算法的收敛速度。本实验将产生 10000 个来自包含两个分量的混合泊松分布的随机数。由于泊松分布取值为离散值，我们需要先通过 reduceByKey 函数统计样本中不同值 i 出现的次数 n_i，再进行 EM 算法估计。EM 算法迭代时使用 map 函数更新充分统计量，然后再使用 reduce 函数更新参数，迭代收敛条件为 $\mid L(\theta^{(k+1)}) - L(\theta^{(k)}) \mid \leqslant 1 \times 10^{-5}$。

9.3.4.1 随机数的生成

泊松分布随机数的产生将使用 Knuth 提出的算法，其代码如下：

```
def genPoisson(lambda):
    L = np.exp(-lambda)
    k, p = 0, 1
    while p > L:
        k += 1
        rand = np.random.rand()
        p *= rand
    return k - 1
```

截断泊松分布随机数的产生使用 Knuth 算法的衍生算法，其代码如下：

```
def genPoisson_trunc(lambda):
    k = 1
    t = lambda * np.exp(-lambda) / (1-np.exp(-lambda))
    s = t
    u = np.random.rand()
    while s < u:
        k = k + 1
        t = t * lambla / k
        s = s + t
    return k
```

混合泊松分布随机数的生成步骤为：先按照各分量权重抽样选择第 k 个分布，再从第 k 个分布中产生随机数即可。其代码如下：

```
template = [ ]
for i, alpha in enumerate(alphas):
    num = int(alpha * 10)
    template += [i] * num
data = [ ]
for _ in range(N):
    rand = np.random.choice(template)
    lambda = lambdas[rand] data.append(genPoisson(lambda))
```

9.3.4.2 分量权重差异的影响

为了比较混合泊松分布各个分量权重差异对最终估计误差的影响，取 $\lambda = (2, 5)$，分别在 $q = (0.2, 0.8), q = (0.3, 0.7), q = (0.4, 0.6)$ 下进行 EM 估计，参数初值设定为 $\lambda = (2.5, 4.5), q = (0.5, 0.5)$，重复 100 次，计算参数估计的均值（Mean）、均方根误差（RMSE）与标准差（SD）。混合泊松分布和零截断混合泊松分布的参数估计实验结果分别如表9.8和表9.9所示。

表 9.8 混合泊松分布的参数估计 ($\lambda = (2, 5)$)

q 取值	q_1			λ_1			λ_2		
	MEAN	SD	RMSE	MEAN	SD	RMSE	MEAN	SD	RMSE
$q = (0.2, 0.8)$	0.253	0.087	0.098	2.472	0.276	0.493	5.139	0.124	0.21
$q = (0.3, 0.7)$	0.312	0.023	0.071	2.181	0.11	0.211	5.023	0.102	0.104
$q = (0.4, 0.6)$	0.405	0.009	0.066	2.003	0.047	0.164	5.107	0.066	0.031

表 9.9 零截断混合泊松分布的参数估计 ($\lambda = (2, 5)$)

q 取值	q_1			λ_1			λ_2		
	MEAN	SD	RMSE	MEAN	SD	RMSE	MEAN	SD	RMSE
$q = (0.2, 0.8)$	0.279	0.071	0.106	2.413	0.289	0.504	5.16	0.144	0.214
$q = (0.3, 0.7)$	0.331	0.041	0.072	2.293	0.113	0.253	5.041	0.123	0.121
$q = (0.4, 0.6)$	0.403	0.023	0.059	2.072	0.064	0.193	5.001	0.072	0.043

当固定各分量参数 λ，对于混合泊松分布与零截断混合泊松分布，可以发现如下趋势。

- 随着各分量权重系数差异的增大，估计的标准差增大，表明 EM 算法的稳定性下降。

- 随着各分量权重系数差异的增大，估计的均方误差增大，表明 EM 算法估计的效果变差。

9.3.4.3 分量参数差异的影响

为了比较混合泊松分布各个分量参数 λ 的差异对最终估计误差的影响，取 $q = (0.4, 0.6)$，分别在 $\lambda = (1, 6)$，$\lambda = (2, 5)$，$\lambda = (3, 4)$ 下进行 EM 估计，参数初值设定为 $\lambda = (2.5, 3.5)$，$q = (0.5, 0.5)$，重复 100 次，计算参数估计的均值、均方根误差与标准差（SD）。混合泊松分布和零截断混合泊松分布的参数估计实验结果分别如表9.10和表9.11所示。

表 9.10 混合泊松分布的参数估计 ($q = (0.4, 0.6)$)

λ 取值	q_1			λ_1			λ_2		
	MEAN	SD	RMSE	MEAN	SD	RMSE	MEAN	SD	RMSE
$\lambda = (1, 6)$	0.401	0.007	0.019	1.003	0.003	0.016	5.992	0.009	0.023
$\lambda = (2, 5)$	0.423	0.012	0.032	2.191	0.055	0.067	4.832	0.017	0.086
$\lambda = (3, 4)$	0.451	0.132	0.178	3.472	0.146	0.173	3.661	0.136	0.126

表 9.11 零截断混合泊松分布的参数估计 ($q = (0.4, 0.6)$)

λ 取值	q_1			λ_1			λ_2		
	MEAN	SD	RMSE	MEAN	SD	RMSE	MEAN	SD	RMSE
$\lambda = (1, 6)$	0.389	0.006	0.013	0.993	0.005	0.019	6.017	0.011	0.011
$\lambda = (2, 5)$	0.372	0.021	0.021	1.873	0.034	0.073	4.776	0.026	0.073
$\lambda = (3, 4)$	0.355	0.164	0.165	3.011	0.129	0.201	3.461	0.106	0.189

当固定各分量权重系数 q 时，对于混合泊松分布与零截断混合泊松分布，可以发现如下趋势。

- 随着参数 λ 差异的减小，估计的标准差增大，EM 算法的稳定性下降。
- 随着参数 λ 差异的减小，估计的均方误差增大，表明 EM 算法估计的效果变差。

9.3.5 SQUAREM 加速算法比较

为了比较 SQUAREM 加速算法与传统 EM 算法的收敛速度，取 $q = (0.4, 0.6)$，$\lambda = (2, 5)$，并生成一组包含 100000 个随机数的模拟数据。由于参数初始值会对迭代次数产生影响，所以参数初始化设定为：λ 取来自均匀分布 $U(1, 6)$ 随机数，$q = (0.5, 0.5)$，重复 500 次。我们计算参数估计的均方根误差与标准差，如表9.12所示。同时比较两个算法的迭代次数，如图9.2所示。

由实验结果可以发现：SQUAREM 加速算法估计的精度与稳定性和 EM 算法相当，但 SQUAREM 加速算法的收敛速度相对传统 EM 算法可以提高约 50%。

表 9.12　EM 算法与 SQUAREM 加速算法的参数估计比较

算法	q_1		λ_1		λ_2	
	SD	RMSE	SD	RMSE	SD	RMSE
EM	0.027	0.024	0.043	0.074	0.04	0.071
SQUAREM	0.029	0.031	0.054	0.06	0.051	0.067

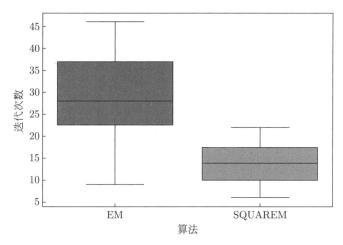

图 9.2　EM 算法与 SQUAREM 加速算法的迭代次数比较

9.3.6　源码附录

9.3.6.1　EM 算法的 PySpark 代码

```
import numpy as np
from pyspark import SparkConf
from pyspark.sql import SparkSession
import matplotlib.pyplot as plt
import json

class EM_Spark(object):

def __init__(self,K,tol=1e-6,maxIters=5000):
    self.K = K
    self.tol = tol
    self.maxIters = maxIters

def fit(self, data):
    self.N = data.count()
    data = data.map(lambda x:[x,1]).reduceByKey(lambda x,y:x+y)
```

```python
        print(data.first())
        diff = float("inf")
        iter = 0

        self.init_params()
           while diff > self.tol and iter < self.maxIters:
              //E步
              rdd1 = self.map_Gammma(data)
              print(rdd1.first())
              //M步
              self.update_alphas(rdd1)
              self.update_lamblas(rdd1)
              if iter == 0:
                 prev_lh = self.cal_likelihood(data)
                 iter += 1
              else:
                 cur_lh = self.cal_likelihood(data)
                 diff = abs(cur_lh - prev_lh)
                 prev_lh = cur_lh
                 iter += 1

              print('lh: %.7f' % (prev_lh))
              print('iter: {} | alphas: {} | lamblas: {}'.format(iter+1,
              list(self.alphas), list(self.lamblas)))
    return iter

def init_params(self):
    self.alphas = np.ones(self.K) / self.K
    // self.lamblas = np.random.uniform(1,6,self.K)
    self.lamblas = np.array([2.5,3.5])

def map_Gammma(self, rdd):
    rdd1 = rdd.map(lambda x:[x, np.array([self.alphas[k]*self.cal_prob(self.lamblas[k],
     x[0])
    for k in range(self.K)])])
    rdd2 = rdd1.map(lambda x: [x[0], x[1] / sum(x[1])])
    return rdd2

def update_alphas(self, rdd):
    rdd = rdd.map(lambda x:[0, x[0][1]*x[1]])
    res = rdd.reduce(lambda x,y:[0,x[1] + y[1]])
    self.alphas = res[1] / self.N
```

```python
def update_lamblas(self, rdd):
    rdd1 = rdd.map(lambda x: [0, x[0][0]*x[0][1]*x[1]])
    fenzi = rdd1.reduce(lambda x,y: [0, x[1]+y[1]])[1]
    rdd2 = rdd.map(lambda x:[0, x[0][1]*x[1]])
    fenmu = rdd2.reduce(lambda x,y: [0, x[1]+y[1]])[1]
    self.lamblas = fenzi / fenmu

def cal_likelihood(self,rdd):
    rdd1 = rdd.map(lambda x:x[1]*np.log(sum([self.cal_prob(self.lamblas[k],x[0]) *
    self.alphas[k]  for k in range(self.K)])))
    res = rdd1.reduce(lambda x,y:x+y)
    return res /self.N

def cal_prob(self, lambla, x):
    def factorial(x):
        if x == 0:
            return 1
        else:
            return x*factorial(x-1)
return np.exp(-lambla)*lambla**x / factorial(x)

def get_params(self):
        return list(self.alphas), list(self.lamblas)

def genPoisson(lambla):
    L = np.exp(-lambla)
    k, p = 0, 1
    while p > L:
        k += 1
        rand = np.random.rand()
        p *= rand
    return k - 1

if __name__ == "__main__":

    Num = 100
    N = 10000
    lamblas = [2,5]
    alphas = [0.2,0.8]
    K = len(alphas)
```

```python
    f = open('result'+'_'.join([str(x) for x in lamblas]) +
    '_'.join([str(x) for x in alphas]) +
    '.txt', 'w')
    for _ in range(Num):
        conf = SparkConf().setAppName('test').setMaster('local')
        spark = SparkSession.builder.config(conf=conf).getOrCreate()
        sc = spark.sparkContext
        //产生随机数
        tmp = list(range(K))
        template = [ ]

        for i, alpha in enumerate(alphas):
            num = int(alpha * 10)
            template += [i] * num

        data = [ ]
        for _ in range(N):
            rand = np.random.choice(template)
            lambla = lamblas[rand]
            data.append(genPoisson(lambla))

        data = sc.parallelize(data,numSlices=2)
        em_spark = EM_Spark(K, tol=1e-5, maxIters = 5000)
        iters = em_spark.fit(data)
        params = em_spark.get_params()

        f.write('%d\t' % iters)
        f.write(','.join([str(x) for x in params[0]]) + '\t')
        f.write(','.join([str(x) for x in params[1]]) + '\n')
    f.close()
```

9.3.6.2 SQUAREM 加速算法的 PySpark 代码

```python
import numpy as np
from pyspark import SparkConf
from pyspark.sql import SparkSession
import matplotlib.pyplot as plt
import json

class EM_Spark(object):

    def __init__(self,K,tol=1e-6,maxIters=5000):
```

```python
        self.K = K
        self.tol = tol
        self.maxIters = maxIters

    def fit(self, data):
        self.N = data.count()
        data = data.map(lambda x:[x,1]).reduceByKey(lambda x,y:x+y)
        # print(data.first())
        diff = float("inf")
        iter = 0

        self.init_params()
        while (diff > self.tol and iter < self.maxIters) or iter <=5:
            //E步

            if iter == 0:
                rdd1 = self.map_Gammma(data)
                # print(rdd1.first())
                //M步
                self.update_alphas(rdd1)
                self.update_lamblas(rdd1)
                self.lag2 =np.hstack((self.alphas[:],self.lamblas[:]))
                # prev_lh = self.cal_likelihood(data)
                iter += 1
            elif iter == 1:
                rdd1 = self.map_Gammma(data)
                # print(rdd1.first())
                //M步
                self.update_alphas(rdd1)
                self.update_lamblas(rdd1)
                self.lag1 =np.hstack((self.alphas[:],self.lamblas[:]))
                # cur_lh = self.cal_likelihood(data)
                # diff = abs(cur_lh - prev_lh)
                # prev_lh = cur_lh
                iter += 1
            elif iter == 2:
                rdd1 = self.map_Gammma(data)
                # print(rdd1.first())
                //M步
                self.update_alphas(rdd1)
                self.update_lamblas(rdd1)
                self.cur =np.hstack((self.alphas[:],self.lamblas[:]))
```

```python
                    delta1 = self.lag1 - self.lag2
                    delta2 = self.cur - 2*self.lag1 + self.lag2
                    a = - np.sum(delta1*delta2) / np.sum(delta2**2)
                    tmp = self.lag2 + 2*a*delta1 + a**2*delta2
                    print(tmp)
                    self.true_alphas = tmp[:self.K]
                    self.true_lamblas = tmp[self.K:]
                    print(self.true_lamblas)
                    print(self.true_alphas)
                    prev_lh = self.cal_likelihood(data)
                    iter += 1
            else:
                self.alphas = self.true_alphas
                self.lamblas = self.true_lamblas
                rdd1 = self.map_Gammma(data)
                # print(rdd1.first())
                //M步
                self.update_alphas(rdd1)
                self.update_lamblas(rdd1)
                self.lag2, self.lag1, self.cur = self.lag1, self.cur, \
                 np.hstack((self.alphas[:],self.lamblas[:]))
                delta1 = self.lag1 - self.lag2
                delta2 = self.cur - 2*self.lag1 + self.lag2
                a = - np.sum(delta1*delta2) / np.sum(delta2**2)
                tmp = self.lag2 + 2*a*delta1 + a**2*delta2
                self.true_alphas = tmp[:self.K]
                self.true_lamblas = tmp[self.K:]
                cur_lh = self.cal_likelihood(data)
                diff = abs(cur_lh - prev_lh)
                prev_lh = cur_lh
                iter += 1
            if iter >= 4:
                print('lh: %.7f |diff: %.7f' % (prev_lh, diff))
                print('iter: {} | alphas: {} | lamblas: {}'.format(iter+1,
                 list(self.true_alphas),
                 list(self.true_lamblas)))
            else:
                print('iter: %d' % (iter + 1))

def init_params(self):
    self.alphas = np.ones(self.K) / self.K
    self.lamblas = np.random.uniform(1,6,self.K)
```

```python
        self.lag2 = np.ones(2*self.K - 1)
        self.lag1 = np.ones(2*self.K-1)
        self.cur = np.ones(2*self.K-1)
        self.true_alphas = [0]*self.K
        self.true_lamblas = self.lamblas

    def map_Gammma(self, rdd):
        rdd1 = rdd.map(lambda x:[x, np.array([self.alphas[k]*
        self.cal_prob(self.lamblas[k], x[0])
        for k in range(self.K)])])
         rdd2 = rdd1.map(lambda x: [x[0], x[1] / sum(x[1])])
        return rdd2

    def update_alphas(self, rdd):
        rdd = rdd.map(lambda x:[0, x[0][1]*x[1]])
        res = rdd.reduce(lambda x,y:[0,x[1] + y[1]])
        self.alphas = res[1] / self.N

    def update_lamblas(self, rdd):
        rdd1 = rdd.map(lambda x: [0, x[0][0]*x[0][1]*x[1]])
        fenzi = rdd1.reduce(lambda x,y: [0, x[1]+y[1]])[1]
        rdd2 = rdd.map(lambda x:[0, x[0][1]*x[1]])
        fenmu = rdd2.reduce(lambda x,y: [0, x[1]+y[1]])[1]
        self.lamblas = fenzi / fenmu

    def cal_likelihood(self,rdd):
        rdd1 = rdd.map(lambda x:x[1]*np.log(sum([self.cal_prob(self.true_lamblas[k],
                        x[0])*self.true_alphas[k]  for k in range(self.K)])))
        res = rdd1.reduce(lambda x,y:x+y)
        return res /self.N

    def cal_prob(self, lambla, x):
        def factorial(x):
            if x == 0:
                return 1
            else:
                return x*factorial(x-1)

        return np.exp(-lambla)*lambla**x / factorial(x)

    def get_params(self):
        return list(self.alphas), list(self.lamblas)
```

```python
def genPoisson(lambla):
    L = np.exp(-lambla)
    k, p = 0, 1
    while p > L:
        k += 1
        rand = np.random.rand()
        p *= rand
    return k - 1

if __name__ == "__main__":

    Num = 100

    N = 1000000

    lamblas = [2,5]
    alphas = [0.4,0.6]
    K = len(alphas)

    f = open('result'+'_'.join([str(x) for x in lamblas]) +
    '_'.join([str(x) for x in alphas]) +
    '_SQUAREM' + '.txt', 'w')
    for _ in range(Num):
        conf = SparkConf().setAppName('test').setMaster('local')
        spark = SparkSession.builder.config(conf=conf).getOrCreate()
        sc = spark.sparkContext
        //产生随机数
        tmp = list(range(K))
        template = [ ]

        for i, alpha in enumerate(alphas):
            num = int(alpha * 10)
            template += [i] * num

        data = [ ]
        for _ in range(N):
            rand = np.random.choice(template)
            lambla = lamblas[rand]
            data.append(genPoisson(lambla))

        data = sc.parallelize(data,numSlices=2)
```

```
            em_spark = EM_Spark(K, tol=1e-5, maxIters = 5000)
            em_spark.fit(data)
            params = em_spark.get_params()

            f.write(',' .join([str(x) for x in params[0]]) + '\t')
            f.write(',' .join([str(x) for x in params[1]]) + '\n')
    f.close()
```

9.3.6.3 零截断数据的 EM 算法 PySpark 代码

```python
import numpy as np
from pyspark import SparkConf
from pyspark.sql import SparkSession
import matplotlib.pyplot as plt

class EM_Spark(object):

    def __init__(self,K,tol=1e-6,maxIters=5000):
        self.K = K
        self.tol = tol
        self.maxIters = maxIters

    def fit(self, data):
        self.N = data.count()
        data = data.map(lambda x:[x,1]).reduceByKey(lambda x,y:x+y)
        print(data.first())
        diff = float("inf")
        iter = 0

        self.init_params()
        while diff > self.tol and iter < self.maxIters:
            //E步
            rdd1 = self.map_Gammma(data)
            print(rdd1.first())
            //M步
            self.update_alphas(rdd1)
            self.update_lamblas(rdd1)

            if iter == 0:
                prev_lh = self.cal_likelihood(data)
                iter += 1
            else:
```

```python
            cur_lh = self.cal_likelihood(data)
            diff = abs(cur_lh - prev_lh)
            prev_lh = cur_lh
            iter += 1

        print('lh: %.7f' % (prev_lh))
        print('iter: {} | alphas: {} | lamblas: {}'.format(iter+1,
            list(self.alphas), list(self.lamblas)))

def init_params(self):
    self.alphas = np.ones(self.K) / self.K
    # self.lamblas = np.random.uniform(1,6,self.K)
    self.lamblas = np.array([2.5,3.5])

def map_Gammma(self, rdd):
    rdd1 = rdd.map(lambda x:[x, np.array([self.alphas[k]*
        self.cal_prob(self.lamblas[k], x[0])
    for k in range(self.K)])])
    rdd2 = rdd1.map(lambda x: [x[0], x[1] / sum(x[1])])
    return rdd2

def update_alphas(self, rdd):
    rdd = rdd.map(lambda x:[0, x[0][1]*x[1]])
    res = rdd.reduce(lambda x,y:[0,x[1] + y[1]])
    self.alphas = res[1] / self.N

def update_lamblas(self, rdd):
    rdd1 = rdd.map(lambda x: [0, x[0][0]*x[0][1]*x[1]])
    fenzi = rdd1.reduce(lambda x,y: [0, x[1]+y[1]])[1]
    rdd2 = rdd.map(lambda x:[0, x[0][1]*x[1]])
    fenmu = rdd2.reduce(lambda x,y: [0, x[1]+y[1]])[1]
    self.lamblas = fenzi / fenmu * (1-np.exp(-self.lamblas))

def cal_likelihood(self,rdd):
    rdd1 = rdd.map(lambda x:x[1]*np.log(sum([self.cal_prob(self.lamblas[k],x[0]) *
        self.alphas[k]   for k in range(self.K)])))
    res = rdd1.reduce(lambda x,y:x+y)
    return res /self.N

def cal_prob(self, lambla, x):
    def factorial(x):
        if x == 0:
```

```python
                return 1
            else:
                return x*factorial(x-1)
    return np.exp(-lambla)*lambla**x / factorial(x) / (1-np.exp(-lambla))

    def get_params(self):
        return list(self.alphas), list(self.lamblas)


def genPoisson(lambla):
    L = np.exp(-lambla)
    k, p = 0, 1
    while p > L:
        k += 1
        rand = np.random.rand()
        p *= rand
    return k - 1


def genPoisson_trunc(lambla):
    k = 1
    t = lambla*np.exp(-lambla)/(1-np.exp(-lambla))
    s = t
    u = np.random.rand()

    while s < u:
        k = k + 1
        t = t*lambla / k
        s = s + t
    return k


if __name__ == "__main__":

    Num = 100
    N = 10000
    lamblas = [2,4]
    alphas = [0.2,0.8]
    K = len(alphas)

    f = open('result'+'_'.join([str(x) for x in lamblas]) +
    '_'.join([str(x) for x in alphas]) +
    '_TRUNC' + '.txt', 'w')
    for _ in range(Num):
        conf = SparkConf().setAppName('test').setMaster('local')
```

```
spark = SparkSession.builder.config(conf=conf).getOrCreate()
sc = spark.sparkContext
//产生随机数
tmp = list(range(K))
template = []

for i, alpha in enumerate(alphas):
    num = int(alpha * 10)
    template += [i] * num

data = []
for _ in range(N):
    rand = np.random.choice(template)
    lambla = lamblas[rand]
    data.append(genPoisson_trunc(lambla))

data = sc.parallelize(data,numSlices=2)
em_spark = EM_Spark(K, tol=1e-5, maxIters = 5000)
iters = em_spark.fit(data)
params = em_spark.get_params()

f.write('%d\t' % iters)
f.write(','.join([str(x) for x in params[0]]) + '\t')
f.write(','.join([str(x) for x in params[1]]) + '\n')
f.close()
```

9.4 案例四：基于不同优化算法的逻辑回归模型参数的估计

9.4.1 常用优化算法简介

9.4.1.1 随机梯度下降算法（Stochastic Gradient Descent）

梯度下降算法可以认为是最为常用的神经网络的优化算法。其主要思路是在确定步长（学习率）的情况下通过计算损失函数对于参数的梯度来确定梯度变化的方向，从而进行迭代参数估计。其终止条件可以设置为最大迭代次数或者是连续迭代参数变化值在初始设定的阈值范围中。

我们首先以梯度下降算法为例，在每次计算梯度时考虑使用了全部的样本。假设样本量为 m，模型函数为 $h_{\boldsymbol{\theta}}(x)$，步长（学习率）为 α。考虑损失函数为平方损失函数，那么具体参数迭代估计步骤如下。

- 将损失函数 $\ell(\boldsymbol{\theta})$ 对 $\boldsymbol{\theta}$ 求偏导：

$$\frac{\partial \ell(\boldsymbol{\theta})}{\partial \theta_j} = -\frac{1}{m} \sum_{i=1}^{m} (y_i - h_{\boldsymbol{\theta}}(x_i)) h'_{\boldsymbol{\theta}}(x_i)$$

- 因为是最小化风险函数，所以按照每个参数的梯度负方向来更新每个参数，参数更新公式如下：

$$\theta'_j = \theta_j + \frac{1}{m} \sum_{i=1}^{m} (y_i - h_{\boldsymbol{\theta}}(x_i)) h'_{\boldsymbol{\theta}}(x_i) \cdot \alpha$$

但是因为每次迭代时用到了训练集所有的数据，所以会有训练速度过慢的情况出现。因此，更改每次参与迭代计算的样本数还可以衍生为随机梯度下降算法和小批量梯度下降算法，在此不作赘述。

9.4.1.2 动量梯度下降算法（Momentum Gradient Descent）

通过上述对梯度下降算法的描述可以看出，对于大数据下的深度学习方法，每次梯度下降都遍历整个数据集会耗费大量计算能力，选择批量梯度下降算法几乎是不现实的。而小批量梯度下降算法通过从数据集中抽取小批量的数据进行小批量梯度下降解决了这一问题，但是使用小批量梯度下降算法会产生下降过程中左右振荡的现象。而动量梯度下降算法可以通过减小振荡幅度对算法进行优化。

动量梯度下降算法引入了指数加权法的思想。该方法在计算参数变化方向时并不是仅使用参数梯度方向 $\boldsymbol{g}$，而是结合了上一步参数变化方向 $\boldsymbol{v}$，令上一步参数方向的保留率设置为 β，学习率大小为 α，具体的参数计算公式如下所示：

$$\begin{cases} \boldsymbol{v}^t = \beta \boldsymbol{v}^{t-1} + (1-\beta)\boldsymbol{g} \\ \boldsymbol{\theta}^t = \boldsymbol{\theta}^{t-1} - \alpha \boldsymbol{v}^t \end{cases}$$

9.4.1.3 RMSprop 梯度下降算法

RMSprop 梯度下降算法是 AdaGrad 算法的一种优化。AdaGrad 算法通过全局学习率除以历史梯度平方和的平方根使得每个迭代步骤的学习率不同。这使得在上述迭代步骤中，有关梯度会在参数空间更为平缓的方向上取得更大的下降（因为平缓，所以历史梯度平方和较小，对应学习下降的幅度较小）。但是，这也会使得学习率过早、过量地减少。RMSprop 梯度下降算法则进行了一定的改进。相比于 AdaGrad 算法，RMSprop 梯度下降算法增加了一个衰减系数来控制历史信息的获取；而相较于 Momentum 梯度下降算法，RMSprop 梯度下降算法在更新参数变化方向时使用了梯度的次方，使得深度学习网络优化算法效果更好且更为实用。在每次迭代样本量为 m，参数梯度为 $\boldsymbol{g}$，学习率为 α 的情况下，具体的算法步骤如下。

- 计算梯度：

$$\boldsymbol{g} = \frac{1}{m} \nabla_{\boldsymbol{\theta}} \sum_i L(f(x_i, \boldsymbol{\theta}), y_i)$$

- 计算累计平方梯度：

$$\boldsymbol{r} = \rho \boldsymbol{r} + (1-\rho) \boldsymbol{g}^\top \boldsymbol{g}$$

- 参数迭代更新公式：

$$\boldsymbol{\theta} = \boldsymbol{\theta} - \alpha \cdot \frac{1}{\sqrt{\epsilon + r}} \cdot \boldsymbol{g} \quad （其中 \epsilon 为非常小的正常数）$$

9.4.1.4 Adam 梯度下降算法

Adam 梯度下降算法可以认为是 Momentum 梯度下降算法和 RMSprop 梯度下降算法的一种结合，然后再进行偏差修正来得到结果。该算法更新在偏一阶矩估计时借鉴 Momentum 思想，而在偏二阶矩估计时则采用 RMSprop 思想，并结合矩估计的指数衰减速率 ρ_1, ρ_2 进行修正。因此 Adam 梯度下降算法结合了 Momentum 及 RMSprop 梯度下降算法的特点，对超参数的选择具有一定的稳健性（Robustness）。在每次迭代样本量为 m，参数梯度为 g，学习率为 α 的情况下，具体的算法步骤如下。

- 计算梯度：

$$\boldsymbol{g} = \frac{1}{m} \nabla_{\boldsymbol{\theta}} \sum_i L\left(f\left(x^{(i)}, \boldsymbol{\theta}\right), y^{(i)}\right)$$

- 更新一阶矩估计：

$$\boldsymbol{s} = \rho_1 \boldsymbol{s} + (1 - \rho_1) \boldsymbol{g}$$

更新二阶矩估计：

$$\boldsymbol{r} = \rho_2 \boldsymbol{s} + (1 - \rho_2) \boldsymbol{g}^\top \boldsymbol{g}$$

- 修正一阶矩的偏差：

$$\hat{\boldsymbol{s}} = \frac{\boldsymbol{s}}{1 - \rho_1'}$$

修正二阶矩的偏差：

$$\hat{\boldsymbol{r}} = \frac{\boldsymbol{r}}{1 - \rho_2'}$$

其中，ρ_1' 以及 ρ_2' 表示修正后的衰减率。在第 t 次迭代，常取 $\rho_1' = \rho_1^t$ 以及 $\rho_2' = \rho_2^t$。

- 参数迭代更新公式：$\boldsymbol{\theta} = \boldsymbol{\theta} - \alpha \cdot \frac{\hat{\boldsymbol{s}}}{\sqrt{\hat{\boldsymbol{r}}} + \epsilon} \cdot \boldsymbol{g}$ （其中 ϵ 为非常小的正常数）。

9.4.2 逻辑回归模型简介

9.4.2.1 模型基础

在逻辑回归中，我们假设因变量服从两点分布，取值 0 或 1；同时假设自变量产生于高斯分布。给定自变量的条件下，下列条件概率公式成立：

$$P(Y = 1 \mid X = \boldsymbol{x}) = \frac{1}{1 + \mathrm{e}^{-\boldsymbol{w}^\top \boldsymbol{x}}}$$

$$P(Y = 0 \mid X = \boldsymbol{x}) = \frac{\mathrm{e}^{-\boldsymbol{w}^\top \boldsymbol{x}}}{1 + \mathrm{e}^{-\boldsymbol{w}^\top \boldsymbol{x}}}$$

9.4.2.2 参数求解

我们常根据最大化似然函数来估计总体参数。在上述假设条件下，最大化对数似然函数与最小化对数似然损失函数其实是等价的。假设有 n 个独立的训练样本 $\{(x_1, y_1), (x_2, y_2), \ldots, (x_n, y_n)\}$。于是 y_i 在给定 $X = x_i$ 的条件概率时可以写成如下形式：

$$P(y_i \mid X = \boldsymbol{x}_i) = P(y_i = 1 \mid \boldsymbol{x}_i)^{y_i} [1 - P(y_i = 1 \mid \boldsymbol{x}_i)]^{1-y_i}$$

因此，我们可以得到对数似然函数：

$$\log(L(\boldsymbol{w})) = \log(L(\boldsymbol{w})) = \log \left\{ \prod_{i=1}^{n} P(y_i = 1 \mid \boldsymbol{x}_i)^{y_i} [1 - P(y_i = 1 \mid \boldsymbol{x}_i)]^{1-y_i} \right\}$$

$$= \sum_{i=1}^{n} y_i \log P(y_i = 1 \mid \boldsymbol{x}_i) + (1 - y_i) \log(1 - P(y_i = 1 \mid \boldsymbol{x}_i))$$

$$= \sum_{i=1}^{n} y_i \log \frac{P(y_i = 1 \mid \boldsymbol{x}_i)}{1 - P(y_i = 1 \mid \boldsymbol{x}_i)} + \sum_{i=1}^{n} \log(P(y_i = 0 \mid \boldsymbol{x}_i))$$

$$= \sum_{i=1}^{n} y_i (\boldsymbol{w}^\top \boldsymbol{x}) - \sum_{i=1}^{n} \log\left(1 + \mathrm{e}^{\boldsymbol{w}^\top \boldsymbol{x}}\right)$$

通过对 w 求偏导，可以得到负梯度公式：

$$-\mathrm{d}w_j = \frac{\partial \log(L(\boldsymbol{w}))}{\partial w_j} = \sum_{i=1}^{n} [y_i - P(y_i = 1 \mid \boldsymbol{x}_i)] x_{ij}$$

9.4.2.3 各个优化算法在逻辑回归中的应用

基于上述梯度公式，我们将 Momentum、RMSprop、Adam 三种优化算法应用在逻辑回归的参数估计过程中。其具体迭代公式如下。

- Momentum：

$$\boldsymbol{v}^{t+1} = \beta \boldsymbol{v}^t + (1 - \beta) \sum \left(y_i - \frac{1}{1 + \mathrm{e}^{-\boldsymbol{x}_i^\top \boldsymbol{w}^t}} \right) \boldsymbol{x}_i$$

$$\boldsymbol{w}^{t+1} = \boldsymbol{w}^t - \alpha \boldsymbol{v}^{t+1}$$

- RMSprop：

$$\boldsymbol{s}^{t+1} = \beta \boldsymbol{s}^t + (1 - \beta) \left[\sum \left(y_i - \frac{1}{1 + \mathrm{e}^{-\boldsymbol{x}_i^\top \boldsymbol{w}^t}} \right) \boldsymbol{x}_i \right]^\top \left[\sum \left(y_i - \frac{1}{1 + \mathrm{e}^{-\boldsymbol{x}_i^\top \boldsymbol{w}^t}} \right) \boldsymbol{x}_i \right]$$

$$\boldsymbol{w}^{t+1} = \boldsymbol{w}^t - \alpha \frac{\sum \left[y_i - \left(1 + \mathrm{e}^{-\boldsymbol{x}_i^\top \boldsymbol{w}^t}\right)^{-1} \right] \boldsymbol{x}_i}{\sqrt{\boldsymbol{s}^{t+1} + \varepsilon}}$$

- Adam：

$$\boldsymbol{v}^{t+1} = \beta \boldsymbol{v}^t + (1-\beta) \sum \left(y_i - \frac{1}{1+\mathrm{e}^{-\boldsymbol{x}_i^\top \boldsymbol{w}^t}} \right) \boldsymbol{x}_i$$

$$\boldsymbol{s}^{t+1} = \beta \boldsymbol{s}^t + (1-\beta) \left[\sum \left(y_i - \frac{1}{1+\mathrm{e}^{-\boldsymbol{x}_i^\top \boldsymbol{w}^t}} \right) \boldsymbol{x}_i \right]^\top \left[\sum \left(y_i - \frac{1}{1+\mathrm{e}^{-\boldsymbol{x}_i^\top \boldsymbol{w}^t}} \right) \boldsymbol{x}_i \right]$$

$$\boldsymbol{w}^{t+1} = \boldsymbol{w}^t - \alpha \frac{\boldsymbol{v}^{t+1}}{\sqrt{\boldsymbol{s}^{t+1}+\varepsilon}}$$

这里 ε 是一个非常小的正数。在基本的参数迭代基础上，我们可以根据实际情况适当地添加学习率 α 衰减的条件，从而使得学习率随着迭代轮次逐次减小。这样在一定程度上可以避免参数在最优点附近的振荡现象。假设已经进行了 m 轮次（Epoch），而衰减率固定为 η，则学习率衰减公式如下：

$$\alpha^{t+1} = \frac{1}{1+m\eta} \alpha^t$$

9.4.3 模拟数据应用不同优化算法的分布式实现及比较

我们将数据框（Data Frame）转换成弹性数据格式 RDD 后，在每一轮的参数迭代过程中，根据第 3 章的理论基础及迭代优化公式，对各个参数进行迭代。其中对每个参数迭代时，我们都先进行 Map 操作得到计算迭代公式所需的每个样本的统计量。然后使用 reduce 操作，将每台分布式机器上的统计量作加和，最后再得到该参数在此轮迭代过程中的估计值。

从正态分布 $N(3,1)$、$N(10,9)$、$N(20,12.96)$ 中各独立产生 1000 个样本作为解释变量的数据。我们考虑截距项为 $b=1$，其余回归变量系数分别为 $w_1 = w_2 = w_3 = 1$，并用逻辑回归模型产生标签为 0、1 的响应变量数据。在参数迭代过程中，不同的算法对应不同的超参数将出现不同的振荡及迭代交叉熵变化。因此对于各算法，均在保证最终走向平稳收敛的前提下，设置对应的不同超参数值，但是，各个参数的初始值均一致。超参数的设置可参考代码。

在逻辑回归模型中，代入模拟数据及参数初始值和超参数值，分别应用 Momentum、RMSprop、Adam 算法对各参数 b、w_1、w_2、w_3 的估计进行迭代，记录的收敛时间及交叉熵结果如表9.13所示。

表 9.13　模拟数据下各算法的收敛时间及交叉熵结果

算法	总迭代次数	平稳收敛的交叉熵	平稳收敛时间
Momentum	900	343.97	15903s
RMSprop	900	222.21	18375s
Adam	900	86.92	5987s

三种算法的交叉熵迭代收敛图如图9.3所示。可以发现，在本模拟数据的逻辑回归

模型的参数求解过程中，对这三种算法，Adam 算法的收敛速度最快，且在初始迭代轮次振荡后基本使得交叉熵平稳下降，并且最终收敛得到的交叉熵值最小；RMSprop 算法收敛速度最慢，是三种算法中持续振荡次数最多者，但最终收敛到的交叉熵值介于 Adam 算法与 RMSprop 算法之间；Momentum 算法的振荡次数最少，基本保持平稳迭代，收敛时间处于 Adam 算法与 RMSprop 算法之间，且最终收敛到的交叉熵值最高。

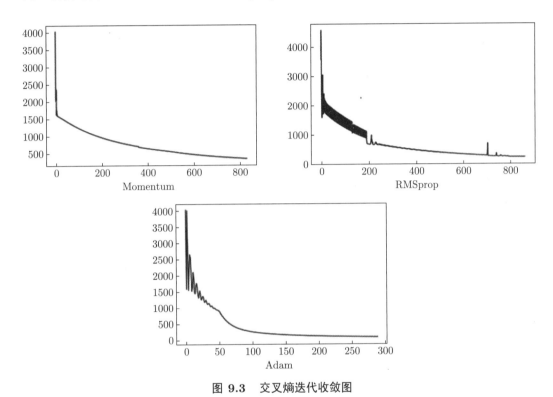

图 9.3　交叉熵迭代收敛图

因此，综合图表可得到结论：无论从优度（平稳收敛的交叉熵）还是速度（平稳收敛时间）来看，Adam 算法的表现均为最优；RMSprop 算法相对 Momentum 算法的收敛值更优，而 Momentum 算法相较 RMSprop 算法的收敛速度更快。

9.4.4　源码附录

```
import os
import sys
import numpy as np
import pandas as pd
import math
import time

print("=================开始连接PySpark=================")
```

```python
spark_name = os.environ.get('SPARK_HOME', None)
sys.path.insert(0, os.path.join(spark_name,'python'))
sys.path.insert(0, os.path.join(spark_name,'python/lib/py4j-0.10.8.1-src.zip'))
exec(open(os.path.join(spark_name,'python/pyspark/shell.py')).read())
print("=================成功连接PySpark=================")

//1. 读取数据
from pyspark import SparkConf, SparkContext
sc.stop()
sc = SparkContext()
lines = sc.textFile('simulated_data.csv', minPartitions=3)

//2. 转化RDD
#delete column
header = lines.first()
lines = lines.filter(lambda row:row != header)
#count sample size
n=lines.count()
data = lines.map(lambda x: x.split(','))

//3.1. Momentum算法参数与超参数的初始值
b = 1
w_1 = 0.1
w_2 = 0.1
w_3 = 0.1
#Vdw
V_dw_1 = 0
V_dw_2 = 0
V_dw_3 = 0
#Vdb
V_db = 0
#learning rate
alpha = 0.12
#weighted factor
beta = 0.9
#smoothing factor
eps = 0.000001
#stopping condition for iteration rounds
itera = 900

#4.1. Momentum算法
def Momentum(alpha, beta, itera, eps, V_dw_1, V_dw_2, V_dw_3, V_db, w_1, w_2,
```

```
                w_3, b):
    i = 1
    like_list = []
    w_1_list = []
    w_2_list = []
    w_3_list = []
    b_list = []
    while i <= itera:
    #map
        res_dw_1 = data.map(lambda x: (eval(x[-1])-np.exp(eval(x[0])*w_1+
        eval(x[1]) * w_2+
        eval(x[2])*w_3+b)/(1+np.exp(eval(x[0])*w_1+eval(x[1])*w_2+
        eval(x[2])*w_3+b)))*eval(x[0]))
        res_dw_2 = data.map(lambda x: (eval(x[-1])-np.exp(eval(x[0])*w_1+
        eval(x[1])*w_2+
        eval(x[2])*w_3+b)/(1+np.exp(eval(x[0])*w_1+eval(x[1])*w_2+
        eval(x[2])*w_3+b)))*eval(x[1]))
        res_dw_3 = data.map(lambda x: (eval(x[-1])-np.exp(eval(x[0])*w_1+
        eval(x[1])*w_2+eval(x[2])*w_3+b)/(1+np.exp(eval(x[0])*w_1+eval(x[1])*w_2+
        eval(x[2])*w_3 + b)))*eval(x[2]))
        res_db = data.map(lambda x: eval(x[-1])-np.exp(eval(x[0])*w_1+
        eval(x[1])*w_2+eval(x[2])*w_3+b)/(1+np.exp(eval(x[0])*w_1+eval(x[1])*w_2+
        eval(x[2])*w_3+b)))
        res_like = data.map(lambda x: eval(x[-1])*(b+eval(x[0])*w_1+eval(x[1]*w_2+
        eval(x[2])*w_3)-np.log(1+np.exp(b+eval(x[0])*w_1+eval(x[1])*w_2+
        eval(x[2])*w_3)))
    #reduce
        dw_1 = res_dw_1.reduce(lambda x, y: x + y) / n
        dw_2 = res_dw_2.reduce(lambda x, y: x + y) / n
        dw_3 = res_dw_3.reduce(lambda x, y: x + y) / n
        db = res_db.reduce(lambda x, y: x + y) / n
        like = res_like.reduce(lambda x, y: x + y)
        V_dw_1 = beta * V_dw_1 + (1 - beta) * dw_1
        V_dw_2 = beta * V_dw_2 + (1 - beta) * dw_2
        V_dw_3 = beta * V_dw_3 + (1 - beta) * dw_3
        V_db = beta * V_db + (1 - beta) * db
        w_1 = w_1 + alpha * V_dw_1
        w_2 = w_1 + alpha * V_dw_2
        w_3 = w_3 + alpha * V_dw_3
        b = b + alpha * V_db
    #compute the iteration gain and compare with threshold
        w_1_list.append(w_1)
```

```
            w_2_list.append(w_2)
            w_3_list.append(w_3)
            b_list.append(b)
            like_list.append(like)
            i +=1
            print(i,like)
    ind = np.argmax(np.array(like_list))
    max_like = max(like_list)
    w_1_best = w_1_list[ind]
    w_2_best = w_2_list[ind]
    w_3_best = w_3_list[ind]
    b_best = b_list[ind]
    param_best = [w_1_best, w_2_best, w_3_best, b_best]
    w_1_converge = w_1_list[-1]
    w_2_converge = w_2_list[-1]
    w_3_converge = w_3_list[-1]
    b_converge = b_list[-1]
    like_converged = like_list[-1]
    param_converge = [w_1_converge, w_2_converge, w_3_converge, b_converge]
    return like_converged, max_like, param_best, param_converge, w_1_list,
    w_2_list, w_3_list, b_list, like_list

//5.1. 结果计算
start_time=time.time()
like_converged, max_like, param_best, param_converge, w_1_list, w_2_list,
w_3_list, b_list, like_list = Momentum(alpha, beta, itera, eps, V_dw_1, V_dw_2,
V_dw_3, V_db, w_1, w_2, w_3, b)
end_time = time.time()
m_time = end_time - start_time

//3.2. RMSprop算法参数与超参数的初始值
b = 1
w_1 = 0.1
w_2 = 0.1
w_3 = 0.1
#Sdw
S_dw_1 = 0
S_dw_2 = 0
S_dw_3 = 0
#Sdb
S_db = 0
#learning rate
```

```python
alpha_0 = 0.01
decay_rate = 0.005
#weighted factor
beta = 0.9
#smoothing factor
eps = 0.000001
#stopping condition for iteration rounds
itera = 900

//4.2. RMSprop算法
def RMSprop(alpha, beta, itera, eps, S_dw_1, S_dw_2, S_dw_3, S_db, w_1, w_2,
            w_3, b):
    i = 1
    like_list = []
    w_1_list = []
    w_2_list = []
    w_3_list = []
    b_list = []
    while i <= itera:
        alpha = alpha_0 / (1 + i * decay_rate)
    #map
        res_dw_1 = data.map(lambda x: (eval(x[-1])-np.exp(eval(x[0])*w_1+
        eval(x[1]) * w_2+
        eval(x[2])*w_3+b)/(1+np.exp(eval(x[0])*w_1+eval(x[1])*w_2+
        eval(x[2])*w_3+b)))*eval(x[0]))
        res_dw_2 = data.map(lambda x: (eval(x[-1])-np.exp(eval(x[0])*w_1+
        eval(x[1])*w_2+
        eval(x[2])*w_3+b)/(1+np.exp(eval(x[0])*w_1+eval(x[1])*w_2+eval(x[2])*w_3+b)))*
        eval(x[1]))
        res_dw_3 = data.map(lambda x: (eval(x[-1])-np.exp(eval(x[0])*w_1+
        eval(x[1])*w_2+
        eval(x[2])*w_3+b)/(1+np.exp(eval(x[0])*w_1+eval(x[1])*w_2+eval(x[2])*w_3 + b)))*
        eval(x[2]))
        res_db = data.map(lambda x: eval(x[-1])-np.exp(eval(x[0])*w_1+
        eval(x[1])*w_2+
        eval(x[2])*w_3+b)/(1+np.exp(eval(x[0])*w_1+eval(x[1])*w_2+eval(x[2])*w_3+b)))
        res_like = data.map(lambda x: eval(x[-1])*(b+eval(x[0])*w_1+
        eval(x[1])*w_2+
        eval(x[2])*w_3)-np.log(1+np.exp(b+eval(x[0])*w_1+eval(x[1])*w_2+eval(x[2]) *
        w_3)))
    #reduce
        dw_1 = res_dw_1.reduce(lambda x, y: x + y) / n
```

```
        dw_2 = res_dw_2.reduce(lambda x, y: x + y) / n
        dw_3 = res_dw_3.reduce(lambda x, y: x + y) / n
        db = res_db.reduce(lambda x, y: x + y) / n
        like = res_like.reduce(lambda x, y: x + y)
        S_dw_1 = beta * S_dw_1 + (1 - beta) * (dw_1 ** 2)
        S_dw_2 = beta * S_dw_2 + (1 - beta) * (dw_2 ** 2)
        S_dw_3 = beta * S_dw_3 + (1 - beta) * (dw_3 ** 2)
        S_db = beta * S_db + (1 - beta) * (db ** 2)
        w_1 = w_1 + alpha * dw_1 / math.sqrt(S_dw_1 + eps)
        w_2 = w_2 + alpha * dw_2 / math.sqrt(S_dw_2 + eps)
        w_3 = w_3 + alpha * dw_3 / math.sqrt(S_dw_3 + eps)
        b = b + alpha * db / math.sqrt(S_db + eps)
    #compute the iteration gain and compare with threshold
        w_1_list.append(w_1)
        w_2_list.append(w_2)
        w_3_list.append(w_3)
        b_list.append(b)
        like_list.append(like)
        i +=1
        print(i,like)
    ind = np.argmax(np.array(like_list))
    max_like = max(like_list)
    w_1_best = w_1_list[ind]
    w_2_best = w_2_list[ind]
    w_3_best = w_3_list[ind]
    b_best = b_list[ind]
    param_best = [w_1_best, w_2_best, w_3_best, b_best]
    w_1_converge = w_1_list[-1]
    w_2_converge = w_2_list[-1]
    w_3_converge = w_3_list[-1]
    b_converge = b_list[-1]
    like_converged = like_list[-1]
    param_converge = [w_1_converge, w_2_converge, w_3_converge, b_converge]
    return like_converged, max_like, param_best, param_converge, w_1_list, w_2_list,
    w_3_list, b_list, like_list

//5.2. 结果计算
start_time=time.time()
like_converged, max_like, param_best, param_converge, w_1_list, w_2_list,
w_3_list, b_list, like_list = RMSprop(alpha, beta, itera, eps, S_dw_1, S_dw_2,
S_dw_3, S_db, w_1, w_2, w_3, b)
end_time = time.time()
```

```
r_time = end_time - start_time

//3.3. Adam算法参数与超参数的初始值
b = 1
w_1 = 0.1
w_2 = 0.1
w_3 = 0.1
#Vdw
V_dw_1 = 0
V_dw_2 = 0
V_dw_3 = 0
#Vdb
V_db = 0
#Sdw
S_dw_1 = 0
S_dw_2 = 0
S_dw_3 = 0
#Sdb
S_db = 0
#learning rate
alpha_0 = 0.3
#weighted factor
beta_1 = 0.9
beta_2 = 0.999
#smoothing factor
eps = 0.000001
#stopping condition for iteration rounds
itera = 900

//4.3. Adam算法
def Adam(alpha, beta_1, beta_2, itera, eps, S_dw_1, S_dw_2, S_dw_3, S_db, V_dw_1,
V_dw_2, V_dw_3, V_db, w_1, w_2, w_3, b):
    i = 1
    like_list = []
    w_1_list = []
    w_2_list = []
    w_3_list = []
    b_list = []
    while i <= itera :
    #map
        res_dw_1 = data.map(lambda x: (eval(x[-1])-np.exp(eval(x[0])*w_1+
        eval(x[1])*w_2+
```

```
        eval(x[2])*w_3+b)/(1+np.exp(eval(x[0])*w_1+eval(x[1])*w_2+
        eval(x[2])*w_3+b)))*eval(x[0]))
    res_dw_2 = data.map(lambda x: (eval(x[-1])-np.exp(eval(x[0])*w_1+
        eval(x[1])*w_2+
        eval(x[2])*w_3+b)/(1+np.exp(eval(x[0])*w_1+eval(x[1])*w_2+
        eval(x[2])*w_3+b)))*eval(x[1]))
    res_dw_3 = data.map(lambda x: (eval(x[-1])-np.exp(eval(x[0])*w_1+
        eval(x[1])*w_2+
        eval(x[2])*w_3+b)/(1+np.exp(eval(x[0])*w_1+eval(x[1])*w_2+
        eval(x[2])*w_3 + b)))*eval(x[2]))
    res_db = data.map(lambda x: eval(x[-1])-np.exp(eval(x[0])*w_1+
        eval(x[1])*w_2+
        eval(x[2])*w_3+b)/(1+np.exp(eval(x[0])*w_1+eval(x[1])*w_2+
        eval(x[2])*w_3+b)))
    res_like = data.map(lambda x: eval(x[-1])*(b+eval(x[0])*w_1+
        eval(x[1]*w_2+
        eval(x[2])*w_3)-np.log(1+np.exp(b+eval(x[0])*w_1+eval(x[1])*w_2+
        eval(x[2])*w_3)))
#reduce
    dw_1 = res_dw_1.reduce(lambda x, y: x + y) / n
    dw_2 = res_dw_2.reduce(lambda x, y: x + y) / n
    dw_3 = res_dw_3.reduce(lambda x, y: x + y) / n
    db = res_db.reduce(lambda x, y: x + y) / n
    like = res_like.reduce(lambda x, y: x + y)
    V_dw_1 = beta * V_dw_1 + (1 - beta) * dw_1
    V_dw_2 = beta * V_dw_2 + (1 - beta) * dw_2
    V_dw_3 = beta * V_dw_3 + (1 - beta) * dw_3
    V_db = beta * V_db + (1 - beta) * db
    S_dw_1 = beta * S_dw_1 + (1 - beta) * (dw_1 ** 2)
    S_dw_2 = beta * S_dw_2 + (1 - beta) * (dw_2 ** 2)
    S_dw_3 = beta * S_dw_3 + (1 - beta) * (dw_3 ** 2)
    S_db = beta * S_db + (1 - beta) * (db ** 2)
    V_dw_1_c = V_dw_1 / (1 - beta_1 ** i)
    V_dw_2_c = V_dw_2 / (1 - beta_1 ** i)
    V_dw_3_c = V_dw_3 / (1 - beta_1 ** i)
    V_db_c = V_db / (1 - beta_1 ** i)
    S_dw_1_c = S_dw_1 / (1 - beta_2 ** i)
    S_dw_2_c = S_dw_2 / (1 - beta_2 ** i)
    S_dw_3_c = S_dw_3 / (1 - beta_2 ** i)
    S_db_c = S_db / (1 - beta_2 ** i)
    w_1 = w_1 + alpha * V_dw_1_c / (np.sqrt(S_dw_1_c) + eps)
    w_2 = w_2 + alpha * V_dw_2_c / (np.sqrt(S_dw_2_c) + eps)
```

```python
        w_3 = w_3 + alpha * V_dw_3_c / (np.sqrt(S_dw_3_c) + eps)
        b   = b + alpha * V_db_c / (np.sqrt(S_db_c) + eps)
    #compute the iteration gain and compare with threshold
        w_1_list.append(w_1)
        w_2_list.append(w_2)
        w_3_list.append(w_3)
        b_list.append(b)
        like_list.append(like)
        i +=1
        print(i,like)
    ind = np.argmax(np.array(like_list))
    max_like = max(like_list)
    w_1_best = w_1_list[ind]
    w_2_best = w_2_list[ind]
    w_3_best = w_3_list[ind]
    b_best = b_list[ind]
    param_best = [w_1_best, w_2_best, w_3_best, b_best]
    w_1_converge = w_1_list[-1]
    w_2_converge = w_2_list[-1]
    w_3_converge = w_3_list[-1]
    b_converge = b_list[-1]
    like_converged = like_list[-1]
    param_converge = [w_1_converge, w_2_converge, w_3_converge, b_converge]
    return like_converged, max_like, param_best, param_converge, w_1_list,
    w_2_list, w_3_list, b_list, like_list

//5.2. 结果计算
start_time=time.time()
like_converged, max_like, param_best, param_converge, w_1_list, w_2_list,
w_3_list, b_list,
like_list = RMSprop(alpha, beta, itera, eps, V_dw_1, V_dw_2, V_dw_3, V_db,
S_dw_1, S_dw_2, S_dw_3, S_db, w_1, w_2, w_3, b)
end_time = time.time()
a_time = end_time - start_time
```

参考文献

Adamidis, K. (1999). Theory and methods: An EM algorithm for estimating negative binomial parameters. *Australian and New Zealand Journal of Statistics*, 41(2): 213–221.

Alexander, A. (2013). *Scala Cookbook*. O'Reilly.

Bertsekas P. (2010). Incremental gradient, subgradient, and proximal methods for convex optimization: A survey. Optimization for Machine Learning, 1–38: 3.

Blei, D. M., Ng, A. Y., and Jordan, M. I. (2003). Latent dirichlet allocation. *Journal of Machine Learning Research*, 3: 993–1022.

Bottou, L. (2010). Large-scale machine learning with stochastic gradient descent. In Lechevallier, Y. and Saporta, G. *Proceedings of COMPST AT'2010*, 1: 177–186.

Boyd, S., Parikh, N., Chu, E., Peleato, B., and Eckstein, J. (2011). Distributed optimization and statistical learning via the alternating direction method of multipliers. *Foundations and Trends in Machine Learning*, 3(1): 1–122.

Boyles, R. (1983). On the convergence of the EM algorithm. *Journal of the Royal Statistical Society, Series B*, 45(1): 47–50.

Breiman, L. (2001). Random forests. *Machine Learning*, 45: 5–32.

Bühlmann, P. and van de Geer, S. (2011). *Statistics for High-dimensional Data: Methods, Theory and Applications*. Springer.

Chang, X., Lin, S., and Wang, Y. (2016). Divide and conquer local average regression. *Electronic Journal of Statistics*, 11(1): 1326–1350.

Dempster, A., Laird, N., and Rubin, D. (1977). Maximum likelihood from incomplete data via the EM algorithm. *Journal of the Royal Statistical Society, Series B*, 39: 1–38.

Efron, B. and Tibshirani, R. (1994). *An Introduction to the Bootstrap*. Champman and Hall/CRC.

Fan, J., Guo, Y., and Wang, K. (2021). Communication-efficient accurate statistical estimation. *Journal of the American Statistical Association*.

Fan, J. and Li, R. (2001). Variable selection via nonconcave penalized likelihood and its oracle properties. *Journal of the American Statistical Association*.

Feng, X., He, X., and Hu, J. (2011). Wild bootstrap for quantile regression. *Biometrika*, 98(4): 995–999.

Gao, Y., Liu, W., Wang, H., Wang, X., Yan, Y., and Zhang, R. (2021). A review of distributed statistical inference. *Statistical Theory and Related Fields*, 6(2): 1–11.

Gekeler, E. (1972). On the solution of systems of equations by the epsilon algorithm of Wynn. *Mathematics of Computation*, 26(118): 427–436.

Hastie, T., Tibshirani, R., and Friedman, J. (2009). *The Elements of Statistical Learning: Data Mining, Inference, and Prediction*. Springer.

Huang, C. and Huo, X. (2019). A distributed one-step estimator. *Mathematical Programming*, 174(1): 41–76.

Johnson, R. and Wichern, D. (2003). *Applied Multivariate Statistical Analysis*. Pearson.

Jordan, M., Lee, J., and Yang, Y. (2019). Communication-efficient distributed statistical inference. *Journal of the American Statistical Association*, 114: 668–681.

Karau, H., Konwinski, A., Wendell, P., and Zaharia, M. (2015). *Learning Spark*. O'REILLY.

Kleiner, A., Talwalker, A., Sarkar, P., and Jordan, M. (2014). A scalable bootstrap for massive data. *Journal of the Royal Statistical Society, Series B*, 76: 795–816.

Koenker, R. (2005). *Quantile regression*. Cambridge University Press.

Koller, D. and Friedman, N. (2009). *Probabilistic Graphical Models: Principles and Techniques*. The MIT Press.

Lee, J., Liu, Q., Sun, Y., and Taylor, J. (2017). Communication-efficient sparse regression. *Journal of Machine Learning Research*, 18(1): 115–144.

Lian, H. and Fan, Z. (2017). Divide-and-conquer for debiased l_1-norm support vector machine in ultra-high dimensions. *Journal of Machine Learning Research*, 18(1): 1–26.

Lin, F. and Cohen, W. (2010). Power iteration clustering. *Proceedings of the 27th International Conference on Machine Learning, Haifa, Israel*.

Lin, S., Wang, D., and Zhou, D. (2020). Distributed kernel ridge regression with communications. *Journal of Machine Learning Research*, 21: 1–38.

Liu, D. and Nocedal, J. (1989). On the limited memory BFGS method for large scale optimization. *Mathematical Programming*, 45: 503–528.

Liu, Q. and Ihler, A. T. (2014). Distributed estimation, information loss and exponential families. *Advances in Neural Information Processing Systems*, 27.

Liu, R. (1988). Bootstrap procedures under some non-i.i.d. models. *The Annals of Statistics*, 16(4): 1696–1708.

Mammen, E. (1991). *When Does Bootstrap Work?: Asymptotic Results and Simulations*. Springer-Verlag.

Minsker, S. (2019). Distributed statistical estimation and rates of convergence in normal approximation. *Electronic Journal of Statistics*, 13(2): 5213–5252.

Nocedal, J. (1980). Updating quasi-newton matrices with limited storage. *Mathematics of Computation*, 35(151): 773–782.

Robert, C. and Casella, G. (2004). *Monte Carlo Statistical Methods*. Springer.

Saad, D. (1999). *On-Line Learning in Neural Networks*. Cambridge University Press.

Sauer, T. (2012). *Numerical Analysis*. Pearson.

Shamir, O., Srebro, N., and Zhang, T. (2014). Communication-efficient distributed optimization using an approximate newton-type method. *International Conference on Machine Learning*, 32(2): 1000–1008.

Shao, X. (2010). The dependent wild bootstrap. *Journal of the American Statistical Association*, 105(489): 218–235.

Swartz, J. (2015). *Learning Scala*. O'REILLY.

Tibshirani, R. (1996). Regression Shrinkage and selection via the lasso. *Journal of the Royal Statistical Society, Series B*, 58: 267–288.

Traub, J. (1982). Iterative methods for the solution of equations. *American Mathematical Society*, 312.

Varadhan, R. and Roland, C. (2004). Squared extrapolation methods (SQUAREM): A new class of simple and efficient numerical schemes for accelerating the convergence of the EM algorithm. *Department of Biostatistic, Johns Hopkins University*.

Widrow, B. and Hoff, M. (1960). Adaptive switching circuits. *IRE WESCON Convension Record*, 4: 96–104.

Wolfe, J., Haghighi, A., and Klein, D. (2008). Fully distributed EM for very large datasets. *ICML '08: Proceedings of the 25th international conference on Machine learning*.

Wu, C. (1983). On the convergence properties of the EM algorithm. *Annals of Statistics*, 11: 95–103.

Wu, C. (1986). Jackknife, bootstrap and other resampling methods in regression analysis. *Annals of Statistics*, 14: 1261–1295.

Yang, Q., Liu, Y., Chen, T., and Tong, Y. (2019). Federated machine learning: Concept and applications. *ACM Transactions on Intelligent Systems and Technology (TIST)*, 10(2): 1–19.

Zhang, C. (2010). Nearly unbiased variable selection under minimax concave penalty. *Annals of Statistics*, 38: 894–942.

Zhang, Y., Duchi, J., and Wainwright, M. (2013). Communication-efficient algorithms for statistical optimization. *Journal of Machine Learning Research*, 14: 3321–3363.

Zou, H. (2006). The adaptive lasso and its oracle properties. *Journal of the American Statistical Association*, 101: 1418–1429.

Zou, H. and Hastie, T. (2005). Regularization and variable selection via elastic net. *Jouranl of the Royal Statistical Society, Series B*, 67: 301–320.

图书在版编目(CIP)数据

分布式统计计算 / 冯兴东，贺莘编著. -- 北京：中国人民大学出版社，2023.4
新编21世纪研究生系列教材.应用统计硕士（MAS）
ISBN 978-7-300-31586-7

Ⅰ. ①分… Ⅱ. ①冯… ②贺… Ⅲ. ①统计数据—分布式数据处理—研究生—教材 Ⅳ. ①O212 ②TP274

中国国家版本馆CIP数据核字(2023)第057184号

新编21世纪研究生系列教材·应用统计硕士(MAS)
分布式统计计算
冯兴东　贺　莘　编著
Fenbushi Tongji Jisuan

出版发行	中国人民大学出版社			
社　　址	北京中关村大街31号	邮政编码	100080	
电　　话	010-62511242（总编室）		010-62511770（质管部）	
	010-82501766（邮购部）		010-62514148（门市部）	
	010-62515195（发行公司）		010-62515275（盗版举报）	
网　　址	http://www.crup.com.cn			
经　　销	新华书店			
印　　刷	北京昌联印刷有限公司			
开　　本	787mm×1092mm　1/16	版　次	2023年4月第1版	
印　　张	14.25 插页1	印　次	2023年4月第1次印刷	
字　　数	322 000	定　价	49.00元	

版权所有　侵权必究　印装差错　负责调换

中国人民大学出版社　理工出版分社

教师教学服务说明

　　中国人民大学出版社理工出版分社以出版经典、高品质的统计学、数学、心理学、物理学、化学、计算机、电子信息、人工智能、环境科学与工程、生物工程、智能制造等领域的各层次教材为宗旨。

　　为了更好地为一线教师服务，理工出版分社着力建设了一批数字化、立体化的网络教学资源。教师可以通过以下方式获得免费下载教学资源的权限：

★ 在中国人民大学出版社网站 www.crup.com.cn 进行注册，注册后进入"会员中心"，在左侧点击"我的教师认证"，填写相关信息，提交后等待审核。我们将在一个工作日内为您开通相关资源的下载权限。

★ 如您急需教学资源或需要其他帮助，请加入教师 QQ 群或在工作时间与我们联络。

中国人民大学出版社　理工出版分社

- **教师 QQ 群：** 229223561(统计2组)　982483700(数据科学)　361267775(统计1组)
  教师群仅限教师加入，入群请备注（学校＋姓名）
- **联系电话：** 010-62511967，62511076
- **电子邮箱：** lgcbfs@crup.com.cn
- **通讯地址：** 北京市海淀区中关村大街 31 号中国人民大学出版社 507 室（100080）